"阿波罗"登月计划
中的肯尼迪航天中心

Rocket Ranch: The Nuts and Bolts of the Apollo Moon
Program at Kennedy Space Center

[美] Jonathan H. Ward　著

崔吉俊　唐　建　薛　辉　译

国防工业出版社
National Defense Industry Press

著作权合同登记　图字：军 -2016 -078 号

图书在版编目（CIP）数据

"阿波罗"登月计划中的肯尼迪航天中心/（美）乔纳森·沃德（Jonathan H. Ward）著；
崔吉俊译. — 北京：国防工业出版社，2016. 11
书名原文：Rocket Ranch: The Nuts and Bolts of the Apollo Moon Program at Kennedy Space Center
ISBN 978-7-118-11121-7

Ⅰ.①阿… Ⅱ.①乔…②崔… Ⅲ.①航天—科学研究组织机构—概况—美国
Ⅳ.①V4-241.712

中国版本图书馆CIP数据核字（2016）第 264116 号

"阿波罗"登月计划中的肯尼迪航天中心
[美] Jonathan H. Ward　　著
崔吉俊　唐　建　薛　辉　　译

出版发行	国防工业出版社
地址邮编	北京市海淀区紫竹院南路 23 号　　100048
经　售	新华书店
印　刷	北京嘉恒彩色印刷有限责任公司
开　本	710×1000　1/16
印　张	22½
字　数	366 千字
版 印 次	2016 年 11 月第 1 版第 1 次印刷
印　数	1—2000 册
定　价	98.00 元

(本书如有印装错误，我社负责调换)
国防书店: (010) 88540777　发行邮购: (010) 88540776
发行传真: (010) 88540755　发行业务: (010) 88540717

译者序

　　"阿波罗/土星"任务时期大概是美国空间探索历史上最为激动人心的时期，阿姆斯特朗登陆月球吸引了全世界的目光。此时的卡纳维拉尔角和肯尼迪航天中心异常活跃，成千上万的建设者来到小镇建造发射设施，抢在20世纪60年代末完成美国人登陆月球的壮举。那时，卡纳维拉尔角每个月都有新的航天发射任务，巨大的火箭迎着朝阳点火起飞，踏上史诗般的探索之旅。探月成果刺激了新技术进步，改变了人们的思想认识方法。

　　肯尼迪航天中心的工作不仅仅涉及运载火箭发射，它是地球上任一地方都不能比拟的神奇之地。技术人员完成了复杂而处处充满风险与挑战的工作，其中包括雷电、火灾、剧毒推进剂、高温、爆炸、液氧泄漏甚至钚污染等造成的威胁。在巨大的压力之下，他们不得不每周7天、每天12小时夜以继日地忘我工作，以保证"土星"-5的顺利升空。

　　毋容置疑，肯尼迪航天中心在完成登月发射的伟大实践中，其设施设备曾发生过许多故障，几乎涵盖发射场的所有分系统，其中最为惨重的莫过于造成3名航天员死亡的"阿波罗"-1火灾事故。

　　本书不侧重那些具有传奇色彩的领导者或勇敢的航天员，而是首次聚焦于总装和测试厂房以及活动发射设施内或发射平台高处脐带塔上发生的故事。

　　本书由3部分组成。第1部分包括第1～3章，主要介绍1960年至"阿波罗"-1火灾事故期间"阿波罗/土星"计划在卡纳维拉尔角和肯尼迪航天中心早期的发展历程，讲述肯尼迪航天中心的形成和独有的组织文化，以及它如何影响人们的日常工作；讲述损失惨重的"阿波罗"-1火灾事故。第 2 部分包括第 4～6 章，主要介绍用于"阿波罗"航天器和"土星"火箭组装、测试的设施设备，介绍计算机在"阿波罗/土星"计划中开创性的应用。第 3 部分包括第 7～9 章，主要介绍肯尼迪航天中心"土星"-5 发射工位设施和技术，以及发射工位上面临的诸多风险。最后通过工作人员对"阿波罗"计划中个人经历的反思而结束全书。

我国的载人航天发射自 1998 年发射场第一次合练至 2013 年完成"神舟十号"发射，走过了一段艰辛而辉煌的历程，创造了连战连捷的奇迹。但在任务实施过程中也曾发生过许多故障和事故，发射场的科技工作者牢固树立质量意识、安全意识和载人意识，排除故障，战胜困难，直面挫折，不断总结和提高，胜利完成任务目标。

尽管时代不同，起点不同，科技含量不同，但肯尼迪航天中心的发展历程对我们现在的航天发射尤其是载人航天发射仍然具有警示和借鉴作用。这也是我们翻译此书的初衷。

本书第 1～4 章由崔吉俊翻译，第 5 章由薛辉翻译，第 6～9 章及附录由唐建翻译。

特别感谢酒泉卫星发射中心试验技术部对本书翻译出版给予的大力支持和帮助，感谢罗光华、周晓明高级工程师的认真审校。

由于译者水平所限，书中难免谬误，敬请读者批评赐教，不胜感谢。

崔吉俊

2016 年 8 月

致谢辞

在本书的筹备过程中，我得到了许多人的帮助，在此向他们表示感谢。最初，一些人不愿意接受我的采访。当他们逐渐信任我后，他们开始变得乐意帮助我了解"阿波罗"或"土星"任务中的工作。

首先应该感谢 NASA 的弗兰克·布莱恩 (Frank Bryan)，不仅因为他是我遇到的肯尼迪航天中心"阿波罗/土星"任务中第一位工作人员，而且他在我的研究和写作过程中提供了大量的信息并且给了我许多鼓励。因此读者会看到弗兰克的名字频繁出现在本书中。作为"土星"火箭测试指挥员中解决麻烦的能手之一，弗兰克出现在了任务中的很多场景。弗兰克花了大量时间仔细审查我的书稿，以确认我表述的技术问题准确无误。弗兰克正在从事他自己的研究，收集那个时期的照片中人员的名字。如果您、您的朋友或家人曾在航天计划中工作过，我希望您能够访问 NASA 佛罗里达分会同事录 (NASA Alumni League-Florida Chapter) 网页。更多信息参见 http://nalfl.com/?page_id=2441。

弗莱德·科迪亚 (Fred Cordia) 是罗克韦尔公司 S-II 级高级管理人员之一，他同样不辞辛苦地将自己作为一名运载火箭承包商的工作经历介绍给我。写作这本书的一个意外惊喜是，弗兰克与弗莱德在许多年后终于再次取得了联系。

NASA 火箭测试承包商诺姆·卡尔森 (Norm Carlson) 原本对我持怀疑态度，后来迅速成为亲密无间的朋友。他为我打了许多的电话，为我打开诸多方便之门，对此我非常感谢。我很遗憾在他辞世之前没能及时写完这本书。他在我心中将永远占有一个特殊的位置。

很荣幸能够认识艾瑟姆·A·艾克·雷杰尔 (Ike Rigell)，他在"阿波罗"时期担任火箭操作总工程师和副指挥。我希望有一天能看到一本关于这个传奇人物的传记。艾克曾在中途岛和硫磺岛海军陆战队服过役，在乙级棒球联赛中打过棒球，在沃纳·冯·布劳恩的导弹发射实验室工作过，还参与了美国第一颗人造卫星"探索者"-1 和第一次载人飞行任务……他还有许多经历可以继续列下去。艾克是我遇到过的人中最有绅士风度和最具谦逊精神的人，他受到 NASA 同事普遍尊敬。我很荣幸能与他相处一段日子，他能同意为本书做序使我兴奋不已。

从航天器系统来说，我特别感谢 NASA 的恩尔尼·雷耶斯 (Ernie Reyes) 和罗克韦尔公司的约翰·特赖布 (John Tribe) 做出的卓越贡献、支持和友情。约翰带我在肯尼迪航天中心和卡纳维拉尔角进行了一趟 VIP 之旅，那是我曾经历过的最美好的一段时光。我们来到了梦寐以求的地方，我终生期望的梦想得以实现。恩尔尼总能毫无保留的提供许多人物和事件的有趣材料。约翰·特赖布和恩尔尼·雷耶斯详细审查了本书有关航天器设施的章节，如果没有他们的贡献我写不出这本书。

NASA 的鲍伯·西克 (Bob Sieck) 从该书启动就非常热情并给予鼓励。他把我介绍给航天器系统的许多同事。鲍伯还为我的另一本书《登月发射倒计时："阿波罗"历史性旅程》题写了序言。

NASA 的弗兰克·佩诺维奇 (Frank Penovich) 友好地允许我查阅他关于运载火箭首次使用计算机进行测试的详细笔记和照片，并仔细审查了有关计算机化测试的章节。NASA 的埃德·范宁 (Ed Fannin) 审查了有关运载火箭操作的机械部分，使我的文章没有错误。波音公司的史蒂夫·考斯特 (Steve Coester) 允许我把他网页上的信息加入到本书。NASA 的厄比·摩尔 (Irby Moore) 和罗素·罗兹 (Russel Rhodes) 提供了有关 AS-500F 液氧溢出事故的一些内部信息。波音公司的比尔·海因克 (Bill Heink) 详细介绍了发射工位发生的一些惊险事故，同时也对该书部分章节进行了技术审查。布伦南·摩尔 (Brennan Moore) 将其祖父关于"土星"-V 完全加注后的应急服务回忆录的相关资料提供给了我。

休斯顿任务控制中心的杰瑞·博斯蒂克 (Jerry Bostick) 和格林·伦尼 (Glynn Lunney) 为本书写作提出了最初构想。杰瑞是我的好朋友，在写作过程中始终担当着技术顾问角色。

衷心感谢美国太空荣誉博物馆的查理·马尔斯 (Charlie Mars)、卡伦·康克林 (Karan Conklin) 和李·斯达瑞克 (Lee Starrick) 提供的帮助。还要特别感谢纽约花园城航空摇篮博物馆的卡罗尔·纳尔逊 (Carol

Nelson), 她邀请我作为特邀嘉宾参加了格鲁曼公司 "阿波罗"-11 45 周年纪念聚会。如果读者能到上述附近地方旅行, 记得一定要去参观一下这些博物馆。如果你还没有去过这两个博物馆, 那么值得专门去看看。两个博物馆都展出了一些参加过航天计划的人亲自操作过的令人惊叹的设施设备。

戴夫·莫尔 (Dave Mohr) 对肯尼迪航天中心发射系统的技术进行了深入浅出的介绍。蒂姆·伯克 (Tim Burk) 为我提供了一些早期文件, 这些文件我在肯尼迪航天中心电子支持设备上曾看到过, 他激起我学习更多有关发射操作知识的兴趣。比尔·肖查克 (Bill Sawchuck) 是我的老朋友, 他提供了许多卡纳维拉尔角的徽章和人员资料。埃文·布莱杰克 (Ivan Blejec) 也为我提供了一些建议和许多原始资料。

感谢杰罗姆·巴斯康姆 (Jerome Bascom) 和 J·L·皮克林 (J.L.Pickering) 为作者提供了许多有用的 NASA 影像。这就节省了我上网搜索 "完美" 图片的时间。也感谢那些为 "阿波罗影像在线画廊" (the online Apollo Image Gallery) 和 "阿波罗月面杂志" (Apollo Lunar Surface Journal) 扫描 NASA 图像的好心人。

2013 年 4 月 22 日, 我的好朋友梅根·夫琳斯 (Meghan Froehlich) 对我说:"你需要写一本书"。我当时没有答应, 因为我无法想象我会写一本什么样的书。我们没有想到, 她那天的话竟然像一粒种子发芽成长起来。特别感谢霍利·威廉姆斯 (Holly Williams) 指导我完成全书的写作, 使我不至于茫然无助。如果没有她, 我可能仍然原地踏步。还感谢马丁·英庇 (Martin Impey)、瑞克·斯维根 (Rick Swegan)、W·大卫·伍兹 (W.David Woods)、弗朗西斯·弗兰西 (Francis French)、科林·伯吉斯 (Colin Burgess) 和苏珊·罗伊 (Susan Roy), 感谢他们在写作和编辑过程中给予的鼓励和中肯建议, 他们的书放在我书架的显赫位置。还感谢脸书 (Facebook) "太空潮人" (Space Hipsters) 群的艾米丽·卡尼 (Emily Carney)、丽贝卡·麦克沃特 (Rebecca McWhirter) 以及其他群成员的帮助。还要感谢斯普林格 (Springer) 出版社的莫里·所罗门 (Maury Solomon) 和诺拉·罗恩 (Nora Rawn), 他们的中肯建议和耐心帮助使我完成了新书出版发行。

当然, 还要感谢我的妻子简·格温·沃德 (Jane Gwyn Ward), 允许我把几英寸厚的技术手册、流程图和照片铺展在家中。她从未怀疑我需要写这本书。她给了我从事写作的全部自由, 没有疑问或抱怨, 甚至同意我在研究和写作的一年时间里放弃任何有创作收入的工作。本来她可以去其他更好玩的地方去旅行,但是她都选择陪我去佛罗里达航天海岸旅行。当听到关于 20 世纪 60 年代航天技术如此之多的故事之后,她建议这本书的副标题定为"登月的艰辛历程"。

更要感谢你,亲爱的读者,感谢你对肯尼迪航天中心及"阿波罗"和"土星"年代的猎奇。所有我采访过的人都衷心地感谢那些对"阿波罗"时期和肯尼迪航天中心历史感兴趣的人。当你读完这本书,你会敬佩他们和他们的事迹。我希望本书能把我听到那些事迹时的激动心情传递给大家。

此书献给美国肯尼迪航天中心完成"阿波罗/土星"任务组装、测试和发射的近 2.4 万名男士和女士们!

关于作者

美国作者乔纳森·H·沃德 (Jonathan H.Ward) 的儿时虽然在日本生活过几年，但他认为华盛顿的弗吉尼亚郊区才是他的故乡。虽然他兴趣广泛，且在许多行业工作过，但是空间探索始终是他一生的酷爱。在"阿波罗"-15 和 "阿波罗"-16 任务期间，他在国家航空航天博物馆从事导游志愿服务，作为一名高中生，从那时起他就喜欢向公众宣传航天计划。如今，他仍然在不断地向公众宣传航天，他是喷气式飞机推进实验室的 "太阳系大使"，他经常向兴趣小组和区域会议就空间探索主题发表演讲，他也是斯普林格 – 普瑞西斯出版社 (Spinger-Praxis) 的作者等。乔纳森还经常向空间探索论坛网站投稿。

他写作本书的角度新颖独特，他从系统整体的角度将航天技术的魅力、他对空间探索的热情，以及他对完成 "阿波罗" 任务的英雄们的敬意，完整地呈现在读者面前。乔纳森拥有丹佛大学系统管理学硕士学位和弗吉尼亚联邦大学心理学本科学位，他被国际教练联盟认证为执行教练，并担任 "创造性领导中心" 的助教。他从事过许多技术领导工作，并在波音公司 "空间站自主计划" 多年履职。乔纳森把对主题的系统观察、技术魅力、空间探索的酷爱以及对完成这些壮举的人们的深深敬意结合在一起，将这些独特观点带进了他的写作。

乔纳森和他的夫人简女士现在居住在北卡罗来纳州的格林斯博罗市。他为两个成年的孩子和他们的家庭而备感自豪，他希望自己与家人生活得更为密切。他建立了一个网站 www.apollo-saturn.com，以展示他在肯尼迪航天中心 "阿波罗" 时期方面的研究成果。他收集和保存了一

些 "阿波罗" 时期的纪念品, 其中包括点火控制室的控制面板等。乔纳森在担任华盛顿合唱队低音 II 部分领唱、独唱及队长时期录制的两张音乐专辑, 获得了 "格莱美" 奖, 他可能是有此殊荣的当今唯一描写载人航天飞行的作家。

序言

我很荣幸向大家介绍这本关于肯尼迪航天中心我们"阿波罗"和"土星"团队的书籍。你会读到肯尼迪航天中心"阿波罗"计划期间的故事,我认为"阿波罗"计划是人类历史上最伟大的成就。我确信这是需要告诉公众的一个成功的事迹。

我们都是自己所处环境的产物。在"阿波罗"岁月里,我们有伟大的领导者,我们有情愿尝试新事物的聪明团队,我们为大胆决策敢于承担责任。这就是"阿波罗"计划成功的原因。

肯尼迪总统于 1961 年 5 月 25 日提出载人登月挑战时,NASA 机构还处在一个小作坊的水平。随后,NASA 需要迅速发展为像"通用汽车"或"沃尔玛"这样的机构。幸运的是,我们在每个 NASA 中心都有强有力的领导:鲍伯·吉尔鲁斯 (Bob Gilruth)、沃纳·冯·布劳恩 (Wernher Von Braun)、库尔特·德布斯 (Kurt Debus),等等。当然,他们都有自己的设想,他们为自己的设想曾激烈地争吵过。但是,幸好我们在华盛顿有卓越的 NASA 管理人员。吉姆·韦伯 (Jim Webb) 就是我们曾经拥有的最优秀的管理人员之一。他知道如何在国会做工作,知道如何在政府执行部门做工作,知道如何获取资源。

韦伯请来了乔治·米勒 (George Mueller) 博士,后者又引进山姆·菲利普斯将军 (General Sam Phillips) 作为计划管理者。当你成为一名计划管理者时,你就有了金钱。有了金钱,你就有了权力。米勒博士和菲利普斯将军起草了一份计划,他们命令每个 NASA 中心:"这部分就是你们将要干的工作,这就是我们将要实施计划的方式"。

尽管仍然有一些内耗，但他们按计划实施了。由于时间压力，我们不能成立一个委员会并花费数月时间来研究方案。他们一天内在华盛顿开了 5 个小时的会议，并制定出"我们将如何登陆月球"方案。飞行硬件是什么？助推器将采取什么方式？对这些问题，冯·布劳恩有很清晰的设想。其后，你只能按他的设想去设计飞行硬件并写出合同。怎样把航天器发射出去？那是德布斯博士设想的发射组合 LC-39 要解决的问题。我们在肯尼迪航天中心有像杜恩·布坎南 (Don Buchanan) 这样的人去完成具体设计工作，他是中心最厉害的人员之一，所有工作都干得很漂亮。

我对洛克·佩特龙 (Rocco Petrone) 怎样褒奖都不为过，他在德布斯博士领导下担任发射指挥。我确信很多人不了解或不明白洛克对"阿波罗"计划的成功意味着什么，如果没有洛克，我们将不会按时登月或者也许根本就不能到达月球。我每天早晨都出席洛克的行政会议，我观察到，他不仅促使肯尼迪航天中心的工作顺利开展，而且也促进了休斯顿和亨茨维尔的工作。许多夜晚，我不知道怎么回事，我总是待在洛克的办公室，他就坐在那里讨论着整个计划。洛克有渊博的知识。如果人们在工厂带回有关指令舱或 S-II 级或发动机或无论什么其他问题，洛克都很了解，甚至比休斯顿或马休的工程师们了解得还多。如果你把所有没解决的问题都坦率地告诉他，那么好 —— 你就有了解决问题的方法。但是你千万不能欺骗他，因为他掌握的情况比你还多。

计划开始，我们并没有意识到自己具有的优势。那时我们都很年轻，在空间探索事业里，年轻是巨大的优势，因为你年轻，你不会像老年人那样担心失败。对任何一个机构和任何人来说那都是正确的。我有两个小重孙子，他们试着学走路，他们会摔跤，我们都笑他们，但这并不会影响他们，他们会爬起来再次尝试。而如今对我来说，爬到楼梯顶端都是一个挑战。我相信人人都是如此。在空间计划开始时，我们试图更进一步，我们无所畏惧，即使我们失败了，我们会爬起来继续努力。

"红石"-3 火箭离开地面几英尺就坠毁在发射工位，你可以从中学到很多。如果每件工作都像书本上说的那样，你就学不到任何东西。我们不断学习，不断重组，向前发展。我认为这就是一个巨大的优势。当你年轻时，你就不怕承担责任。

我们刚开始工作时连文件都没有。倒计时程序也许就是 3 张纸。我们并不在意这些，我们说："米尔特，准备好接通你的陀螺"。随着计划的进展，我们形成了太多的规范，开始有了官僚作风。在成长过程中，你会达到这样一个点，当你准备做出一个大的决策时会担心："决策失败了我该怎么面对？"对失败的恐惧迫使你成立一个委员会。你能做的最糟糕的事莫过于让一个委员会对本应快速决断的事情进行决策。

NASA刚启动时连一套标准和规则都没有，它们都不存在。因此，你有时干工作根本不知道是否有规则依据，只能闷头向前干。

在我航天生涯的末期，我与USBI公司（注：普惠公司的一个子公司）合作了10年。我记忆中最后一件工作是，我们希望建造一座混凝土式发射工位，在那里放上拖车，对气体发生器进行热点火试验。小型发射工位的环境影响论证报告历经数月。我敢打赌，论证发射工位产生的文件比建设肯尼迪航天中心购买土地产生的文件还要多。

"阿波罗"是建立在20世纪60年代的技术之上，用的是继电器、分级开关和活动零部件。活动零部件的可靠性自然要低于固态器件。我们这样的老人还记得老式汽车收音机用的就是真空管。在早期导弹任务中，我们还使用纸带记录设备。我们能够多次实施发射并用"土星"火箭取得如此成绩，这依然令我惊讶不已，因为我们全部采用的是继电器和活动零部件。

就我所知，我们是第一个采用自动化技术进行测试检测和发射工作的。毫不夸张地说，在早期，我们的计算机瘫痪的比在用的还多。这可是明摆着的风险，因为当计算机瘫痪时它可能只发送了一半的指令。我们为此努力攻关。在我们尝试进行第一次"土星"-V火箭倒计时验证测试时，花费了17天时间才最终通过测试，最后实施发射。我们能够按时实施发射真令人吃惊。

肯尼迪总统提出"登陆月球"之后仅仅7年半，弗兰克·博曼（Frank Borman）就实现了首次环绕月球飞行。仅过了7年半时间啊！在"阿波罗"时期的氛围中，你完全投入到解决问题之中，你为自己能够完成看似不可能完成的工作而自豪。那是真正干事业的态度。现在，我们正设想在2030年登陆一颗小行星。以我的看法，我们已经丢失了某些东西。我认为这是国家性的问题，并不局限于空间探索。今天你不可能实现"阿波罗"计划。我认为那是完全不可超越的。我们已经没有完成"阿波罗"计划时的态度和执着的精神。

在我成年时，约翰尼·梅（Johnnie Mae）女士是我家的厨师和女管家。每次回到阿拉巴马家中，我都要去看望她一下。"阿波罗"-11之后我第一次回家，我又去看望她，她正与许多人在前院。她把我拉到一边说："艾克先生，我想和你谈一谈。我希望你告诉我，你们在登陆月球上是怎样造假的! 我知道上帝, 如果上帝想让谁在哪里, 他就会把谁放在哪里! 现在我希望你告诉我, 你们都是怎样做的!" 我说: "不, 登月是真的!" 她说:"不, 不, 你告诉我! 你可以相信我, 你了解我!" 我说: "约翰尼·梅, 这确实是真的!" 我们就这样来来回回谈着。她根本不相信我的话。遗憾地是, 那次交谈后不久她就去世了。我有时真希望编造某个谎言故事, 因为她至死都认为我不相信她, 没有告诉她真相。

　　但是这是事实。我们确实把人送上了月球。

　　最近我们举行了 "红石" 火箭首次发射 (首次发射时间为 1953 年 8 月 20 日)60 周年纪念。我记得起重机向那枚 "红石" 火箭移动时, 我就站在外面。那枚火箭直径 5 英尺 (1.5 m), 高度约 70 英尺 (21 m), 我当时想: "啊, 这家伙这么大能飞起来吗? 他们一定没法让它飞离地面!" 那之后 15 年, 弗兰克·博曼正在环绕月球飞行。来年夏天, 尼尔·阿姆斯特朗 (Neil Armstrong) 就踏上了月球。多么令人难以置信啊! 你几乎不可想象。

　　随着岁月流逝, 肯尼迪航天中心发射 "阿波罗" 的记忆渐渐消退。我很感激乔纳森的热忱, 把我们航天事业中从未告人的一段经历整理出来。我想如果没有乔纳森的努力, 这段经历将再不会有人讲述, 因为时间逐渐在流逝。我今年已经 91 岁了。这段日子, 我参加了很多肯尼迪航天中心的好朋友和工作人员的葬礼, 他们曾为了那些航天器发射升空付出一切, 但他们从未要求或获得认可。现在是他们得到认可的时候了。

　　我总是告诉人们, 我在肯尼迪航天中心时每天工作都不辛苦。我认为如果你很享受你正在干的事情, 那工作就不会辛苦。这本书讲述的就是那些享受自己从事的工作, 并且把工作完成得很出色的人们的故事。

艾瑟姆·A·艾克·雷杰尔

肯尼迪航天中心运载火箭业务部

美国佛罗里达州泰特斯维尔市

2014 年 9 月

前言

　　我小时候就对太空很痴迷。我总是被太空旅行、火箭及天文学所吸引。作为一名出生在 20 世纪 50 年代中期的儿童，我碰上了绝好的运气，可以去培养自己的兴趣，因为这时正是美国空间计划起步时期。我 4 岁时，在电视上看到了艾伦·谢泼德 (Alan Shepard) 首次太空飞行。我四年级时，尼尔·阿姆斯特朗 (Neil Armstrong) 和戴夫·斯科特 (Dave Scott) 的"双子星"-VⅢ太空舱在我居住的日本冲绳县附近紧急着陆。我真觉得美国空间计划是与我共同成长起来的。

　　在我头脑中，那时的航天员就是超人。虽然我经常坐在硬纸壳做的太空舱内，但我知道超重和色盲意味着我不可能飞入太空。实际上在我 10 岁时就知道当航天员的梦想难以实现了。

　　但是，在航天任务控制或发射控制中心工作就完全不同了。我对控制面板、电子管、无线电、把手和开关、指示器和刻度盘等很入迷。还有什么比坐在工作台前、戴着耳机和关键时刻按下重要按钮更好呢？

　　卡纳维拉尔角和肯尼迪航天中心似乎是一个神奇的地方，在那里，巨大的火箭迎着朝阳点火起飞，踏上史诗般的探索之旅。我梦想着到那里去一趟，但我们家从未打算去佛罗里达旅行。我父亲是一名职业公务员，1969 年 8 月，他参加了一次管理培训，让他参观了位于兰利、休斯顿和肯尼迪航天中心的一些 NASA 设施。此时距"阿波罗"-11 航天员从月球返回还不到两周。发射"阿波罗"-12 和"阿波罗"-13 的"土星"-V 火箭还矗立在肯尼迪航天中心的垂直总装厂房，一旦"阿波罗"-11 未能登陆月球，就准备于 1969 年底之前执行任务。父亲带回了他短暂旅行的幻灯片，一有机会我就浏览它们。如果能够和父亲一起参加那次旅行，我愿意用任何东西去交换。

1988 年的春天，我在两年前观看了电视直播的"挑战者"航天飞机的失事。那时，31 岁的我正在波音公司从事"自由号"空间站计划的支持合同工作。仅仅在"自由号"空间站工作了几个月，就足以使我质疑 NASA 的官僚主义究竟是怎么让火箭发射升空的 (果然，"自由号"空间站没有发射)。1988 年，全家驱车从华盛顿特区到迈阿密看望我已退休的父亲。途中，我们在肯尼迪航天中心做一短暂停留。公众视线之外，机库内的"发现号"航天飞机正在准备其 9 月份的恢复飞行任务。我们看到了在垂直总装厂房停车场展出的锈迹斑斑的"土星"-V 火箭残骸。此时对一名航天爱好者来说是一段困难时期。似乎没有什么进展。这与现在的情况非常相似，如今我们都期待着"不久的一天"载人航天发射能够从肯尼迪航天中心重新开始。

15 年转瞬即逝，随着拍卖网站例如"易趣 (eBay)"的出现，我惊讶地发现一些"阿波罗"时期硬件实物在拍卖。我对"阿波罗"时期使用的证章和与肯尼迪航天中心发射控制中心有关系的物品产生了特殊的兴趣。我有一种强烈的冲动，想去深入了解这些物品怎样使用以及由谁使用。每件证章背后都会有一个故事，讲述某人在"阿波罗"时期有趣的事情。许多实物来自变卖遗产的人。当我向他们打听证章佩戴人时，常常得到这样的回答："我的叔叔曾在 NASA 工作过，但我不清楚他具体干什么，他也没有留下日记或回忆录。"我认为这真是奇耻大辱。

我收集了一些"阿波罗"时期点火控制室的控制面板，在我还是一名儿童时怎么可能预见到这种事情呢? —— 事实上在我手里真有一些控制面板。我找到相同爱好的收藏家，并了解他们的收藏品。我建立了一个网站来展示我对"阿波罗"时期发射控制中心的部分研究成果。非常幸运，前 NASA 工程师弗兰克·布莱恩看到网站之后，在 2011 年岁末与我建立了联系。弗兰克和蔼可亲，我向他请教了许多有关 20 世纪 60 年代肯尼迪航天中心硬件问题。他的回忆提供了许多"土星"-V 火箭发射有趣的幕后故事。

遇到弗兰克的同时，我与鲍伯·西克也有短暂接触，他是"阿波罗"时期航天器系统的项目工程师，后来成为航天飞机计划的指挥。鲍伯热情地与我通信交流，回答了我不少问题。我从弗兰克和鲍伯那里了解的事情越多，我就越希望更加深入了解，也希望让更多的人了解"阿波罗"时期肯尼迪航天中心完成的传奇。

许多有名的书籍详尽描述了肯尼迪航天中心设施设备的历史，其中最著名的经典作品是《月球港》。我没奢望超过那些书，但我也相信还有许多地方需要补充完善。毕竟，这些书不可能涵盖肯尼迪航天中心10年辉煌期2.4万人的方方面面。另外，这些书的内容全部集中在故事中的"人"上，通常从一个亲身参与者角度出发进行讲述。这些书中有很多引人入胜和幽默的奇闻轶事，但通常让读者有种"你只有亲身去过那里"才能明白这些幽默的感觉。此外，它们对肯尼迪航天中心方方面面的工作缺少全面的描述。

考虑到我有系统管理的背景，实际上我希望研究肯尼迪航天中心所有组成部分如何协同工作？航天器、运载火箭和地面支持设备如何协同工作？组织机构如何协调工作？在那里工作的2.4万人每人是怎么工作的？——每名工作人员在整个计划中非常渺小，但他或她对他们负责的具体岗位或工序的成功却极其重要。航天中心的硬件和设施独一无二，但是如果没有人去操作，它们是没用的。我要写的内容必须包括人和物。

带着这个想法，我征求鲍伯·西克和弗兰克·布莱恩的意见。他们俩都认为这是一条有趣的切实可行的思路。其后我松了一口气，问他们能否给我介绍一些他们的同事，以便于我可以开始着手解决一些问题。经过几次采访后，事情就像滚雪球一样发展起来。每次采访结束，他们都会说："让我给你联系其他人"。

我的目标是一本书在总量可控的同时，内容尽量详细丰富。事实证明这个目标是相互矛盾的。在读了我第一次完成的书稿之后，斯普林格(Springer)出版社的编辑奉劝我，如果一本书超过700页会让大多数读者望而却步。她建议尝试把这些资料整理成两本书。我最初拒绝了这个提议，但她的建议是对的。

本书和她的姊妹篇（《登月发射倒计时："阿波罗"历史性旅程》）都着力描写"阿波罗"时期的肯尼迪航天中心。它们的主题各不相同，但相辅相成。每一本书其本身都是完整的，可以单独阅读。我希望读者通过阅读这两本书可以了解到一个更加精彩的故事。

在本书准备阶段，我如饥似渴地读完1200多份原始资料，对70多人进行了超过300小时的采访。我知道我了解的仅仅只是一些皮毛。把零碎事件组合成一个完整的长篇巨制，对我来说有时是个挑战，但我不会气馁。这是我长久以来最快乐的事。除了看到我的孩子长大成人之外，我认为这本书是我一生中完成的最重要最有价值的事情。

有很多照片和图片我希望能收集到书中，但是因为限于书的篇幅，有些照片和插图的细节可能被裁掉了。我的网站 (www.apollo-saturn.com) 含有这本书的补充信息，它将会一直保留。我的网站也将是发布本书勘误和更正的地方。请访问该网站并经常给予指正。

　　好了，这就是本书如何形成的故事。我希望读者能够喜欢这本书，并像我一样为那些传奇人物在传奇年代传奇地方完成的不朽传奇而骄傲自豪。

乔纳森·H·沃德
美国北卡罗来纳州格林斯博罗市

目录

第 1 章

引言

1.1 从捕捞鲻鱼到登陆月球

1950 年 7 月 24 日星期一的早晨, 12 岁的吉姆·奥格尔 (Jim Ogle) 坐在佛罗里达州南梅里特岛附近香蕉河中的小船上。他正挂好鱼饵, 抛出网具捕捞鲻鱼。大约 10:30, 一个奇怪的噼啪声吸引了他的注意力。向北边望去, 他看到一条航迹云从地面升起, 渐渐覆盖住海面。他不知道看到的是什么东西, 但是他知道这不是寻常现象。

第二天早晨的《可可论坛报》头版以整版篇幅报导了昨天发生的令人兴奋的新闻。吉姆知道了他所看到的是从卡纳维拉尔角发射的第一枚火箭。来自阿拉巴马州的沃纳·冯·布劳恩 (Wernher von Braun) 和他的导弹发射实验室团队来到卡纳维拉尔角发射了一枚 Bumper-8 火箭, 那是一枚用 "WAC 下士" 导弹作为上面级的 V-2 火箭。

吉姆·奥格尔不可能想到 19 年之后, 他会在 "阿波罗"-11 发射期间的发射控制中心工作台上进行操作, 在人类首次登陆月球中发挥重要作用 (图 1–1)。

1.2 为什么要写作这本书?

首次登月之后已经过去超过 45 年了, 美国试图努力规划它在外太空的未来。美国牵头组织了国际空间站的开发, 在技术领域和国际合作方面正取得令人骄傲的成绩, 然而, 当前美国却缺乏让自己航天员访问其建造的科学前哨的运载工具。人们为国家在空间持续发展的长远目

(a)   (b)

图 1–1   (a) Bumper-8 成为卡纳维拉尔角在 1950 年 7 月 24 日发射的第一枚火箭。(b) 19 年之后, 在其北边数英里外, 他们中的一些人将 "阿波罗"-11 飞船送上了月球 (图片来源: NASA)

标而争论不休。是火星吗? 若是, 什么时候? 航天员将发挥什么作用? 送机器人进行探测是否造价更低?

    在未确定通向哪条道路的情况下, 任何战略都显得毫无意义, 且中间步骤也很难合理化。我们是登陆小行星, 还是首先建立月球基地? 因为没有足够的资金, 就不能制定开发空间的长期目标, 因为没有长期目标, 国家就不愿意进行投资。年复一年, 钱花了不少, 但却很难看到进步。没有目标时你又如何度量进步?

    在航天计划受挫的日子里, 可以理解人们对空间探索的热情回到了美国早期空间计划的黄金岁月。国家完成了由魅力无穷的年轻总统所设计的宏伟目标。我们通过展示自己的生活方式比苏联更有成效而赢得了世界的中心地位。20 世纪 60 年代我们自始至终每个月都能完成新的航天发射任务, 每次飞行较之上次都更具挑战性。探月成果刺激了新技术进步, 改变了我们本身思想的认识方法。

    我们都清楚地记得美国富有传奇色彩的航天员们。他们的形象出现在各种杂志、报纸和电视中。我们都熟悉他们的名字和身影。追踪电视播放发射任务的我们还记得观看华盛顿任务控制中心的特殊场景,或观看从肯尼迪航天中心送来的 "土星"-V 火箭轰动的发射实况。但是，要不是因为 1995 年上映的影片《阿波罗-13》，又有谁会记得任务控制中心工作人员的姓名？

对于热心的航天爱好者更困难的问题是：你还能记得在肯尼迪航天中心工作过的任何一个人的名字吗？发射工位指挥员宫特·文特（Guenter Wendt）的名字可能被提及，主要是因为他曾在电影《阿波罗-13》中被短暂提到过。但是宫特为谁在工作？你知道他并不是 NASA 雇员吗？"阿波罗" 时期肯尼迪航天中心总负责人是谁？不，他不是沃纳·冯·布劳恩。除了发射火箭之外，肯尼迪航天中心实际上还发生过什么？

实际情况是，除了发射日期之外，世界目光关注的是航天员和任务控制中心，公众很少听到或看到肯尼迪航天中心曾发生过的事情。

1.3　本书结构组织方式

本书的目的使读者了解 "阿波罗" 时期在卡纳维拉尔角和肯尼迪航天中心的工作生活。有许多书籍已经介绍过 "阿波罗" 计划，如休斯顿任务控制中心，或者 "阿波罗/土星" 飞行器等。因此本书不再重复那些已经讲述过的内容，而是首次聚焦于那些不常谈及的事情 —— 那些使火箭从肯尼迪航天中心点火起飞背后的设施设备和工作人员。

本书主要由三部分内容组成。第 2 章和第 3 章介绍了 1960 年至 "阿波罗"-1 火灾事故期间 "阿波罗/土星" 计划在卡纳维拉尔角和肯尼迪航天中心早期的发展历程。我们将首先简短地回顾这段历史，即肯尼迪航天中心如何形成，以及它与 "阿波罗" 计划管理部门其他两个主要中心的关系。这段历史将阐明肯尼迪航天中心独有的组织文化，以及它是如何影响着人们的日常工作。我们将简短地探讨一下在卡纳维拉尔角 34 号和 37 号发射综合设施上的工作，以及实施新技术面临的挑战。然后将讨论 "阿波罗" 时期损失最惨重的试验，即 "断开状态综合测试"，1967 年 1 月 27 日的那次试验断送了 "阿波罗"-1 3 名航天员的生命。读者将会看到当时在地堡和控制室的工作人员，以及发射工位上参与灭火救灾的英雄们提供的第一手信息资料。这场灾难深刻影响了参与 "阿波罗/土星" 计划的每一个人，不管他们在那场事故中有没有责任。

本书的中间部分介绍 39 号发射综合设施 —— 美国的登月港。第 4 章至第 6 章介绍用于 "阿波罗" 航天器和 "土星" 运载火箭组装、测试的设施设备。我们将详细介绍计算机在 "阿波罗" 和 "土星"-V 检测以及在发射工位实施控制操作中开创性的应用。

在本书的最后部分, 主要讲述发射工位。第 7 章介绍肯尼迪航天中心 "土星"-V 发射工位设施和技术, 第 8 章使读者了解发射工位上面临的诸多风险, 并通过许多肯尼迪航天中心工作人员的亲身经历使读者了解在那样一种神秘又危险的发射工位工作是一种什么感受。最后通过工作人员对 "阿波罗" 计划中个人经历的反思而结束本书。

本书是作者撰写的《登月发射倒计时: "阿波罗" 历史性旅程》(简称《倒计时》) 的姐妹篇。《倒计时》介绍了 "阿波罗/土星" 任务在肯尼迪航天中心完整的试验流程, 从火箭各级装船运输到肯尼迪航天中心, 组装, 测试, 直至点火发射。虽然这两本书可以独立阅读, 但其信息是互补的。本书侧重讲述肯尼迪航天中心 "故事发生在哪里和发生了什么";《倒计时》侧重讲述 "故事怎样发生和为什么发生"。两本书的核心都是 "人" —— 那些创造这些奇迹的英雄。

1.4　2.4 万人的经历

写作一本关于 "阿波罗" 和 "土星" 的书所面临的挑战是此前已经出版过众多关于该计划的书籍。然而, 许多书关注的焦点是发射之后的任务和航天员。这些书并没有告诉我们火箭矗立在发射工位之前还要完成哪些工作。

根据 "阿波罗" 和 "土星" 的相关资料, 另一项遗漏的主题是 20 世纪 60 年代肯尼迪航天中心所发生的日常生活和工作。在发射工位上工作是一种什么感受? 点火控制室所有工作人员要做哪些工作?

本书不侧重介绍那些有传奇色彩的领导者或勇敢的航天员。本书主要介绍在总装和测试厂房以及活动发射设施内或发射平台 400 英尺高处脐带塔上发生的故事。

本书绝大多数访谈资料是由那些亲身参与 "阿波罗" 计划的工作人员提供的。读者将会看到他们以第一人称讲述他们的经历。本书尽可能地讲述所有工作人员的经历, 包括那些为 NASA 或承包商工作的职员、工程师或技术员, 启动试验或指挥操作的人员, 工作在运载火箭或航天器或支持设备的人员等。在 "阿波罗" 时期肯尼迪航天中心工作过的 70 多名工作人员通过采访、个人书写的记录、照片、图表和图片等方式, 为本书做出了直接贡献。这些信息资料是从参与 "阿波罗/土星" 任务工作人员中精选出来的。

这些人员现在大多数都已经 70 或 80 多岁, 少数人已经 90 多岁。只要有可能, 他们的回忆都与官方记录进行了核对。如果有差异很可能是由于当事人看问题的角度不同所导致的。

无论过去和现在, NASA 不变的一点是, 其人员在社交会话中都使用大量的缩略词和缩写。这些术语可能会混淆理解, 但它们实际上使会话变得更清楚, 更简洁。简单地说, 引述 "SCAPE" 组合词比 "自主式大气防护服" 更容易。作者尝试只使用最普遍的缩略词, 它们在附录 A 中都有拼写说明。

本书采访过的许多人不仅在 "阿波罗/土星" 时期工作过, 而且一直工作到航天飞机计划的大部分时期。尽管已经历 40 多年和 135 次航天飞机任务, 这些人仍然能十分清楚地回忆 "阿波罗", 充分说明 "阿波罗/土星" 给他们留下的印象非常深刻。

我真诚地希望, 读者能够切身体会到, 当面临航天事业赶超苏联的巨大压力和不可能完成的任务期限时, 在那个工作人员为了登月目标连续数月不休息每天工作 12 小时的年代, 在美国有史以来发射过的最大火箭发射设施中工作是一种什么体验。你将听到任务成功的美妙故事, 以及没有完全执行计划的遗憾。本书的图表有些来源于当时公开发布的照片, 有些来源已经无法寻找。另外, 如果不加特殊说明, 书中所有插图均取自 NASA 公开领域或来自 NASA 手册中的图表。

请你准备好回到 20 世纪 60 年代和 70 年代, 那时, 工作在不平凡岗位上的普通人每天都在创造着未来。

第 2 章

"阿波罗/土星" 任务的
准备阶段 (1960—1966)

　　"我相信,在这个 10 年逝去之前,国家会达成载人登陆月球并安全返回地球的任务目标。在此期间,没有任何一个空间计划比这更激动人心,没有任何一个空间计划在长期探索空间方面比这更重要;没有任何一个空间计划比这更难于实现,花费更大。

　　我们计划适当加速登月航天器的开发。我们计划开发替代的液体和固体燃料火箭,直到确定哪一种更为优秀。我们计划为其他发动机开发和无人探索项目增加资金 —— 无人探索项目对确保执行登月任务航天员的生命安全至关重要,国家永远不应该忽视这一点。

　　但是,实际上来说,这将不是一个人登上月球 —— 如果我们肯定地做出这个判断,那将是整个国家。我们所有人必须为登陆月球而努力。"

　　—— 摘自《关于紧急国家需求的国会特别咨文》,约翰·F·肯尼迪 (John F. Kennedy) 总统,1961 年 5 月 25 日

　　总统的登月挑战正值世界、国家和空间计划发生巨大变化的时期。NASA 还只是一个相对年轻的机构,但是它已经把一个美国人送入太空,当总统对登月计划首次公开表态支持时,它已经在分别称作 "阿波罗" 和 "土星" 的下一代航天器和运载火箭上展开工作。

本章提供了"阿波罗/土星"计划早期的发展历程。我们将对卡纳维拉尔角和肯尼迪航天中心,早期的发射工位和技术,以及为准备人类最伟大的技术成就之一而长年累月历经无数加班工作、身负巨大压力的人们和组织机构,做一个简短的回顾。

2.1 卡纳维拉尔角和肯尼迪航天中心

美国军队自 1950 年 7 月起开始在卡纳维拉尔角发射火箭。卡纳维拉尔角空军基地 (CCAFS) 受位于其南边约 20 英里 (32 km) 的帕特里克空军基地的管辖,是 20 世纪 50 年代和 60 年代军队试验其快速改进导弹计划的最方便的场区。海边发射工位可以使有时不听使唤的总存在危险的导弹飞过海面,把对居民的风险降到最低。

20 世纪 50 年代的早、中期,沃纳·冯·布劳恩领导着美国陆军弹道导弹局 (ABMA) 导弹发射实验室。冯·布劳恩和他的团队把导弹从阿拉巴马州亨茨维尔市的陆军弹道导弹局运抵卡纳维拉尔角,借用空军的燃料库和发射工位进行飞行试验。NASA 于 1958 年成立时,陆军弹道导弹局改编为马休航天飞行中心 (MSFC),冯·布劳恩为中心领导。导弹发射实验室改编为 NASA 的发射操作指挥部 (LOD),由马休航天飞行中心远程控制。发射操作指挥部负责 NASA 在卡纳维拉尔角的发射工作。

随着火箭试验步伐的不断加快,NASA 看到,在佛罗里达就地管理发射操作比从阿拉巴马州远程管理效率更高。1962 年,冯·布劳恩指定他的一位代表和长期合作伙伴库尔特·H·德布斯 (Kurt H Debus) 作为新命名的从马休航天飞行中心脱离的发射操作中心 (LOC) 的领导。德布斯以其在火箭系统和发射技术所有领域深奥的技术知识而享有崇高声誉。德布斯的总部位于可可海滩,而有关火箭总装和发射操作都在卡纳维拉尔角空军基地完成 (图 2–1)。

当肯尼迪总统发表 20 世纪 60 年代末登陆月球的挑战时,NASA 正在卡纳维拉尔角空军基地调试 LC-34 发射综合设施,计划于 1961 年 9 月发射不载人"土星"火箭 SA-1。位于 LC-34 以北,NASA 计划用于第二代不载人"土星"火箭发射的 LC-37 的建造也在进行中。LC-34 和 LC-37 将是西方世界在当时最大的发射综合设施。当然在工程完工之前,冯·布劳恩和德布斯就清楚地知道,这两套综合设施对保障登月计

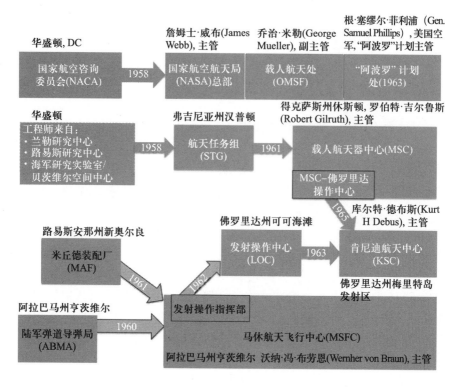

图 2-1　美国承担 "阿波罗/土星" 计划主要责任的 NASA 组织机构演变图

划是远远不够的,登月计划的核心是发射 "土星"-V 火箭。

　　登陆月球需要建造比卡纳维拉尔角现有发射设施更多、更大的发射设施。NASA 前期规划表明,要确保美国于 1969 年登上月球[1],每年大概需要实施 50 次发射。冯·布劳恩和德布斯认识到,卡纳维拉尔角现有的发射设施已不能通过扩展来满足载人登月火箭的数量和规模。NASA 需要一个新的 "登月港"。

　　1961 年 7 月,考虑许多其他可供选择的场地之后,NASA 开始瞄向毗邻卡纳维拉尔角空军基地、位于其正北偏西的梅里特岛上的一块陆地,用以支持发射操作中心和登月计划。NASA 称这个新发射场为梅里特岛发射区 (MILA)。

　　1963 年 11 月肯尼迪总统遇刺一周之后,林登·约翰逊 (Lyndon

---

　　[1] 这个估计基于冯·布劳恩保守的试验方法和最初为抵达月球采用的地球轨道交会 (EOR) 任务策略。地球轨道交会需要在一天或两天之内进行两次火箭发射以完成一次月球任务。

Johnson) 发布命令将发射操作中心和梅里特岛发射区合在一起更名为约翰·F·肯尼迪航天中心。同时, 卡纳维拉尔角空军基地被更名为肯尼迪角空军基地 (CKAFS)。这些名字一直保持到 20 世纪 70 年代早期。因为肯尼迪角空军基地最终名字又变回到卡纳维拉尔角空军基地, 所以本书通篇都将称其为卡纳维拉尔角或卡纳维拉尔角空军基地。

肯尼迪航天中心和卡纳维拉尔角之间的区别可能会令人混淆。肯尼迪航天中心和卡纳维拉尔角/肯尼迪角不是同一个实体。肯尼迪航天中心是 NASA 的一个机构, 是 NASA 的一个区域。卡纳维拉尔角是帕特里克空军基地管理的美国空军场区, 空军出租了发射工位和其他设施, 并对 NASA 提供操作支持, 直到今天一直如此。

因此, 肯尼迪航天中心和卡纳维拉尔角空军基地是有区别和不同的。20 世纪 60 年代的新闻广播员把肯尼迪航天中心称作 "肯尼迪角"时, 更加重了这个混淆。即使现在, 也经常听到有些 NASA 其他中心的航天员或职员, 当他们正奔向肯尼迪航天中心时, 他们却说 "正飞向卡纳维拉尔角"。这就难怪人们仍然混淆这些概念了 (图 2–2)。

2.2 发射综合设施 LC-34 和 LC-37 以及发射工作部门

34 号和 37 号发射综合设施 (口语中简称为 "34" 和 "37", 也合称为LC-34/37) 是专门为 "土星"C-1 系列火箭而设计的。C-1 是 "土星" 多种概念构型中的一种, 它使用了 S-I 的一级和 S-IV 的二级。冯·布劳恩在20 世纪 50 年代打算把 "土星" 火箭转为军用, 但是空军还是决定使用自己的导弹。"土星" 成为冯·布劳恩团队严格意义上的第一枚民用火箭。LC-34 是卡纳维拉尔角空军基地第一座用于 NASA 任务的发射工位, 德布斯得意地把其称作 "全世界" 第一座完全用于空间和平探测的发射综合设施 (图 2–3)。

LC-34 和 LC-37 位于卡纳维拉尔角空军基地的北部边缘。由于 "土星" 火箭尺寸比卡纳维拉尔角以前发射的任何一种火箭大两倍以上, 因此, LC-34 和 LC-37 也使卡纳维拉尔角空军基地以前所有发射工位都显得小了许多。快速发展的 NASA 及其承包商被安置在数英里之外的卡纳维拉尔角空军基地工业区的飞机库和拖车厂房。德布斯和他的火箭团队最先住进了 E&L 厂房。航天器操作放在了机库 S。一些舱段承包

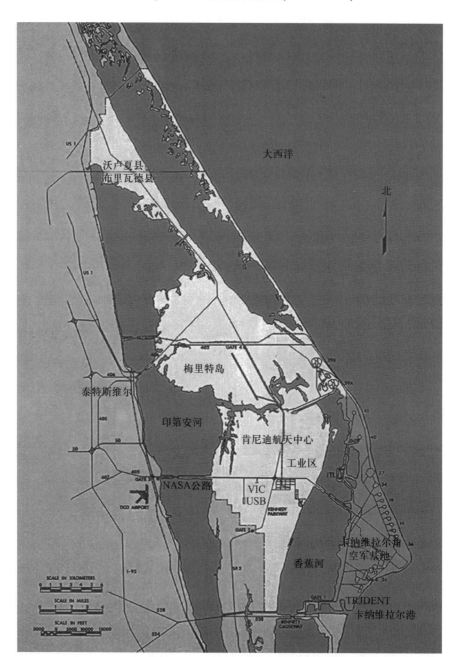

图 2-2 肯尼迪航天中心和卡纳维拉尔角空军基地的位置关系

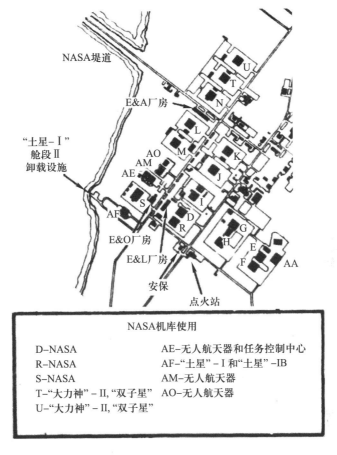

图 2-3   1967 年中期 NASA 使用的卡纳维拉尔角空军基地工业区机库和厂房

商进驻机库 AE, 数据和遥测站则位于机库 D。

LC-34 和 LC-37 采用固定发射模式。这意味着火箭各级要运到发射工位, 在那里完成吊装、组装、测试和最后发射。由工作平台构成的活动服务塔通过铁轨移动到位, 协助发射工位上运载火箭的组装和测试。发射控制室内和发射工位下面的自动设备完成对火箭的检测和发射 (图 2-4)。

LC-34 占地总面积大约为 40 英亩 (16 公顷), 中央为凸起的直径 400 英尺 (120 m) 混凝土发射工位。发射工位中间是 30 英尺 (9 m) 高的发射基座。发射基座的圆形开口上方环绕着一套消防系统, 还配备有牵制释放臂和支撑臂, 用以支撑火箭。位于发射工位下面的自动地面控制

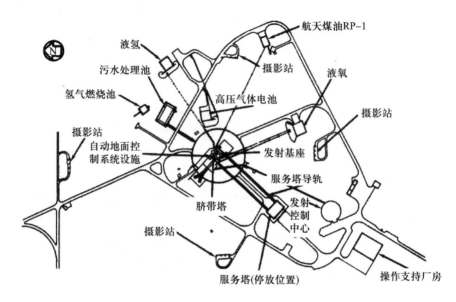

图 2-4　"阿波罗/土星" 时期 LC-34 发射工位设备

系统 (AGCS) 装有电子支持设备和半数地面计算机系统 (图 2-5)。

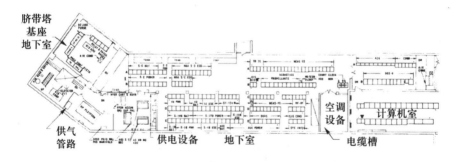

图 2-5　LC-34 地堡内自动地面控制系统。自动地面控制系统设备与安装在 LC-39 发
射工位终端连接室及发射平台上的设备相类似

　　为把运载火箭竖到发射基座上, 310 英尺 (94 m) 高的自驱动服务塔
从西南方向沿铁路移动到发射工位。服务塔跨过发射基座, 它具有可垂
直调整的活动工作平台和固定工作平台。在发射前服务塔要移回到距
发射基座大约 600 英尺 (182 m) 的停放位置。而火焰导流装置在发射
前, 沿着铁路运到发射基座之下的位置 (图 2-6)。

　　从 SA-3 任务开始, NASA 增加了一座脐带塔。这座 240 英尺 (73 m)

图 2-6 矗立在发射工位上的第一枚"土星"火箭 SA-1。防护罩包裹着火箭以防护自然环境的侵害。早期任务没有脐带塔,倒 U 字形服务塔在后来为支持"土星"-IB 而进行了重大改造

高的脐带塔,位于发射基座的东北,用于支持从发射工位到运载火箭的推进剂加注、供电、供气和数据连接等。

一座圆顶形地堡位于发射工位正南偏西方向大约 1200 英尺 (360 m)处。地堡第一层放置遥测和计算机设备。第二层是能容纳大约 150 名工程师和指挥人员的点火控制室。地堡没有窗户。观测者利用潜望镜和闭路电视系统对发射工位的活动进行监视 (图 2-7 和图 2-8)。

推进剂 (液氧、液氢和航天煤油 RP-1) 存储和加注设备位于发射工位周围,并通过纵横交叉的管线连接到发射工位。高压气体 (加注用氮气、防止液氧沸腾的氮气、舱内通风用的氧气等) 也存储在发射工位附近。

使用 LC-34 发射的前 4 枚火箭是"土星"-I 模块 I。每次发射的火箭

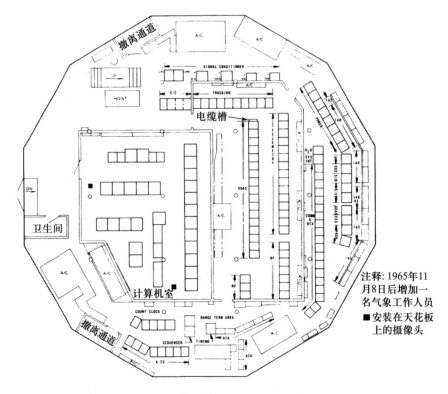

图 2-7　1965 年 11 月, LC-34 地堡的第一层布局图。第一层放置遥测和计算机设备,
地堡内只有一个卫生间

本质上都是 "土星"-I 一级加二级模型。第一枚 "土星" 火箭 SA-1 于
1961 年 10 月 26 日上午 10:06 在 LC-34 起飞。官方给出任务中火箭成
功起飞的可能性是 75%, 而完成这次简短任务 (火箭一级燃烧结束后在
60 英里高处炸掉二级模型中的一个水箱) 的可能性只有 30%。这些可
能性评估在今天的条件下看起来很糟糕, 但在航天计划的早期被认为
很现实 (图 2-9)。

　　一套发射综合设施爆炸的风险可能导致 LC-34 一年之久不能启用,
于是 NASA 寻求修建另一套 "土星" 火箭发射综合设施, 以降低工程风
险。LC-37 最初设计为 LC-34 的备份。LC-37 也可以满足 "土星"-I 运载
火箭系列的改进型和发展型测试发射需要。当前 4 次 "土星" 任务在
LC-34 测试发射时, LC-37 同步开始建设。附录 B 提供了有关这些任务
的详细说明以及 "阿波罗" 和 "土星" 飞行器的所有飞行记录。

　　LC-37 设计有两个发射工位, 即 37A 工位和 37B 工位。每个发射工

A区工作岗位:
1　**发射台**
2　**评论**
3　**发射信息收发**
4　**网络状态监测**
5　**发射副总指挥**
6　**中止飞行**
7　**发射总指挥**
8　**DOD负责人**
9　**试验主管**
9A **试验主管助理**
10　L/V T/C
11　S–IB级动力
12　S–IVB级动力
13　仪器舱动力
14　发射台安全管理
15　发射台安全管理
16　ETR方位坐标
17　INST控制
18　信息管理

56　S/C操作管理
57　S/C主管
58　L/V主管
59　L/V操作员

　　B区

⊓ 支架摄像头

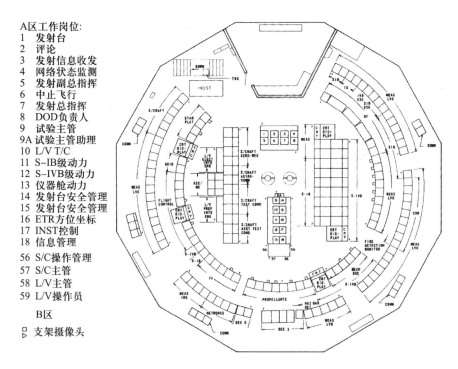

图 2–8　1965 年, LC-34 地堡内第二层点火控制室布局图。航天器测试指挥功能在其后移到了肯尼迪航天中心载人航天器操作厂房的接收检查设备间 (ACE)

图 2–9　1961 年 10 月 27 日, SA-1 发射时的地堡内人员

位都有自己的发射基座、自动地面控制系统和脐带塔。发射工位配有综合设施地堡、服务塔、推进剂设施和高压气体设施等。两个发射工位可以使发射程序实现快速转换,因为射后能用一个月或更长时间方便地对工位及其设备进行维护。两个发射工位也提高了发射工位发生爆炸对发射时限形成潜在威胁的保险系数。虽然 NASA 为 LC-37A 建造了脐带塔,但是该工位从未使用过。NASA 决定将经费更多地投向 LC-34 的改造及为登月计划而设计的 LC-39 的建设。

LC-37 作为 "土星"-I 模块 II 任务的支持设施,比 LC-34 规模更大、更复杂。模块 II 包括新型具有 6 台发动机的 S-IV 二级,它使用高能液氢 (LH_2) 作为燃料。为贮箱加注时,"土星" 火箭第二级 S-IV 中气化的气态氢被收集并输送到发射综合设施区域几百米外的燃烧池。在那里,具有高爆炸性的废气通过水池冒出并被燃烧掉 (图 2–10)。

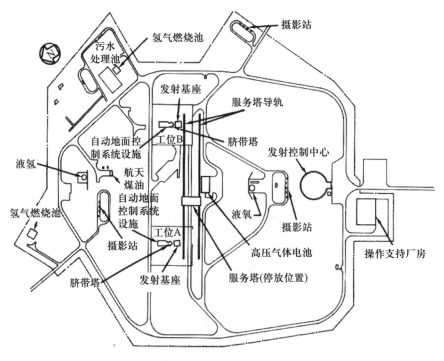

图 2–10 "阿波罗/土星" 时期的 LC-37 设施布局图。发射工位 A 从未使用过;全部发射工作都在发射工位 B 进行

NASA 于 1963 年宣称 LC-37 服务塔是世界上最大履带式运载器。它的特征是有 4 个升降机、10 层活动工作平台、9 层固定工作平台,以

及可以保护发射工位上火箭和航天器的防雨遮挡物等。服务塔高 92 m,
重 4263 t。它能抵挡飓风暴雨 (图 2–11 和图 2–12)。

图 2–11　SA-5 矗立在 37B 发射工位上。服务塔的三组活动工作平台包围着火箭,另
　　　两组呈敞开状态。LC-34 服务塔位于照片的右后方

　　LC-37 地堡与 LC-34 地堡相类似,但比后者更大一些。这是由于改
进后的"土星"火箭地面支持设备更为复杂,而且新型二级火箭需要更
多的控制台和测试工程技术人员。

　　肯尼迪总统在其遇刺前一周参观了综合设施和发射工位上的 SA-5
火箭。1964 年 1 月 29 日,SA-5 的发射开启了 LC-37B 的使用序幕,许多
工作人员私下里用此次发射来纪念遇刺身亡的肯尼迪总统。4 个月之后,
搭载模样"阿波罗"航天器的"土星"火箭 SA-6 首飞成功 (图 2–13)。

图 2–12   哈罗德·派尔斯 (Harold Pyles) (右) 在 LC-37 服务塔控制室内监视操作。
服务塔可在 A 和 B 两个工位之间通过铁轨进行移动

图 2–13   1963 年 11 月 16 日, 乔治·米勒 (George Mueller) 在 LC-37 地堡内向肯尼
迪总统简要汇报 "阿波罗" 计划的情况。大的火箭模型是 SA-5, 肯尼迪总统参观时该
火箭正立在发射工位上。听众中的第一排 (从左至右) 依次是: 乔治·劳 (George
Low)、库尔特·德布斯、罗伯特·C·西曼斯·Jr. (Robert C. Seamans, Jr.)、詹姆斯·
E·韦伯 (James E. Webb)、肯尼迪、休·L·屈莱顿 (Hugh L. Dryden)、沃纳·冯·布
劳恩。图片右边之外有: 雷顿·I·戴维斯 (Leighton I. Davis) 少将和乔治·马瑟斯
(George Smathers) 参议员

1963—1965 年期间, LC-37 承担了 SA-5 至 SA-10 测试发射任务,
LC-34 则为了适应 "土星" 家族下一代火箭 —— "土星"-IB, 而进行了升
级改造。"土星"-IB 火箭一级进行了改进 (S-IB), 并且设计了一个新的、

加长的 S-IVB 二级。S-IVB 级配置了 1 台 J-2 发动机, 其功率是 S-IV 级 6 台发动机功率总和的 2.5 倍。"土星"-IB 火箭首次具备将 "阿波罗" 航天器送入地球轨道的能力。搭载指令舱/服务舱的首飞 "土星"-IB 火箭是 AS-201, 于 1966 年 2 月 26 日从 LC-34 发射。在首次载人飞行任务 —— "阿波罗 204" (也称为 "阿波罗"-1) 之前, 还有 2 次无人飞行任务, NASA 计划于 1966 年年底实施载人发射任务。

2.3 航天器系统的进展

随着 "土星" 火箭和新型发射设施的不断取得进展, 航天器系统也在为 "阿波罗" 首飞进行着忙碌的准备。NASA 在卡纳维拉尔角工作的航天器全体人员都是佛罗里达载人航天器中心 (MSC-FO) 的雇员, 他们的工作要向休斯顿载人航天中心汇报。就像项目工程师杰基·史密斯 (Jackie Smith) 那样, 他们中的许多人在参与 "阿波罗" 计划之前, 曾参与过 "水星" 计划和 "双子星" 计划。航天器人员大部分都在卡纳维拉尔角的机库 S 工作, 直到 1965 年肯尼迪航天中心载人航天器操作厂房 (MSOB) 启用为止。

航天器工作人员的骨干参与完成了 "小乔"-II 和发射工位中止试验计划, 这两项试验验证了 "阿波罗" 逃逸系统和太空舱降落伞系统。NASA 原打算在卡纳维拉尔角进行这些试验, 但是卡纳维拉尔角的设施全部优先预定给了其他发射任务。载人航天中心用新墨西哥州的陆军白沙导弹试验场代替完成了这些试验。

"小乔"-II 发射和 "阿波罗" 发射工位中止试验在 1963 年至 1966 年之间完成。许多航天器工作人员在白沙终于可以首次作为一个团队一块儿对 "阿波罗" 计划展开工作。韦尔比·里斯勒 (Welby Risler)、波尔·唐纳利 (Paul Donnelly)、乔治·佩吉 (George Page)、特德·萨森 (Ted Sasseen)、克拉伦斯·邵文 (Clarence Chauvin) 以及恩尔尼·雷耶斯 (Ernie Reyes) 都是共同从事 "小乔"-II 计划的其中成员, 回到卡纳维拉尔角后他们还在继续合作。例如, 因为邵文在 "小乔"-II 计划 (图 2–14 和图 2–15) 中杰出表现, 乔治·佩吉提议邵文担任了 "阿波罗" 航天器测试指挥。

图 2–14 1963 年 11 月 7 日在白沙导弹试验场进行的发射工位中止试验。这次试验验证了发射逃逸系统把"阿波罗"指令舱从发射工位快速推到安全区域的能力

图 2–15 1964 年 12 月 8 日在白沙进行的"小乔"-II 试验飞行 A-002。"小乔"-II 验证了逃逸系统在飞行中执行"阿波罗"指令舱逃逸救援的性能

2.4 发射综合设施 LC-34 和 LC-37 的工作

通过 LC-34 和 LC-37 的实践, NASA 的测试发射工作逐渐熟练, 涉及的技术也更加复杂起来。发射设施的建造和操作对每个人都是一次学习实践机会, 因为其规模和复杂程度是前所未有的。

卡纳维拉尔角的发射时间表对建造中的 LC-34 提出了挑战。人们似乎看到 "导弹阵地" 许多发射工位上每周至少有一次火箭发射。罗伊·撒普 (Roy Tharpe) 在卡纳维拉尔角地区度过了他的中学时期, 作为 LC-34 的建筑工人是他参加的第一项工作。他回忆了 1960 年 7 月 1 日观看空军 "大力神"-I 导弹从 LC-34 南面的 LC-20 发射时的情景 (图 2–16):

图 2–16 　1964 年 11 月 13 日卡纳维拉尔角的 "导弹阵地"。发射综合设施 36A/B 位于照片最前方。火箭总装厂房位于图中左上方的下面

那是那个工位的首次发射。那时我是一名测量员。我借来了经纬仪, 站到 3.7 m 高的平台上, 对 "大力神" 导弹有一个非常清晰的观察视角。它飞离发射工位后迅速左转, 直接朝我飞来。我正通过经纬仪观看飞行, 看到火箭好像压下来, 紧接着, 我看到火箭前锥体就像进入了我的眼球。并非笑话! 它离我约 8 km 远, 但却正飞向我们所在的 LC-34 区域。正朝我飞来! 我

跳下平台，翻滚在地，又站起来。就在我站起来时，在安全范围内 —— 我根本不知道什么安全范围 —— 火箭爆炸了。接下来的事情，击中我的是声浪和其后的热浪。哎呀，几乎击倒我！填充物铺天盖地飞来，到处都是碎片，火也开始燃烧起来。我关心的是我的兄弟，他在比我近百米的外边工作。我跑过去并找到了他，还好，安全无事。

J·R·里昂 (J. R. Lyon) 在卡纳维拉尔角佛罗里达载人航天器中心开始了他的职业生涯。他的工作是收集 LC-34 和 LC-37 航天器支持系统的设计需求。他回忆好像没有一个人懂得如何做，或应与谁讨论这些事情。两个带薪实习的学生被指派来帮助他工作。他说："我们3人一夏天的工作就是共同完成下面的任务，即为通到发射工位的所有服务系统完成地面设备的接口布置。我们要了解服务塔究竟 —— 是怎么建造的，各种管道是怎么连到服务塔上的阀门箱，这些阀门箱为推进剂、低温液体、空气等各种介质系统服务。"通过在 LC-34 的工作实践，里昂得到的专业技能使他能够胜任 LC-37 和 LC-39 同样的工作。

发射设施规模之大意味着在其他发射工位学到的实践经验在新环境中未必能用。例如，早期的用于工人们在发射工位上下的环带载人电梯被拆除，因为它至少伤过1名工人。诺姆·卡尔森 (Norm Carlson) 说："我有一次乘过它。那电梯真是太可怕了。大概45天之后那电梯就淘汰了。我不敢相信 NASA 的安全部门竟然能够允许那样的电梯存在。"

查克·麦凯克伦 (Chuck McEachern) 回忆，在总装和测试阶段，LC-34 服务塔通过装有护栏的狭小通道伸到运载火箭。进入发射倒计时，当服务塔准备从发射工位移走时，所有护栏都要收起。然而，这项工作完成的时间早于最后接近火箭的操作时间。他说："为走到火箭那里，你必须在高达 100 英尺的空中，从两边都没有护栏的 3 英尺宽的平台上走过去。我第一次走的时候，我是四肢着地爬过去的。"

1964 年，弗兰克·布莱恩 (Frank Bryan) 从"宇宙神/半人马座"计划新近转到"土星"计划。他们老板、总工程师艾克·雷杰尔 (Ike Rigell) 正在让他熟悉"土星" SA-6 任务。两人开始对 LC-37 服务塔进行巡视，从顶层开始，逐层检查。突然试验监督员在广播系统中宣布，所有工作人员立即离开服务塔，因为逃逸发动机正在运往服务塔。雷杰尔和布莱恩决定乘电梯下来快速离开服务塔。布莱恩说：

> 我走过电梯门，门旁边有一个没盖的金属盒子和一个按

钮,我以为它是呼叫按钮,于是按下了它。瞬间,我认识到这事干错了,因为在我按下按钮后立刻听到大型阀门动作和服务塔振动。一股嘶嘶声从环绕服务塔的喷嘴里传出来。1s之后,服务塔消防系统的锈水喷射而出。艾克走过来说我们要马上撤离服务塔 —— 因为消防系统启动应该是某处发生了紧急情况。我告诉他是我误动了按钮。

我们冒着消防系统的锈水离开服务塔返回到地堡。试验监督员杜恩·菲利浦斯 (Don Phillips) 在广播系统中宣布,他正在查找紧急情况发生的原因。我对艾克说我们应该对他讲明,是我误按了按钮。他说:"你去告诉他吧!"

第二天早晨,我发现一个消防队长帽子似的塑料玩具放在我办公桌上。在接下来的几周内,我费了好大劲总算忘掉了这件事情。

就像布莱恩和雷杰尔,其他来自 "探索者" "朱诺" "丘比特" 和 "红石" 计划的 NASA 工程师和技术员们带着自己的经验来到了 "阿波罗/土星" 计划。他们习惯于直接参与火箭和地面系统的工作。NASA 管理层在 "阿波罗" 计划的早期决定,与其增加政府工作人员的总数来满足工程需要,不如让运载火箭和航天器承包商负责实际操作来灵活配置人员。NASA 的职责将被严格限定在咨询和管理 —— 如果你是一名政府雇员,将不再干拧扳手、布线或弄一手脏污的工作。这种转变让许多 NASA 工作人员很难接受,尤其是那些技艺高超的员工。

在 LC-34/37 的早期,NASA 工程师更愿意独自悄悄地完成某项工作,而不是花时间向承包商解释试验过程。例如,艾德·范宁 (Ed Fannin) 此时已经改做机械和推进系统部门的领导工作,他回忆了有一次在 LC-37 调整 "土星" 火箭发动机压力调节器的经历:

乔·林德勒 (Joe Lendle) 当时是我们的技术领导,他在发射前叫人去调整 750 调节器,把它调整到合适的压力,取走计量器,把它拿下来。乔说:"我派克莱斯勒公司的人去干这个事,这家伙把操作方向弄反了。"他递给我调节器操作扳手和一些小零件。我曾在马休元器件实验室工作过 3 个月,"红石" 火箭上也使用过调节器,"红石" 火箭也有那样 1 台洛克达因公司生产的发动机。我对那玩意了如指掌。我说:"我大概可以把它调节回去。"

　　我走进去, 拿着手电和零件, 把它们按顺序排好, 把调节器调整回来。当时汤姆·马奇 (Tom March) 在地堡里。我说: "汤姆, 告诉使用仪器的那个家伙, 不必关注 750 压力的记录, 因为我正在调整它。" 我知道, 如果我能迅速打开内部泄压阀, 将压力调到 750, 然后再快速关闭, 如果泄压阀迅速打开了, 一切就OK了。于是, 我试了三四次, 告诉乔已准备稳妥。随后我们实施了发射。我从没有告诉我的老板! 我要是不能调整好就会中止发射, 这显然不是我们希望看到的。

　　发射计划迫在眉睫, 但正规的试验程序还需要不断发展定型。在试验中有些变动是程序无法预料的, 只有快速应对才能解决问题, 节省时间和经费, 使发射任务可以继续前进。例如, 野外的真空套液氧管道偶尔会产生裂纹。地堡里的观察员通过潜望镜可以看到从管道泄漏出来的液氧蒸汽。裂缝会影响火箭液氧加注量。为了不中止发射来维修管路, 有人想出一个快速临时性的维修方法。抢险分队带着一包卫生巾和一桶水赶到泄漏位置。小组人员用水浸湿卫生巾, 然后将其贴在管子的裂缝处, 它很快就冻结成固体, 并封住了裂缝。发射后, 真空套管道就可以做永久性的维修。

　　如果没有彻底检查并记入文件, 测试程序偶尔会出现返工, 咬我们试验团队一口。在一次发射倒计时之前, 发射指挥员洛克·佩特龙 (Rocco Petrone) 在检查时, 发现一条意为 "射前收回" 的红色旗子挂在发射工位上。由于这面旗子没有编号, 于是就没有办法辨别它来自火箭的哪个部位, 或者, 在火箭的某处是否还遗漏了更多的旗子。这次事件导致增加了一项对全箭所有红色旗子进行统计和记录的程序。在另一个糟糕的事件中, SA-5 首次发射被迫中止, 原因是有人没有从液氧补加管路上拆下一个盲法兰 (没有开口的实芯板)。那次事件导致德布斯提出一个新的概念, 即倒计时验证测试 (CDDT)。CDDT 是全部倒计时工作内容的完整演练, 目的是在真实倒计时之前发现和解决程序中的所有问题。

　　盲法兰事件还有一段小插曲, NASA 公共事务官员杰克·金 (Jack King) 回忆, 在第二次尝试发射 SA-5 之前, 一项额外的制约条件引起了NASA 的关注:

　　　　奥杜邦协会 (注: 美国保护野生动物和其他自然资源协会) 的人走过来对我说: "我们希望你能注意到, 34 号发射工位附近是玫瑰琵鹭造巢的地方, 那是一种快要绝种的鸟类。如果你可以帮助我们,我们将非常感谢。"我进去检查了一下,果然有一只玫瑰琵鹭,那是一种你从来不想看到、迈着鸭步摇摆的最丑陋的东西。但它飞起来后,则变成从未见过的最漂亮的一种鸟。

我们进入第二次发射最后阶段准备会。洛克正在反复唠叨那次盲法兰事件:"你确信你准备好了吗?"然后转着身子巡视整个会场,确信每个人都做了汇报。气氛确实很紧张。最后他说:"还有什么事吗?"我说:"是,洛克,嗯,我关注的是玫瑰琵鹭……"我担心他把我踢出会议室,特别是他当时的心情。结果还好,他听了我的发言。

我们所做的让奥杜邦协会很愉快:在所有人员撤离发射工位之前,我们开着两辆尖声叫喊的安全车绕着发射工位转,希望把鸟赶走。发射之后,我很高兴地做了汇报,没有发现玫瑰琵鹭在发射工位烧成肉块。

LC-34/37 在其测试和倒计时期间,通信有严格的协议。提普·泰龙 (Tip Talone) 是地堡与载人航天飞行中心的亨茨维尔操作支持中心 (HOSC) 之间的通信员。如果卡纳维拉尔角工作人员提出请求,亨茨维尔操作支持中心就会提供技术支持和故障分析排查。除此之外,亨茨维尔操作支持中心在测试期间工作在 "只听" 的模式。泰龙说 (图 2-17):

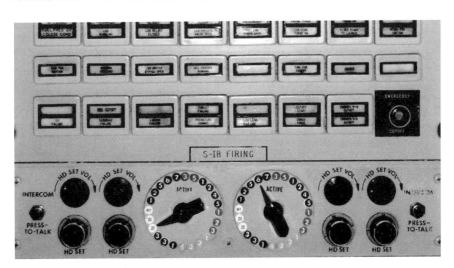

图 2-17 S-IB 点火工作台上 LC-34/37 典型的调度通信系统仪表盘 (底部)。可支持 4 名测试工程师插入耳机,并监控两个活动通信频段 (图片来源: 作者)

他们不能从亨茨维尔中心与我们通话;他们只能在指挥频段倾听。我们不希望任何干预,于是他们就不能与我们通话。但是有一条开放的双向频段,当有故障发生时我可以把他们切换到那个频段。我们的通信系统通过颜色和数字来命名。频段分为红、黑、绿、蓝、黄五色,后面是数字1-2-3-4-5,每种颜色对应着一个特定内容。指挥频段全部为黑色。因此如果某人说,"到黄色5频段",那么你就要拨动一个小型开关拨盘。那时发射工位还没有很多的摄像头。测试工程师可能会请求,"我们想了解一下发射脐带塔",于是我就把开关打到那个频段。

2.5 肯尼迪航天中心首次采用计算机技术

NASA担心的"土星"火箭在发射工位爆炸事故从未出现过。曾有一个时期,例如"宇宙神"和"大力神"火箭发射失败概率超过40%,"土星"火箭完美的发射记录是很了不起的成就。这一成就部分归功于在测试检查过程中开创性地采用了计算机技术。本节概要介绍"阿波罗/土星"计划中NASA在航天器和运载火箭中所采用的当时技术最先进的计算机系统。

NASA首次把计算机用于LC-34和LC-37对运载火箭的自动测试、检查和发射过程。在卡纳维拉尔角NASA较早的发射任务中,地堡比较靠近发射工位。地堡中的测试工程师们位于汇集各系统和各种功能的控制台前,他们通过控制台上的控制仪表盘操作和监视火箭或地面支持系统。地堡或点火控制室内的控制台上有数百个开关、显示灯和仪表。在"土星"计划之前,这些开关的每一个都通过导线连到发射工位,以完成对运载火箭或发射工位系统的操作。操作完成后,其响应要通过硬件连接返回到点火控制室。响应信息点亮开关附近的显示灯,告诉工程师功能完成。

随着火箭变大,且推力也更大(更危险),地堡必须移到距发射工位更远一些的位置。"土星"-V火箭在LC-39爆炸的潜在威胁意味着发射控制中心需要距离发射工位3.5英里(6 km)。这个距离对于火箭和点火控制室设备之间直接连接所传递的控制信号显得太远。唯一的方案是采用计算机连接。NASA在LC-34/37上开始应用这种技术。

在"土星"计划中,NASA 购买了一些计算机用于卡纳维拉尔角和肯尼迪航天中心火箭检测。这些计算机分布如下:

(1) LC-34: 基于磁鼓的 Libratol 500 计算机,用于监视"土星"-I 模块 I 前 4 次任务 SA-1~SA-4 发射准备期间的火箭参数。该系统在 SA-4 任务之后停止使用。

(2) LC-37: 两台 RCA 110 计算机,一台位于地堡内,一台位于 37 B 工位下边的自动地面控制系统。每台计算机都有 4 K 字[①]的内存容量。这些计算机支持了"土星"-I 模块 II 无人发射任务 SA-5~SA-10。LC-37 改进型计算机 RCA 110A 用于"阿波罗"-5 发射。

(3) LC-34: 两台 RCA 110A 计算机,一台位于地堡内,一台位于 34 发射工位自动地面控制系统。RCA 110A 与 110 相类似,但它具有 32 K 磁芯存储器和 32 K 磁鼓存储器。LC-34 计算机支持了无人任务 AS-201、AS-202 和 AS-203"土星"-IB 的发射,"阿波罗"-1 任务运载火箭在发射工位的检测,以及"阿波罗"-7 任务。

(4) LC-39: 8 台 RCA 110A 计算机,4 个点火控制室中各有 1 台,3 座发射/脐带塔中各有 1 台,最后 1 台位于垂直总装厂房 D 塔工作间内。这些计算机全部用于"土星"-V 火箭发射以及"空间实验室"和"阿波罗 – 联盟"试验项目的"土星"-IB 火箭发射。

配对的 RCA 计算机官方称作"土星发射计算机综合设施"或"土星地面计算机综合设施",而口语中通常称作 110 或 110A。

每台 110A 计算机由 3000 个以上印刷电路模块板构成。这些模块板只有分立元件(电阻、二极管、电容和三极管),没有集成电路。24 个模块板连成 1 组,组组相连构成计算机。

磁芯存储器由小的铁磁环组成存储板,用导线手工穿过每个环编排形成磁环。每个磁环代表一位数据。RCA 110A 数据的每个字是 25 bit。存储器具有 32768 个字,RCA 110A 有超过 81.9 万个小磁环。存储器以芯栈的方式嵌套在一起,每个存储器需要 60 个电路板来操作和读取内存。每个芯栈安装在 4 组电路板的中部(图 2–18~图 2–20)。

佩诺维奇,NASA 雇佣的前 RCA 公司职员,他负责在卡纳维拉尔角操作地面计算机系统。他说:

> 软件程序能占满任一计算机。这是计算机的公理。我们也
> 不例外。LC-37 首次使用计算机进行检测,我们有 4000 个字的

---

① RCA 110A 数据的每个字为 25 bit

图 2-18 RCA 110A 电路板具有 4 个触发器。8 个柱形物体 (标有 Q) 是三极管 (弗兰克·佩诺维奇 (Frank Penovich) 友情提供)

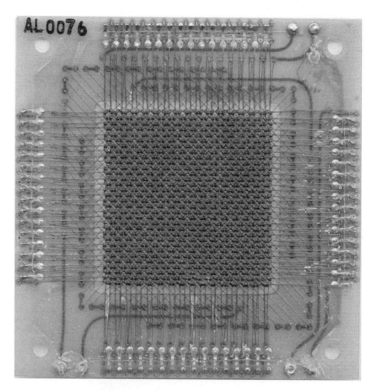

图 2-19 "阿波罗" 飞行计算机所使用的磁芯存储器板式样, 此非 RCA 110A 中的存储器。该电路板可以存储 256 bit 信息 (作者收藏照片)

图 2-20   可以存储 4096 个字的 RCA 110A 磁芯存储栈。物理尺寸大概是 18.4 cm (宽) × 21.6 cm (高) × 18.4 cm (深)。RCA 110A 有 8 个这样的磁芯存储栈, 全部存储容量为 32 K 字 (佩诺维奇友情提供)

内存, 只有那么多。每次发射都启用一个新的操作系统, 加载到内存中。真让我担心。你能想象对"土星"检测用 4000 个字的内存吗? 但是它却似乎总能正常工作。我们完成任务真是提心吊胆。

后来我们在 LC-34 执行 S-IB 任务。我们的 110A 计算机有了 3.2 万个字的内存, 以及 3.2 万个字的磁鼓内存。即使这样内存也总是被占满。随着测试进展, 每个软件程序从外部设备送进来, 然后开始执行。操作系统载于主计算机内。

2.5.1   发展中的挫折

从 1964 年开始, NASA 决心在火箭任务大力应用计算机技术, 这就是说只能通过计算机, 才能够对火箭进行加电、检测和处理。除了确保火箭安全的应急功能外, 从点火控制室发出的所有指令必须通过计算机。工程师们并不信赖完成关键性测试操作的计算机。这在计算机应用的第一年或 RCA 系统操作时让工程师们感到非常痛苦。一旦计算机出现问题, 控制室与火箭和发射工位之间的数据链则全部中断了。工程师们在 1 小时或更长时间内不能进行任何测试工作, 直到计算机恢复正常和链路重新建立。佩诺维奇对 NASA 高级管理层在异常艰难的时间里坚持使用计算机的决定给出了很高的评价。

艾克·雷杰尔回忆说: "早期的 110 有一个令人不安的故障模式。一次, 计算机突然停止工作, 只输出了一半的离散数据。皮克特 (Pickett) 和范宁那些家伙们开始叫喊起来。一天皮克特说他要劈碎计算机。他们说的有道理 —— 它很危险。我们对亨茨维尔发牢骚, 他们认为我们过度使用计算机了。他们的领导李·詹姆士 (Lee James) 到这里做了一个私人访问。我带他来到 34 号工位。地堡外有一个公共扩音器, 我们刚下车就听到, '计算机又不能工作了'。我说, '李, 我们成天都听到这样的话!' "

连续一周晚上工作之后, NASA 测试指挥员约翰·特威格 (John Twigg) 在他的工作日志中写道: "土星地面计算机综合设施夜间工作没有转好的迹象。"

计算机系统性能不稳定导致 RCA 公司 (计算机制造商)、IBM 公司 (计算机编程和操作方) 和 NASA 之间的相互指责。RCA 不满意 IBM 被授予操作和维护设备的合同; IBM 则心烦另一制造商不过关的硬件。雷杰尔说, "阿波罗"计划管理者根·山姆·菲利普斯 (Gen Sam Phillips) 不得不召集 IBM、RCA、亨茨维尔以及肯尼迪航天中心的高级领导人员开一次会议, 要求停止争吵, 解决管理问题。

佩诺维奇说, RCA 110 问题的解决几乎用了 6 个月时间。故障排查结果确定问题出在一单个模块板上。NASA 把板子送到美国无线电公司进行维修, 不料, 该公司宣称他们在板子上没有发现任何问题。其后, NASA 尝试取下有疑点的电路板, 并把它装入另一计算机内, 又出现了两次故障, 只得再次送修。但是, 即使出现两次故障的板子, 根据美国无线电公司文件证明板子没有任何问题而仍然被返回到发射中心。

问题的结果是, 板子上有一层坚硬的涂着类似清漆的保护涂层导致了焊点的破裂。保护涂层的本意是用以保护电路板免受发射场潮湿而含盐大气的腐蚀。虽然保护涂层防护了一些腐蚀, 但是也造成了意外后果。佩诺维奇解释道:

问题的核心是保护涂层具有负的膨胀系数。正常情况下某些东西受热后会膨胀，而保护涂层吸热后实际上是收缩。

金属吸热后产生很大的膨胀。几乎所有的电子模块板上面都有晶体管。晶体管就是一个小金属"罐"，它有3根管脚从"罐"的底部引出来，然后穿到电路板的另一面焊在板子上。

当计算机加电后每个晶体管都会发热，它的管脚将会开始膨胀。在没有保护涂层的情况下，晶体管只会从板子上上升一点，允许管脚膨胀。然而，有了保护层它会束缚晶体管向外伸展。事实上，由于保护涂层负的膨胀系数作用，随着晶体管管脚不断膨胀，保护涂层实际上把晶体管紧紧地向里拉。由于晶体管"罐"不能上升，管脚只能往一个方向走，向下穿过板子，最终导致管脚顶出板子另一面的焊点。

故障并不是快速形成的。首先，一个小的逐渐增加的月形破裂开始对管脚造成弯曲。这个破裂其后逐渐发展使弯曲超过管脚部分，直到抵达管脚的根部。晶体管管脚经过数月的膨胀和收缩，最后导致从电路板上断裂，甚至焊点会出现间歇性故障。

维修工作并不容易。首先，晶体管必须从每块板子上取下来。坚硬的保护涂层必须从板子两面的每只晶体管周围剥离干净。焊装新的晶体管要使用穿过弯曲导线的保护套管，使晶体管导线能够在一定范围内弯曲而不会从板子上断裂。佩诺维奇继续说道：

每个模块板上有5~10只晶体管，每只晶体管有3个管脚，计算机系统中大约有3000个模块板。因此，1台计算机每次加电和断电都要有4.5万~9万个晶体管焊点经历膨胀和收缩过程——请记住，有两台计算机在串联工作。如此问题就复杂了。

好像没人知道是谁发现问题出在焊点破裂上，但是如果他们发现不了问题，天知道我们能否顺利发射。尽管我们曾出现这么多硬件问题，但令人吃惊的是从来没有因为计算机而导致发射取消。计算机曾延误过测试，但没有影响过正式发射。

随着计算机硬件问题的最终解决，工程师们开始充分利用地面计算机系统的性能。RCA 110A可不是一台初级的计算机，它在当时具有许多先进的性能。例如，它的数据通道提供了独立对计算机内存直接读/写数据的能力, 让中心处理系统可以自由地运行应用软件。无论执行哪一种试验程序, 它都能独立监控 2048 路输入和输出。对于火箭检测, 这是一个巨大的优点, 因为 "土星"-V 火箭最终都要靠这几千个测量参数来进行检测 (图 2-21)。

图 2-21　NASA 职员哈罗德·施耐德 (Harold Schneider) (左) 和鲍伯·雷吉斯特 (Bob Register) 在计算机房, 这大概是 SA-5 任务期间 LC-37B 发射工位地下自动地面控制系统计算机中的一台。这次任务 "土星" 火箭地面测试中首次使用了 RCA 110 计算机 (佩诺维奇友情提供)

附录 C 概括了 RCA 110A 计算机的先进性能。有关发射控制中心的章节中将叙述 RCA 110A 系统在测试和发射倒计时的工作。

2.5.2　用于航天器测试检查的 ACE 系统

当火箭系统在检查 RCA 计算机时, 航天器系统也在调试自己的计算机系统, 即航天器系统接收检查设备 (缩写为 ACE-S/C 或简称 ACE)。通用电气公司 (GE) 研制的 ACE 系统由肯尼迪航天中心工业区载人航天器操作厂房管理。ACE 系统随 1965 年载人航天器操作厂房一起投入使用。

无论航天器在载人航天器操作厂房进行初始检查,还是在垂直总装厂房,或是位于发射工位,都由 4 个 ACE 房间内的控制台对 "阿波罗" 航天器测试进行监控。航天器操作测试承包商和测试工程师们在 ACE 房间控制航天器测试,他们不待在 LC-34/37 地堡或 LC-37 点火控制室内。

有关航天器操作设施的章节,将对 ACE 系统及其如何控制航天器测试检查进行更详细的介绍。

2.5.3 机库 D 和中央仪器设备处理中心

德布斯的运载火箭团队在测试期间非常重视收集有关 "土星" 火箭和其地面支持设备的每一项数据。这些数据通常都很有价值,尤其是在诊断火箭器件或系统飞行中出现问题时更为重要。然而,随着运载火箭规模和复杂性的提高,导致相应数据收集量的增加。

在 LC-34/37 早期任务中,大多数火箭数据以曲线形式记录在纸带上。其中许多纸带放置在卡纳维拉尔角机库 D 的运载火箭数据间和遥测站中,难以想象,每一次重要测试或发射会产生 50 英里 (80 km) 长的纸带,这些纸带都要进行收集和分析 —— 这还仅仅是运载火箭系统产生的。

作为早期 "土星" 计划测量专家的罗伊·撒普 (Roy Tharpe) 说,巨大的数据容量是冯·布劳恩和德布斯对运载火箭测试积木式组件方法的直接结果。每个器件的性能,直至每个阀门和伺服机构,都要分别测试和记录,以提供事件形成过程的可追溯性依据。撒普和他的同事们在机库 D 数据显示区使用磁铁悬挂带状记录纸,供工程师们在测试后进行分析。

撒普要在发射后收集 50 英里 (80 km) 的纸带,并对其进行复制。射后 6 h 和 12 h 有飞机飞进卡纳维拉尔角来收集数据的复制品,把这些复制记录数据送到亨茨维尔和休斯顿做进一步分析。

用纸带记录火箭全部数据对于处理 "土星" 发射期间产生的几千个测量信息显然是不能满足要求的,尤其是纸带不能反映出速变数据信息。于是,NASA 设计了肯尼迪航天中心中央仪器设备处理中心 (CIF),配置计算机综合设施和数据压缩系统,以接收火箭的遥测信息,并实时记录。中央仪器设备处理中心的主机房和计算机设备位于临近肯尼迪航天中心总部的三层楼房。1965 年开始联机并代替了 NASA 机库 D。配套的中心测量天线场地,大约位于主机房以北 2.5 km 处。天线场地避开了其他建筑,以减少无线电干扰,使中心测量天线能对发射综合设施和飞行任务推进阶段的火箭跟踪观察效果更清晰。

计算机进入整个房间及所需要的大量冷却设备设计完成后,开始建设中央仪器设备处理中心的外围办公室和厂房中心的计算机房间。中央仪器设备处理中心的主计算机是 GE-635,科学数据系统公司设计了数据获取系统。GE-635 在当时很先进,它实际上有两台计算机,一台为主机,一台为备份机,两台共用同一个数据源 (图 2-22)。

图 2-22   1967 年时的中央仪器设备处理中心计算机组合 (205 房间)

几十名工程师在数据显示和评估房间 (307 房间) 监控测试和发射倒计时,这个房间是中央仪器设备处理中心最大的房间之一。撒普介绍307 房间是发射期间点火控制室的备份:"德国人很伟大,设计了备份系统。当发射控制中心某些系统出现故障时,我们有能力使发射控制中心控制火箭的任务转移到中央仪器设备处理中心上来进行处理。因此,这些工作台处于激活状态,如果发射控制中心那边发生问题,它们可以根据指令交互工作。我们有系统工程师和工作人员在 307 房间值守,它也是启动火箭的备份 (图 2-23 和图 2-24)。"

在全部测试期间,"土星"火箭系统测试数据通过遥测有线方式传到中央仪器设备处理中心,供技术人员监视。航天器系统的测试数据通过无线方式转发到东试验靶场,再转到载人航天器操作厂房的接收检查

图 2–23　　1967 年时的中央仪器设备处理中心数据显示和评估房间 (307 房间)

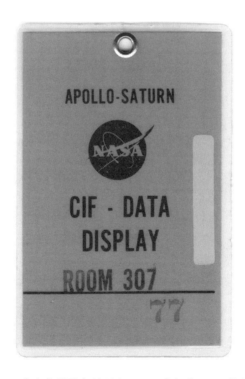

图 2–24　　中央仪器设备处理中心 307 房间准入证 (作者收藏)

设备房间 (图 2–25 和图 2–26)。

图 2–25 中央仪器设备处理中心遥测站 (1965 年 11 月 1 日)

图 2–26 中央仪器设备处理中心控制室 (1966 年 10 月 5 日)

2.6　不同的起点, 不同的硬件, 不同的文化, 相同的目标

运载火箭和航天器工作人员的行动轨迹在其日复一日的工作过程中通常并不交叉。两个组织机构的文化反映了他们工作的背景和特征。运载火箭和航天器工作人员简直就是两个不同的团队。

运载火箭和航天器组织机构各自的文化表现在许多方面。其差异是由于管理要求所导致的工作计划安排。例如, 航天器工作团队在 "阿波罗"-11 任务期间是一天 3 班、一周 7 天轮班工作。虽然这是代价昂贵的工作方法, 但是, 要应对休斯顿几乎无休止的变化, 使他们的航天器准备工作满足变化的需求, 这种方法是必需的。

相反, 火箭操作指挥员汉斯·格林 (Hans Gruene) 来自成本意识很强的德国管理学校。他曾颁布, 他所指挥的工作要照计划实施, 以使其能够在一个班次完成。他的代表艾克·雷杰尔说: "格林博士要求我们无论什么情况下尽可能在一班内完成工作。我们就守在这里直到完成一项测试, 或者变更后在第二班次完成。在运载火箭团队中, 我们总以第一组在工作, 而航天器那些家伙们不总是在第一组。有时工作交接会导致出现某些问题。"

雷杰尔曾提到航天器操作过程中班次之间交接可能出现的信息交流问题, 三班制使全体人员精神饱满, 因为每人工作时间较短, 但是, 从一个班次向下一班次交接工作, 如果管理不慎, 可能会引进差错或错误交接的可能性。这种方法既不能说绝对好, 也不能说绝对坏, 其实质是看你如何研究处理需求和完成工作。

表 2-1 总结了两个团队日常工作的一些真实情况。

表 2–1　两个团队日常工作真实情况对照表

影响火箭文化的因素	影响航天器文化的因素
主要与马休航天飞行中心对接	主要与载人航天器中心对接
马休航天飞行中心早期曾自己研制过火箭	总是由承包商设计并研制载人航天器
火箭每一级在运抵肯尼迪航天中心之前都进行全任务时段的点火试验	工厂接受试验 (其中包括大量 "运输工作") 需要在肯尼迪航天中心解决
运抵肯尼迪航天中心后, 火箭各级的更改相对少	基于最新任务的需要, 几乎经常变化; 有时在发射前一天还要进行更改

(续)

影响火箭文化的因素	影响航天器文化的因素
运载火箭级段有许多承包商	航天器舱段只有两个主承包商
每个部件都很大; 庞大的火箭可以进入内部展开操作; 推进系统每分钟要加注几千加仑	航天器相对较小; 大多数测试工作只能在外部进行; 精巧的推进系统以超过一周的工作时间小量程加注
直到发射工位测试之前, 航天员很少参与	航天员时常参与, 甚至航天器抵达肯尼迪航天中心之前就要参与
根据管理领导, 每天安排工作不多于两班, 每周不超过 5 天, 除非危险工作或重要测试横跨数天	24/7 工作制, 每天 3 班, 每周 7 天
大多数工作在发射工位或点火控制室内完成	在载人航天器操作厂房、发射工位和垂直总装厂房完成工作
测试工作受控于 LC-34 或 LC-37 的地堡 (后来是 LC-39 点火控制室)	测试工作由载人航天器操作厂房内航天器测试检查设备控制室实施

在任何大型组织内部, 不可避免地会形成 "我们相对他们" 的看法。由于责任的划分, 运载火箭和航天器的职员在其日常活动, 尤其在工作层面相互之间很少交往。在 "阿波罗" 任务中, 这种物理隔离放大了每人所承受的巨大时间压力, 直到 "阿波罗"-11 任务。

两个团队相互尊重对方成就时 (即使通常不说出来), 这样的竞争一般来说很温和。出人意料的是, 即使现在与参与该工程的老人就 "阿波罗/土星" 任务交谈几分钟, 仍然能把过去的竞争再次带出来, 看来这种感觉保持了 40 年或更久。

一个团队对另一个团队管理领导的不了解, 有时会变成误解其团队成员动机 —— 甚至聪明才智。一个团队觉得另一团队懒散, 另一个团队则看到这个团队管理混乱 (表 2–2)。

表 2–2   两个团队之间的相互看法

火箭团队如何看航天器团队	航天器团队如何看火箭团队
航天器系统的人们事实上很混乱。那就是他们为什么必须有第二班次和第三班次的原因。因此, 在三班工作中他们只能完成一班次的工作价值	火箭系统的家伙们不像我们工作得那么艰苦。他们在第一班次的基本时间内就能按计划完成全部测试, 因为那些工作对他们来说较为容易。他们的汽车甚至不需要开前灯

(续)

火箭团队如何看航天器团队	航天器团队如何看火箭团队
他们仅仅是有效载荷, 在火箭上的一小片头巾装饰。我们有几百万磅的易爆物品, 为防备爆炸, 我们必须尽善尽美地做好每一件工作	那些家伙们是 "庞大的不会说话的推进器", 它们就是一组发动机和燃料箱。它们仅工作 15 min, 但我们航天器必须完美地工作 2 周
若没有我们运载火箭, 他们到不了任何地方	若没有我们航天器, 他们的推进器没有任何用途

　　在头脑发热时, 有时人们不会设身处地为别人考虑。例如, 火箭团队的某人回忆去见 NASA 航天器系统的一名工程师狄克·普罗菲特 (Dick Proffitt), 那时狄克正在发射综合设施的拖车上。他说: "在狄克的黑板上写着这样一段话:'即使迷失了方向, 我们也要加倍努力。让我们带球跑起来! 用速度来衡量, 而不是方向。' 即使这是一个笑话, 就我来看, 它对航天器组织机构的描述恰到好处!"

　　重新回顾这些观点, 不是为了火上浇油。相反, 团队间的竞争是卡纳维拉尔角工作中不争的事实, 而且这种竞争最终似乎也从未妨碍工作。重要的是, 这两个团队都取得了很大的成就, 他们以其令人吃惊的高度完美地完成了自己承担的任务, 他们相互认可了对方的成就以及对方最终产品的长处。

　　也许并不奇怪, NASA 几个中心之间也在共同工作过程中形成了对彼此的看法。这些评价即使今天听起来也带有偏见的色彩 (表 2-3)。

表 2-3　肯尼迪航天中心与亨茨维尔及休斯顿之间的相互看法

肯尼迪航天中心对亨茨维尔和休斯顿的看法	亨茨维尔和休斯顿对肯尼迪航天中心的看法
那些设计师们实际上没有任何干工作的思路	我们不懂得什么是小题大做。我们把火箭完好无损地运抵肯尼迪航天中心。他们所有要做的只是把火箭各部分连接在一起, 为火箭加注燃料, 点火起飞。这就是 "运送和发射"
我们有实践经验, 但他们却不理睬我们。我们告诉他们, 他们为我们制定的计划根本行不通, 可他们从来不相信, 直到后悔已经来不及了	我们是真正的火箭科学家。肯尼迪航天中心的那些家伙们是一群水管工和电工

认清这些世界观上的差异之后, 至关重要的是关注他们每个人都赞成什么观点, 这些相同的观点到现在都是最重要的。这些共同的观点使 NASA 能够克服巨大挑战, 使总统的登月梦想成真:

(1) 登陆月球的目标对我们国家在世界扮演领导角色至关重要。我们必须打败俄国人。

(2) 我们将在 20 世纪 60 年代末实现登陆月球的目标。

(3) 我个人对自己所做工作的质量负责。我希望自己做得最好, 我希望我的合作者也做得最好。

(4) 我 100% 献身于我的职业。在我负责的领域无论如何都要完成我的工作。长时间工作我不会有任何抱怨, 当我在家休息时, 我能做到随叫随到, 以需要我的任一方式帮其解决困难。

最重要的一点是, 20 世纪 60 年代肯尼迪航天中心配备的人员是在巨大压力下工作的人们。任何个人之间的差异或矛盾都通过为共同奋斗的目标来解决。

当问到如何看待肯尼迪航天中心的人们时, 航天员狄克·戈登 (Dick Gordon) 说: "我对中心的印象是, 我们航天员对发射中心工作人员充满信心。我相信, 他们都是最棒的人。我们每次与他们交往都很高兴, 因为我们对他们的能力充满信心。"

2.7 人员

肯尼迪航天中心承包商和 NASA 团队的雇员们具有不同的背景。有些人带来在其他军事高技术导弹计划中获取的丰富的经验, 而另一些人则是出自工程学校的新人。

正如前面提及的, 许多 NASA 人员经由马休航天飞行中心或载人航天飞行中心来到肯尼迪航天中心, 他们在那里的工作早于"阿波罗/土星"计划。运载火箭承包商的一些工程师和技术人员从空军导弹计划例如"宇宙神"或"猎犬"来到"土星"计划。许多格鲁曼公司的技术员带来了他们从事飞机和潜艇工作开发时的专门技术。

在"阿波罗"计划工作的许多其他人员从大学直接来到 NASA。20 世纪 60 年代, NASA 正在招聘所有前来应聘的工程师。NASA 工程师鲍伯·庞德 (Bob Pound) 描述了他和他的朋友在肯尼迪航天中心如何找到工作的情形:

我的好朋友查理 (Charlie) 和我在芝加哥一所小型学院完成了我们的数学和物理学学位,具有这两个学位的人被 NASA 认可作为"工程师"。我们决定用它来找一份工作,于是,我们开了一天车来到卡纳维拉尔角,找到来访者信息中心。实际上那是一个登记站,但我们当时并不知道。我们认为它可能就是航天中心,因为我们从未来过这里。柜台后面的女士问我们:"你们有什么事吗?"我们说:"对,我们来这里找份工作。"她说:"想去什么公司?"我俩互相看了一下,我们并不知道这里有许多公司。我们认为它就是 NASA。我们真幼稚。于是她问道:"你们有预约吗?"我们说:"没有,我们刚到。"她说:"我打一个电话。"

我们坐在一边听她打电话,她说:"不,他们在这里。他们现在正坐在这里。"她打了几个电话,最后,指挥部大楼的人给她回电话说:"把他们送过来吧,我们会带他们四处看看。"

两三个人带我们在中心不同部门转了转。他们问我们:"你们打算干什么工作?"我选择了中央仪器设备处理中心的地面测量系统。查理选择了"阿波罗"航天器自动检测。我们当时甚至还没毕业。我们回到家里,一周内我们每人收到一份电报,他们通知我们都得到了一份联邦政府职员的工作 (GS-7级),年薪为 7729 美元。我们觉得太多了,因为在当时比学校老师还多一些。

贝弗莉·梅里利斯 (Beverly Merrilees),20 世纪 60 年代肯尼迪航天中心人力资源办公室的一名招聘人员,她听到这个故事一点都不吃惊。她说:"我们对资金几乎没有限制。我们可以雇用能来的任何人,所以我们到遍布全国的所有工程大学,为大多数部门招聘电子和机械工程师。我们雇用了大量未经训练的人员。我们会派出招聘人员去一个学校,根据这些人的成绩和他们的主修科目,以及他们的意愿,雇用这些人。回到 20 世纪 60 年代早期,那时卡纳维拉尔角可不是举家想来的地方。可可海滩还相当原始和荒芜。"

艾达·雷耶斯 (Ida Reyes) 也承认早期的卡纳维拉尔角地区家庭生活很艰苦。最近的商店在奥兰多,开车需要 1 h 以上。附近没有足够的医生、医疗设备或学校适应快速增长的人口。乔安·摩根 (Joann Morgan)

的丈夫在一所地方公办学校教音乐,学校不得不每天两班倒着上课。

2.8 凝聚一切力量: LC-34/37 的发射日

对肯尼迪航天中心人员、技术和程序的真正考验时间是发射日。150 名以上的测试工程师、承包商和管理人员挤满了地堡,每个人都在监视火箭或地面支持设备的关键系统或器件。从 SA-6 (也称 SA-101) 任务开始,即首次"土星"火箭搭载"阿波罗"航天器发射,航天器和火箭系统职员的几位代表在地堡里并排坐在一起。

地堡大型防爆门在射前几小时就已关闭上锁。工作人员会一直待在里面,直到发射中止,或者火箭安全起飞,或者火箭爆炸并一切安全后。

工作人员共用地堡里唯一的卫生间。发射期间 LC-34/37 里至少有 1~2 名女性,当她们使用卫生间时,门口需要有人守护。

弗兰多·佩诺维奇回忆地堡里的条件并非总是很简朴:"当 LC-34/37 有发射任务时,我们带来大量食品摆放在面对墙壁的桌子上,有火腿、火鸡和所有种类的午餐及土豆沙拉等,这些物品都摊在那里,就像一个宴席。"

点火控制室内升起的紧张气氛随倒计时在不断弥漫,试验管理人员和测试承包商在忙碌着。当"土星"火箭一级发动机点火成功,离开不到 400 m 时,地堡里每个人都能看得到。诺姆·卡尔森 (Norm Carlson) 说:"尽管上面全部是混凝土,你仍然能感觉到振动,能听到隆隆的响声。"发射命令下达,火箭飞走了。所有人的眼睛都转向黑白电视监视器跟踪火箭的飞行 (图 2–27)。

航天器工程师查理·马尔斯 (Charlie Mars) 回忆他在地堡内第一次观看发射的体验特别恐惧:

> 验证指令舱的首次发射中,他们把我和布克特 (Bucket) 安排在地堡的运载火箭和指令/服务舱接口操作台处。火箭发射时,布克特和我正与周围火箭系统的人员坐在一排,试验管理人员握住潜望镜。起飞时刻地堡里所有的灯都灭了。应急灯亮了起来。我们听到"哇呜哇呜"的响声,目光一起投向那些黑白电视,电视上都是火焰。我们以为火箭爆炸了,并掉下来打在了地堡上。
>
> 布克特和我相互推操着以我们最敏捷的速度钻到了工作

图 2–27   1965 年 5 月 25 日, A-104 (SA-8) 发射之后, 库尔特 · 德布斯在 LC-37 地堡
中指着监视器。德布斯右边 (左手托腮者) 是 G· 梅里特 · 普利斯顿 (G. Merritt
Preston)。汉斯 · 格林 (Hans Gruene) 蜷伏在沃纳 · 冯 · 布劳恩的前面, 埃伯哈德 · 里
斯 (Eberhard Rees) 倾斜着身子。冯 · 布劳恩的手表、挂钟及罗伯特 · 莫泽 (Robert
Moser, 潜望镜下方) 身后的倒计时时钟表明这张照片大约拍摄于射后 4.5 min

台底下。我们就坐在地上, 相互看着。其后我注意到没有人惊
慌, 只有我们俩例外。别人都在认真观察。于是我们偷偷地蜷
缩着站起来, 回到我们的椅子上, 看看到底发生了什么。原来
是火箭点火时, 正好敷设在发射工位上的主电源电缆被烧断成
两截。然后火箭发射后多普勒警报开始大作, 这是一件正常的
事情, 但我们当时并不知道。电视正好指向氢气燃烧池。当这
三件事同时涌进我们脑子时, 我们认为:"灾难发生了!"

2.9 "阿波罗/土星" 载人任务准备

肯尼迪航天中心和 NASA 的其他发射设施在 20 世纪 60 年代早、
中期迅速发展起来。正如艾克 · 雷杰尔在本书前面提到的, "阿波罗" 计划促使 NASA 从家庭经营式组织迈向高度复杂化工作模式。现在, 我们已经回顾了 NASA 首次 "阿波罗/土星" 任务的发射设施、技术和支持发射工作的人员。在北面几公里外 LC-39 同步开展建设时, NASA 已利用 LC-34/37 完成了 "水星" 计划和 "双子星" 计划, 并完成早期 "土星" 及 "阿波罗" 计划的 13 次无人飞行。

LC-34/37 一系列成功发射, 人们对地面系统和 "土星" 运载火箭逐渐树立信心。然而, 对 "阿波罗" 航天器的飞行安全却存在着持久的担心。在 20 世纪 60 年代末完成最终目标产生的压力一天比一天大。在实现总统登月挑战的忙碌中, 工作中也许会出现失误, 风险也许会被忽视或看轻, 这些可能是难以避免的, 最终对该计划和航天员乘组造成了重大灾难。

第 3 章

"阿波罗"-1 火灾事故

3.1 "阿波罗" 首次载人任务准备

"阿波罗/土星" 飞行试验在卡纳维拉尔角起步的时候, "双子星" 计划正在如火如荼进行中。"土星"-I 火箭在 1966 年前成功完成 10 次发射之后, 接下来 NASA 又在 1966 年完成了新的 "土星"-IB 火箭 3 次不载人发射。横跨香蕉河的肯尼迪航天中心 39 号发射综合设施正在准备美国人征服月球的 "土星"-V 火箭的首次发射。"土星"-V AS-500F 合练箭在 5 月运抵 39A 发射工位, 开始对新的发射设施进行检验。

在 20 世纪 60 年代最后的 3 年时间里, NASA 和它的承包商承受着巨大压力要使 "阿波罗" 飞离地面。NASA 开始在 LC-34 准备 "阿波罗" 指令/服务舱的首次载人飞行。该任务官方命名为 AS-204 或 "阿波罗"-204。其飞行乘组称其为 "阿波罗"-1。任务乘组的名字与 "水星" 和 "双子星" 飞行编号不一致; 它大概应该称作 "阿波罗"-4, 因为在此任务之前 "阿波罗/土星" 已经有 3 次飞行。航天员乘组用 "阿波罗"-1 任务名委托制作了一套航天服标志, 但是 NASA 使用的依然是官方的命名。

"土星"-IB 火箭在无人飞行中已经得到验证, 但是新的、技术复杂的 "阿波罗" 航天器进度延迟。人们对它的质量以及系统中的故障是否已全面排除仍存有怀疑。"阿波罗" 航天器中许多新技术 (例如燃料电池) 仅在最近的 "双子星" 计划中首次通过试验。按照 1966 年的计划安排, "阿波罗"-1 发射日期从 1966 年第四季度推迟到 1967 年的 2 月 21 日。

北美航空公司于 1966 年 8 月 26 日把航天器指令/服务舱 CSM-012 运抵肯尼迪航天中心。同时到达的还有 164 处未完成的工程更改。航天器抵达后数月内公布了另外 623 份工程订单。

　　航天器安排在肯尼迪航天中心相对新的载人航天器操作厂房内进行检测。航天器操作人员和 "阿波罗"-1 航天员乘组在载人航天器操作厂房新的高空模拟室对航天器进行测试。10 月 18 日,载人航天器进行第一次高空模拟测试,但这次测试不得不提前终止,因为高空模拟室发生了泄压故障。在高空模拟启动时,指令/服务舱的座舱内被充入纯氧。需要开展若干有人和无人高空模拟室测试以解决这些问题,平息航天员的抱怨 —— 涉及航天员乘组的问题和矛盾 (图 3-1)。

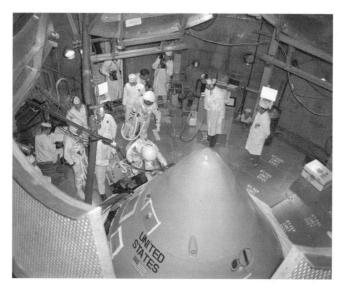

图 3-1　1966 年 10 月 18 日载人航天器操作厂房有人高空模拟试验,盖斯·格里森 (Gus Grissom) 进入 "阿波罗"-1 指令舱。罗杰·查菲 (Roger Chaffee) 跟在格里森后面,爱德·怀特 (Ed White) 站在左边

　　10 月 29 日指令舱离开高空模拟室,移到载人航天器操作厂房高顶区中的 1 号综合测试工位,继续进行测试操作,以发现航天器存在的问题。11 月 1 日从 "阿波罗" 服务舱拆下服务推进系统的燃料箱,移到 LC-16 进行测试。11 月 11 日将新的燃料箱安装到服务舱。11 月 13 日将完整的服务舱运到 LC-16 进行压力检测。11 月 15 日服务舱返回高空模拟室。11 月 19 日在高空模拟室对接指令舱,指令舱的环境控制单元被更换。11 月后期发现环境控制单元中的水/乙二醇泄漏,测试工作推迟,直到系统彻底弄清和修复。

在载人航天器操作厂房流水作业中的指令/服务舱 CSM-012 后面是计划用于"阿波罗"第 2 次载人任务的 CSM-014, 以及计划用于 1967 年"土星"-V 不载人首次试验飞行的 CSM-017。对于流水作业中的 3 个航天器,其测试和组装小组 1 天 24 小时、1 周 7 天加班工作,处理问题,以使"阿波罗"-1 航天器按时运到发射工位。圣诞节是 1966 年下半年航天器操作人员仅有的 1 天休息。12 月 29 日和 30 日备份航天员乘组完成了海平面高度模拟。所有工作人员在 1967 年元旦度过了一个愉快的假日。

最后,1967 年 1 月 3 日,在载人航天器操作厂房完成指令舱和服务舱对接。1 月 5 日,完成航天器/火箭适配器的装配。1 月 6 日,两个新的四联反作用控制系统装到服务舱上。那天晚些时候,航天器吊上拖车,沿着公路牵引到 LC-34 (图 3–2 和图 3–3)。

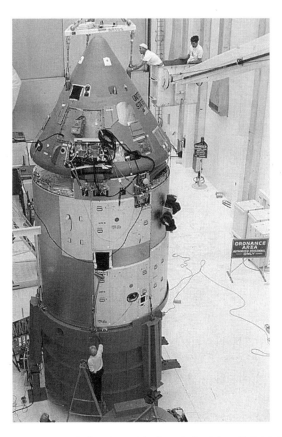

图 3–2　1967 年 1 月 3 日,在载人航天器操作厂房高顶南区综合测试工位对"阿波罗"-1 指令/服务舱进行最后一次组装

图 3-3　1967 年 1 月 6 日, "阿波罗"-1 航天器车队接近 LC-34

3.2　发射工位上测试

1966 年 8 月早些时候, 载人航天器操作厂房开始对航天器展开测试时, "土星"-IB 运载火箭 3 个主要部件 (S-IB 一级、S-IVB 二级和仪器舱) 已抵达 LC-34。8 片尾翼安装到 S-IB 级的底部。火箭各级和仪器舱依次竖到发射基座上。火箭各级开始实施电源、电子网络、遥测系统和机械系统检查。组装好的 "土星"-IB 运载火箭完成了综合测试, 例如电连接检查、电源变换测试、制导和控制测试、序列故障测试、应急检测和安全自毁系统测试等。所有这些测试, 其目的是确保 "土星"-IB 火箭为 "阿波罗"-1 航天器从载人航天器操作厂房抵达发射工位做好准备。

1967 年 1 月 6 日下午, "阿波罗" 航天器从载人航天器操作厂房运抵 LC-34。龙门吊车吊起 "阿波罗" 航天器, 对接到运载火箭顶端的仪器舱上面。关闭服务塔的环境控制室, 以保护火箭上部和航天器免受自然环境的影响。围绕服务舱 (对应 A7 平台) 和指令舱 (对应 A8 平台) 展开工作平台 (图 3-4 和图 3-5)。

2 月份发射前要完成 13 大项检查测试工作, 因此测试工作高速运转起来。这些测试大多数是检查航天器和运载火箭 (统称为航天运载器) 作为一个整体系统如何工作, 以及它们与地面支持设备如何相互影响。

这也是对全部测试和检查程序本身的一次检验。在此之前, 谁也没

图 3-4　LC-34 龙门吊吊着 "阿波罗"-1 航天器对接到 AS-204 运载火箭上。服务塔防护围墙掩住了火箭

有发射载人 "阿波罗/土星" 航天运载器的经历。每个人都很期待 —— 甚至希望 —— 第一次参与测试检查过程会在航天运载器、地面系统和程序中发现故障或缺陷。无疑, NASA 更愿意在地面而不是飞行中发现和解决航天运载器出现的问题。此时, 用地面系统和测试过程发现问题, 能提高 2 月份发射倒计时顺利实施的可能性。虽然预期会出现磕磕碰碰, 但测试工作还是极度艰难和不断受挫。屡次出现故障导致测试工作中止。

马库斯·古坎德 (Marcus Goodkind) 作为马丁公司 "双子星" 计划测试指挥员, 对自己的工作兢兢业业, 他也是 "阿波罗"-1 乘组指令长盖斯·格里森的好朋友。古坎德回忆, 格里森曾告诉他, 1967 年 1 月中旬 "'阿波罗' 弄得很糟", 格里森曾尝试说服他来 "阿波罗" 工作。古坎德说, 因为马丁公司在 "阿波罗" 计划中不是承包商, 格里森的建议意味着他将离开当前的雇主。古坎德对自己想要做的事情没有把握。格里森答复:"我了解这些情况, 但是这项计划确实遇到困难了。我们真的需要你来帮忙。" 格里森恳求他考虑考虑, 并愿意代他进行一些协调。

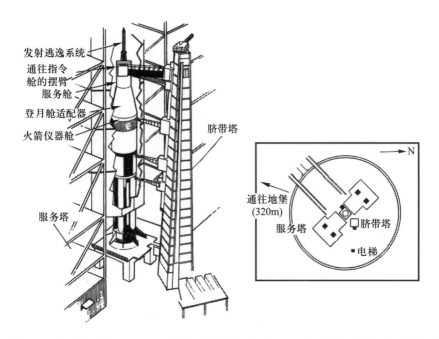

图 3–5　发射工位上 AS-204 火箭和 "阿波罗"-1 航天器示意图, 显示出服务塔和脐带塔之间的位置。发射工位测试时, 服务塔完全包围着航天运载器 (根据 NASA 图片, 作者进行了修改)

航天运载器在发射工位头两周通过了 6 次综合测试。这些测试包括航天器/火箭故障检测测试和 "具有脐带连接的航天运载器综合测试", 后者通常称作 "连接状态综合测试"。1967 年, 1 月 20 日首次进行的连接状态测试完成得很好, 没有出现重大问题。1 月 25 日进行 24 h 重复测试, 由于航天器 ACE 测试计算机系统的原因, 导致运载火箭仪器舱中出现了一个问题。

3.3　1967 年 1 月 27 日: 断开状态综合测试

倒计时验证测试之前安排的最后测试是 "断开脐带连接航天运载器综合测试", 也称作 "断开状态综合测试"。这项测试的目的是, 以尽可能接近飞行状态的配置验证航天运载器所有系统和工作程序。该测试安排在 1 月 27 日星期五东部标准时间下午 1:00 开始。

测试工作以模拟起飞前几分钟倒计时程序而开始。在测试程序的起飞时刻, 航天运载器的脱落插头将被断开, 航天器将以燃料电池动力方式模拟若干小时飞行。指令舱上的大部分增压防护罩, 包括乘组出口部分, 都已安装到位。在测试的末尾, 航天员乘组计划进行一次从太空舱自主出舱的实际演练。由于火箭上没有推进剂和火工品, 因此该项测试未列入危险测试等级, 也就没必要准备应急或救援航天员乘组的措施。

格里森, 资深飞行员爱德·怀特, 以及飞行员罗杰·查菲, 他们穿上航天服, 开始预呼吸氧气。美国太空飞行的标准发射程序是, 乘员执行任务从穿上航天服时开始呼吸纯氧。航天员携带着便携式氧气呼吸机, 从更衣室到运输车, 然后进入航天器。座舱舱门关闭后, 航天器座舱充满纯氧, 舱内压力稍高于海平面压力, 以防止大气中的氮气进入座舱, 可能进入航天员的血液系统, 起飞之后, 上升进入轨道, 座舱压力递减到 34.5 kPa (5 psi)。随着座舱压力的降低, 航天器中的纯氧环境可防止航天员血液中融入氮气而发生减压病。纯氧系统也简化了航天器的设计 (图 3-6)。

图 3-6   1967 年 1 月 27 日, 盖斯·格里森 (右) 和罗杰·查菲跨过摆臂, 从脐带塔走
        向前面的 "白房子", 参加断开状态综合测试

本次测试座舱增压过程与 "水星" 和 "双子星" 航天器所应用的程序相同, 尽管密封的氧气环境本来就存在巨大的潜在易燃性, 但该项测

试未列入危险等级。毕竟航天器已经通过了 4 次座舱为纯氧气体的高空模拟室试验而没有发生问题。虽然许多高层管理者其后声明不知道测试状态,但任何一层的管理人员似乎都没有停下来思考一下,这样的环境是多么的危险。

3.4 从 ACE 控制室监控测试

航天器的问题几乎从测试开始就出现了。格里森抱怨,当他的航天服软管连到航天器氧源上时,闻到 "像酸牛奶" 的味道。NASA 航天器测试指挥员斯基普·邵文 (Skip Chauvin) 安装了一部直通电话,听到了格里森对航天运载器团队头目恩尔尼·雷耶斯 (Ernie Reyes) 的抱怨,此时恩尔尼·雷耶斯正在发射工位附近的拖车上工作。雷耶斯把测试组召集到发射工位,对流经系统的气体进行采样。发射工位人员利用航天器外部的氧气系统,对气源进行采样,这项工作并没有影响或中断正在进行的断开状态测试。气味中没有发现异常可以解释格里森所报告气味的原因。雷耶斯在下午 4 点将这一检查情况通知了邵文。

下午,座舱内的高氧流动多次引发主报警。这个问题的原因从来没有得到确定和解决,并且没有认识到其严重程度足以中断测试。最令人沮丧的是航天器、LC-34 地堡 (测试管理人员和火箭测试队伍正在这里进行综合测试) 及载人航天器操作厂房中 ACE 控制室 (航天器测试队伍正在这里进行测试) 之间的通信问题。由于通信含糊不清,有时人们很难了解到航天员在座舱里说什么。本次测试中所发现的程序漏洞之一是没有一个人负责解决通信问题。确切地说,这是设计测试过程中要发现的诸类问题,因此,他们可以在实施发射倒计时之前发现并解决掉。该项测试大约中止了 50 min 进行故障排查。

约翰·特赖布 (John Tribe),北美航空公司反作用控制系统小组的首席工程师,那天他在 ACE 控制室代替一名工程师在工作。特赖布回忆了下午发生的事件:

> 斯基普可以与乘员直接通话;我们其他人能听到他们说话,但只能通过斯基普与他们通话。北美航空公司的测试指挥员汉克·库伊尼茨基 (Hank Kuznicki) 在帮助斯基普。
>
> 大约下午 6:00,在我们等候排查通信故障时,斯基普建议我们提前做计划中的模拟反作用控制系统静态点火试验。实

际倒计时程序中, 我们将在飞行之前对反作用控制系统推进器进行点火测试。这次测试仅是反作用控制系统点火的模拟, 因为贮箱里没有推进剂。这将是通过开关进行循环并获取操作占用时间的一次机会。测试开始, 我与斯基普和格里森一块儿工作, 一切很正常。那时我还不知道它是在 "阿波罗"-1 上的最后功能动作。

我们完成模拟静态点火测试之后, 更多的通信问题导致测试再次暂停。显然, 这使格里森感到灰心, 致使他怨言叠出: "如果我们连在 3 个建筑之间都不能对话, 那又如何到月球上去!" 他和爱德·怀特两人都认为, 没有人能听到他们说话, 因为通信是断开的, 格里森最后来了一句: "我的上帝!"

下午 6:30, 我们仍然停留在倒计时终端的 −10 min 时刻, 而通信问题则还在排查。在等待的时间里, 我写了一份用于次日指令舱反作用控制系统某个隔离阀加热测试的准备表。与综合测试相并行, 正在 LC-34 发射工位从事指令舱工作的电气技术员布鲁斯·戴维斯 (Bruce Davis), 在琢磨温度敏感器安装在航天器阀门上的哪个位置。这不会影响综合测试的任何操作。反作用控制系统所有封板都已经从指令舱外部、外露贮箱和阀门上取了下来, 垂直放在指令舱的 "猪排" 区。"猪排" 区是指密封座舱和防热层之间指令舱底部的空间。布鲁斯已经通过那些打开的封板进入到内部区域, 为安装温度敏感器寻找可行的通道。当最后倒计时暂停开始时, 我告诉布鲁斯休息一下。

随着程序暂停的继续, 我全神贯注于反作用控制系统的工作, 未察觉到指令舱内发生的事情, 后来通过回顾数据, 看得都很明白了。按照仪器记录和事故报告记载的信息, 确切时间大约是下午 6:30, 根据乘员的生理数据、制导和导航加速度计共同指示、增大的氧气流以及实况扩音器话音等, 都指明了太空舱内部的活动。程序停止在下午 6:30:45。10 s 之后的 6:30:55, 一个异常的电压瞬变出现在指令舱 AC 总线 2 上。

在 ACE 控制室, 我对问题的第一印象发生在 6:31:05, 即电压突跳之后的 10 s。其中一个航天员, 大概是格里森, 好像惊叫了一声: "火!" 我转向稳定和控制系统工程师大卫·斯图尔特 (Dave Stewart), 他正坐在 ACE 控制室我旁边的工作台前, 我问: "他是说 '火' 吗?" 还未等大卫回答, 听到航天员罗杰·查菲喊起来: "我们座舱起火了!" 我们怀疑听错了, 没有完全弄清我们听到的是什么, 最后传来查菲含糊的声音, 好像是 "我们遇到了该死的火, 救我们出去 —— 我们燃着了!" 接下来是痛苦的尖叫声, 其后归于寂静。最后的播报结束在 6:31:22。

邵文说: "我记得, 我是最后一个与他们对话的人。那时现场是如此的混乱, 与乘员通信存在那么多噪声, 我不了解他们的情况······ 直到我在 ACE 控制室黑白电视上看到, 我才了解到正在发生什么。"

3.5 灭火经过

在发射工位, 服务塔指令舱段 (A8) 上的北美航空公司人员包括发射工位领导杜恩·巴比特 (Don Babbitt) 和他旁边负责舱口的机械系统工程师杰斯·欧文斯 (Jess Owens)。他们附近是那个班次的机械主管技术员吉姆·利夫斯 (Jim Gleaves)、辅助机械技术员杰瑞·霍金斯 (Jerry Hawkins), 以及另一位机械技术员史蒂夫·克莱曼斯 (Steve Clemmons), 他负责向航天器加注氧气时的气源监控。测试时飞行贮箱是空的, 因此需要一套专门的测试设备和外部氧气瓶。L·D·瑞斯 (L.D.Reece) 和戴尔·希肯博顿 (Dale Hickenbottom) 是该层工作平台的质量控制检查员, 布鲁斯·戴维斯是该层的电气技术员。虽然 NASA 和北美航空公司还有其他人员也在这个区域同时工作, 但是上面提及的人员在发生事故时担负着重要任务。以下介绍的发射工位事故经过, 除了一些当事人提供的资料外, 主要由约翰·特赖布和恩尔尼·雷耶斯提供 (图 3–7)。

该项综合测试的终端计数要求火箭在 T-0 时刻断开起飞电气脱落插头。机械技术员站在服务塔 A7 层工作平台上, 拉动脱落插头解锁绳, 并抓住脱落插头, 防止撞击造成损坏。这项工作在倒计时重新开始后大约 10 min 时执行。

作为发射工位的领导, 只有巴比特有一副耳麦, 借助耳麦他可以与 ACE 控制室进行通话。然而, 该区域工人们的习惯是收听 A8 和 A7 工作平台安装的调度通信系统 (OIS) 扬声器盒子上的指挥信道信息。这样, 虽然该区域所有人员并不直接参与测试, 他们也可以知道指挥信道中的工作。

在航天器纯氧环境中, 无论什么引起的初始火花, 只要很少的可燃材料即可点燃, 而周围就有大量可燃材料。航天器座舱底部有一个网

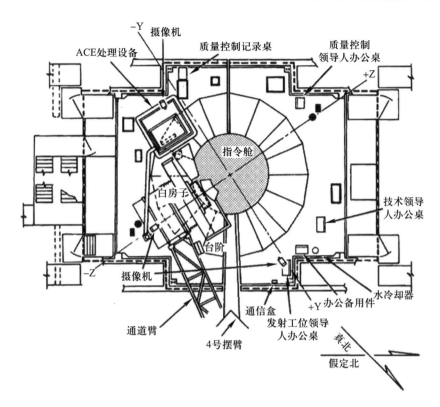

图 3–7　此图表明服务塔活动工作平台 A8、"白房子" 及摆臂在 "阿波罗"-1 火灾时刻的相对位置。航天员跨过摆臂从脐带塔进入 "白房子"。发射工位人员也可以沿着 A8 工作平台走到 "白房子" 进口。在发射日，除了摆臂、"白房子" 和航天器外，图中的每件物品都要从发射工位移走 (作者根据 NASA 图片修改)

套，用以防止失重状态下碎片和漂浮物落入航天员难以碰到的区域。在指令舱仪表盘上几乎每处暴露部位都用 "维可牢" 把接插件扎紧。这种 "维可牢" 是根据设计和航天员请求而安装的，以方便失重情况下物品的连接。网套和 "维可牢"，尤其是其黏合剂，是高可燃物，而且为火焰提供了传输通道。

　　各层工作平台上众多支持人员都听到调度通信系统扬声器喊 "火"，接下来查菲惨叫 "我们座舱起火了!" 这些支持人员正期待宣布模拟倒计时结束，全体人员有计划地从紧急出口开始撤出，但是他们都知道这既不是那个时间，也不是所期待的宣布。巴比特立即认识到惨叫的严重性，于是喊道: "航天器着火了! 赶快把他们救出来!" 他的耳麦突然没声了，随之 A8 层工作平台上所有其他通信盒都坏了。他不得不跑出去，跨过摆臂到脐带塔, 力图找到工作通信设备, 与地堡和 ACE 控制室中的人们通话。

同时, 霍金斯向 "白房子" 奔去。他突然意识到需要 T 型扳手, 以打开指令舱双重舱口保护盖上安装的锁, 他返回到领导人办公桌, 那里放着工具。克莱曼斯正等待命令去处置氧气源系统, 但是调度通信系统的损坏使他无所适从。他与霍金斯一起去找工具了。

其间, 格利夫斯又喊了一声: "快把航天员救出来!" 并遇到了返回来取钥匙的霍金斯。格利夫斯跳了两层阶梯从 A8 工作平台奔到摆臂。他右转冲进 "白房子", 此时他听到就像航天器船舱减压阀放气的 "嘶嘶" 声。这个阀门恰好位于航天器舱口的下部, 设置在舱压为 138 kPa (20 psi) 左右时进行减压。透过推进器保护盖舱口的窗子, 他几乎立刻看到了舱内闪光的火焰, 他意识到非常危险的事情就要降临了。火焰照亮舱内左侧舱壁, 冲上天花板, 舱内压力疾速增加。

格利夫斯转过身, 赶紧退出 "白房子", 那一瞬间, 骤增的压力导致指令舱破裂。这个时间大约仅是第一声火情报告后的 15 s。与航天员最后的通话大约也发生在这个时间。

热波和燃烧物把格利夫斯推进 "白房子" 隔离门。这扇门只能朝内打开, 使他难以快速打开门跑到摆臂上逃离烟火包围。他好不容易打开门, 呼吸到摆臂上的新鲜空气, 格利夫斯集中精神, 又返回到烟火缭绕的 "白房子"。

航天器指令舱破裂后, 火焰扩散到 "猪排" 区, 从布鲁斯·戴维斯刚工作过的检查口冒了出来。火焰弥漫到指令舱侧面, 危险地接近逃逸系统的固体发动机。随着火焰升高, 很可能会点燃逃逸系统的燃料, 这会把发射工位顶端的每个人和每件物品烧成灰烬。

指令舱破裂之后, 舱内火灾发展到短暂的第二阶段。这是火焰燃速最快的阶段, 因为破裂后的指令舱使气体发生强对流。涡流将火焰在舱内四处散播, 使火焰继续漫延。事后调查在舱内地板上发现的爆炸和燃烧后氧气与冷却系统的铝管, 证明当时燃烧强度非常猛烈。

爆炸形成的燃烧碎片从破裂的指令舱飞进指令舱的 "猪排" 区, 飞出环绕航天器外围的敞开的检查口。火焰烧着了发射工位领导人巴比特和欧文斯, 把巴比特朝后逼进他的办公桌, 点燃了办公桌上的纸张, 燃起许多小火苗。烟雾充满整个区域, 火焰包围吞噬了航天器 (图 3-8 和图 3-9)。

欧文斯被包围在烟雾之中, 他正处理着表面的烧伤, 他清醒地意识

图 3-8　发射工位领导人办公桌火灾损毁现状

到逃逸发动机就在头顶。他的第一反应是退出 A8 层侧门。外面有新鲜空气,他赶紧呼吸了几口。随后他又转身冲进去,他突然意识到自己陷入了困境,电梯,他唯一能下去的通路却已经关闭了。关闭电梯可能是为支持紧急撤离试验计划中的行为,也可能是地堡采取的应急行为。出于本能和下意识反应,大部分他后来都记不清了,欧文斯爬过围栏,从外面翻下去。当他下到低一层工作平台后,顺着楼梯跑到地面。一到地面,他立即找到一部能用的电话,叫通他的管理员查克·斯蒂芬斯(Chuck Stephens),告诉他火灾的情况。他从服务塔外边爬下来是非常了不起的行为,从前的塔架建筑工也难以做到。

其间,巴比特和格利夫斯携手战斗在"白房子"里。格利夫斯试图赤手空拳取下推进器保护盖,因为在测试中盖子仅用上角的两个自锁指状物安装固定。当格利夫斯碰到推进器保护盖的下面时,从推进器保护盖底下敞开的检查口窜出的火苗燃着了他的手。霍金斯带着开锁工具和灭火器赶到,熄灭了残存的火。舱口上的推进器保护盖被打开并取下。随着推进器保护盖的开启,已经转向"白房子"底部的烟火现在又烧向救援者的面部。此时"白房子"的能见度几乎降到零,使人近乎窒息。

从 A8 工作平台逃出来的克莱曼斯仍然担心氧气源的状况。他应该关闭氧气输送防止助长火灾? 还是继续为乘员提供所需要的氧气? 他也遭受了从航天器喷出的火焰以及通过检查口飞出的燃烧材料的袭击。

图 3-9　从发射工位领导人办公桌附近所看到的火灾后的 "阿波罗"-1 航天器。"白房子" 位于左边

击中他的一件物品是一片白色尼龙, 他感觉好像是航天服的一部分。这给了他一个严酷的提醒, 如果航天服破碎了, 那航天员的问题就严重了。

戴尔·希肯博顿在 A8 工作平台上启动了一个带滚轮的大型灭火器。他试图扑灭多处小火苗, 确保不让火焰烧到逃逸系统。他感到火势渐渐可控。克莱曼斯在没有与 ACE 控制室取得联系的情况下, 他认为最好的办法是别管仪表盘氧气流, 先帮助 "白房子" 里的人撤出来。

其间, 救援人员从其他区域陆续赶来。技术员朱尼 (Journey)、施奈德 (Schnerder)、霍华德 (Howard)、麦克奈尔 (Mcconnell)、比尔特 (Belt) 和梅特卡夫 (Metcalf) 带着防毒面具和灭火器材抵达。NASA 的亨利·罗杰斯 (Henry Rogers) 在火灾发生时已经赶到服务塔的 A8 工作平台, 他递给希肯博顿一件工作服护住脸。由于 A8 工作平台大多数门易出难进的限制,致使救援工作延误和受挫。

克莱曼斯在"白房子"外边遇到巴比特。巴比特喊道:"吉姆快下来!让他出来!"克莱曼斯找到被浓烟熏倒在地板上的吉姆·格利夫斯。不管格利夫斯如何抗议,克莱曼斯硬把他拖到了摆臂上。来到摆臂上后,克莱曼斯呼喊着地面拖车里跑出来的人们:"航天器着火了!我们需要帮助 —— 灭火器和斯科特空气包!"电梯的不足和严重失效的调度通信系统影响了通信和救援。

火灾的第三阶段特征是,随着氧气的耗尽,舱内充满的碳氧化物迅速达到很高的浓度,形成浓烈的烟雾。由于氧气不足,火势减弱,但舱内的气体成为致命的因素。靠近环境控制系统的地方还有局部继续燃烧,该位置被认为接近火灾形成的位置,因为糟糕的氧气和乙二醇管线还继续为火焰提供氧气和燃料。

L·D·瑞斯带着另一个灭火器冲进"白房子"。他和杰瑞·霍金斯已经把火势压了下去,现在正在航天器外舱口工作。虽然火已熄灭,但浓烟转而成为黑色有毒气体。人们只能工作一会儿,就得出来呼吸一会儿新鲜空气。格利夫斯迅速恢复过来,与克莱曼斯、霍金斯和瑞斯轮番作业 —— 两人干,两人休息 —— 卸掉了舱门。他们在处理过程中再次烫伤了手,因为他们甚至是在很烫的内舱口上干活呀。有人送来了防毒面罩,不幸的是面罩是用来过滤有毒的自燃推进剂烟雾,而不能防护普通烟。去掉滤毒罐,使进气管靠近地板,面罩帮助解决了呼吸问题,但不能解决能见度问题 (图 3-10)。

最后,克莱曼斯和霍金斯打开了航天器的内舱门。如同设计那样,舱门开始垂直落入指令舱。舱门破开后,一股黑烟喷进了"白房子"。舱门没有完全落下,救助者并不知道,舱门被航天员怀特的身体堵住了。被堵住的舱门只能让身体部分进入。克莱曼斯和霍金斯都只能把他们的头和肩伸进去,他们看不清舱里面的任何东西。充满黑烟的乘员座舱能见度为零。

格利夫斯走过来,告诉其他人后退。他朝着舱口踢了一脚,舱口又下降了一点儿,有了更大的进出空间。瑞斯戴上他那大而无效的防毒面罩,爬进了航天器。另一人攥住他的踝关节,一旦需要可立即拽出来。漆黑和浓烟使他开始很难辨明任何东西。在听到一声像人的喘息声后,他摘掉了防毒面具,实际上这个声音是失效的航天服管子流动的氧气声。后来他说,这个声音经常萦绕着他,直到死去那天为止。起初他确

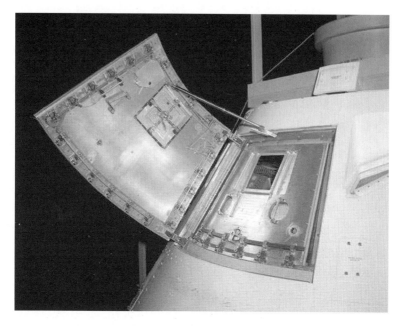

图 3-10   "阿波罗"-1 舱口设计,展示了外舱门 (打开状态) 和向内打开的舱门 (关闭
状态)

信有人应该还活在漆黑的混沌中。最后他确认全部 3 名航天员再也不
需要救助了,他通过舱口退出来,哭道:"他们死了,他们都死了!" 眼泪滚
落在他的脸颊。

随着烟雾的消散,可以看到格里森空空的座椅位于左边,处于 170°
的位置 —— 本来是水平位置 —— 背带和脚的约束件已释放开。格里
森的电子适配器电缆已从通信电缆上断开,他仰卧在指令舱地板上,头
搭在怀特的头垫之下,脚搭在自己的座椅上。

怀特的座椅处于 96° 位置,后背水平,椅腿向上翘起。释放的背带
带扣没有打开。然而,背带和腰带已烧毁撕裂,相信这是怀特努力打开
舱门所导致的结果。怀特正好横躺在指令舱舱口底下。

查菲的座椅处于 264° 的位置,后背水平,椅腿向下垂着。所有约束
件都已断开,查菲仰卧在座椅上。他的测试程序册压在身下,没有被烧着。

史蒂夫·克莱曼斯估算,发射工位人员从火灾开始仅过了 3 min 多
就打开了舱门。技术员的进入与随后跟进的发射工位领导人巴比特,他
们试图确定航天员的情形,又花费了一些时间。巴比特戴上他的耳麦,
在下午 6:36 对斯基普·邵文和地堡里的测试监督员乔治·佩吉报告:

"我无法向你描述现在的情况……" 他使用这样的短语, 而不是通过开放的调度通信系统说航天员遇难了, 如果这样, ACE 控制室中的每个人听到他的话, 就都明白航天员遇难了。

技术员打开舱门之后不久, 消防员和医生随即赶到。一经医生确认 3 名航天员全部遇难, 消防员试图搬开怀特的遗体, 但没有成功。座椅和航天服熔化的材料使搬动航天员很困难。医生对地堡证实航天员已经死亡。遂决定遇难的航天员保持原状, 直到事故现场所需的全部摄影完成。当晚, 没有对指令舱采取进一步的措施。

3.6　震惊与忧伤

发射工位发生的事故使那天晚上在场的每一个人都受到很大的震动。普遍感受是震惊、恐怖和完全无能为力。

约翰·特赖布说:

> 在 ACE 控制室, 我们很震惊。大家一片沉寂。我知道某个可怕的事情已经发生了。我从我的座位上站起来走到 ACE 控制室墙壁电话前告诉了我的妻子。我告诉她我们卡纳维拉尔角发生事故了, 但是我挺好, 不要担心, 可能我回家的时间比计划晚一些。我放回电话之后, 大卫·斯图尔特也站起来想打一个相同的电话。他问我电话出了什么问题, 他可能没听到拨号音; 以为电话坏了。我朝周围看了一眼, 看到一名保安把工作站的门给锁了。肯尼迪航天中心应急响应程序开始启动, 所有受影响的区域都进行封锁、贴封和隔离。

事故多年之后, 瑞奇·罗比泰勒 (Rich Robitaille) 已成为一名主管, 他手下的一名工程师在事故时负责操作 ACE 控制室中一个工作台。罗比泰勒说: "那个家伙负责电源工作台, 他曾看到过小故障 —— 问题发生的第一个征兆。他是一名电气工程师, 他看到了短路。他受到的刺激多年没有恢复。他一直没有忘记。"

测试时, 弗兰克·布莱恩 (Frank Bryan) 正在 LC-34 地堡里值班, 事故发生时, 他的上司艾克·雷杰尔正在西海岸搞设计评审。雷杰尔和布莱恩回忆了那天晚上的事件:

> 雷杰尔: 着火那天晚上, 你打电话给我, 你的话音很低, 很神

秘:"我不能告诉你,但是我们这里发生了严重的问题。"我问:
"发生什么了,弗兰克?"你说:"我不能说,我不能说。"你不让
打任何外面的电话,但你却给我打了电话。你谈了有关航天器
的某些情况。我说:"弗兰克,我们(运载火箭工作)受牵涉吗?"
我想大概是应急检测系统或其他事情。你打完电话之后我一
直不能入睡。但是你们都被隔离了。你不记得打电话给我吗?

　　布莱恩:我完全处于震惊的状态。对发生的事故我们完全
爱莫能助。我们"土星"工作团队完全无能为力。我们试图干我
们能干的任何事情,但是恰恰没有事情可干。你能听到他们在
航天器里叫喊。在电视上,你只是看到烟雾围绕"阿波罗"弥
散。戴克·斯莱顿(Dake Slayton)那时在地堡里。他是航天员
的领导。当他最终确认发生什么时,我记得他立刻哭起来了。

　　目击事故的发生却无能为力,让一些人如此的伤心痛苦,以至于他
们拒绝再次在测试团队中工作。乔安·摩尔根(Joann Morgen)在那天
早些时候值班,但事故发生前大约 2 h,她的上司批准她回家了,她说:

　　我的上司吉姆·库恩斯让我下午 4:30 换班,因为自早晨
6:30 我一直在工作。火灾发生和航天员遇难时,吉姆在地堡
里。感谢上帝,那时吉姆在值班,而不是我。我大概再也不会回
去了。那大概是我职业的结束。我办公室的乔·史密斯也与他
在那里工作。乔不希望在他生命的余年再次坐在工作台前。事
实上,也许有许多工作可以做,这就是为什么后来我来到点火
控制室,成为工作在"阿波罗"发射工作台火箭团队的第一位
女性的原因,因为乔再也没有去工作台上工作。当时他必须待
在那里,调查开始后的 24 h 被锁在地堡里,这一切摧毁了他。
这次事故对所有人都是一场噩梦。

　　詹姆士·奥格尔(James Ogle)那天定位在地堡内 S-IVB 仪器工作
台上。他说:"事实上我很年轻,容易受影响。和你坦率地说,我确实认
为这是航天计划的终结。人们用了 18 个月的时间才恢复工作。我知道,
这不仅对我,对地堡里的每个人,乃至整个国家,都认为是可怕的死亡之
路。我经常做噩梦,我也想:'那是我工作的终结。以后我去干点什么呢?'"

3.7 封锁

地堡和 ACE 控制室被封锁了。约翰·特赖布说:"在载人航天器操作厂房,当我们试图整理自己的思路时,我们了解到某些事情启动了。安全人员来到了控制室,收集所有的测试程序和书籍,这些东西在工作站曾与我们朝夕相处。我们被汽车送到了 LC-34。发射工位变成灯光、救护车、消防车和警车的海洋。我们仰望着 A8 层工作平台,知道航天器 012 和 3 名航天员还留在那里。"

恩尔尼·雷耶斯在那天下午本班次工作结束后回家去了。他又被叫回来,完成一项极其痛苦而艰难的任务,从晚上 12:30 开始,大约持续了 90 min (图 3–11):

> 作为 NASA 团队的领导人,自加利福尼亚开始一直与那艘航天器待在一起。那天晚上来到发射工位后,感觉那艘航天器就像一座壁炉。我必须进去帮助从舱里移走遗体。我们必须断开软管,挪开手持控制器,从座椅上剥离航天服,从航天员遇难的地方把他们挪走。

> 我不会忘记,那天晚上我的手臂里抱起的那些航天员。这都是与你争论过、与你一块工作过的好朋友啊。就像越南和朝鲜战场上的军官,当一次出击结束时,必须把死亡的战友拉回来。

图 3–11 航天员移走后的 "阿波罗"-1 座舱内部

其间, 在 LC-34 地堡内, 调查工作开始启动。特赖布说, ACE 小组被召集到发射工位的准备房间, 在那里每个人都接受审问, 把测试中的工作、记忆和干了些什么等记录在磁带上, 大约早晨 2:30 他们才获准释放, 6:30 通知返回。

查理·马尔斯没参与 "阿波罗"-1 任务, 但是他也被叫来参加那天晚上载人航天器操作厂房数据室的站岗任务:

> 黄昏之后我的上司来到我家。他说: "我们发生了一起事故。你要做到随叫随到。" 凌晨 3:00, 我接到一个电话, 说: "到数据室来。那里有一个岗哨, 他知道你正赶过来。在我们完成这项任务之前, 你就是我们数据室的人了。"

> 来到载人航天器操作厂房, 安保人员已经把 ACE 控制室东西都清理出来。他们把 ACE 控制室清理出来的东西放置在厂房二楼西南角的数据室 —— 所有纸带记录、声音录存、过程说明等 —— 所有清理出来的东西都放在这里, 并实施了封锁, 他们在数据室门外布置了岗哨。

> 我赶到那里, 岗哨让我走进来。全部记录纸都摊在那些大板子上, 便于人们对其进行检查。我走进数据室, 检查磁带录音以确保它们完好无损, 大约早晨 6:00 或 6:30, 我听到走廊里大声吵闹。我从大厅里走出来, 看到载人航天器中心来了一群人: 有拉尔夫·兰福德 (Ralph Langford) 博士, 我认识他, 过来了一飞机的人, 大部分是 NASA 的, 还有罗克韦尔公司的人员, 大概有 10 或 12 名。我试图从岗哨与人墙之间挤过去, 我说: "拉尔夫, 你到这里来干什么?" 他说: "我们来看看数据。" 我说: "我认为你们不能进去。到现在他们还没有组成调查委员会, 在这之前, 不会让人进去的。" 他开始朝我走来。我感觉到一只胳膊把我叉开, 岗哨隔在了我和他之间, 而且岗哨的手里还握着枪。哎呀, 把我的魂都快吓飞了! 我在想: "噢, 上帝啊, 他要朝拉尔夫开枪啊!" 拉尔夫就站在那里, 并没有说任何话, 一个字也没说。我感觉就像过了好几分钟, 其实大概只有几秒。拉尔夫转过身, 朝跟随着他的人们咆哮如雷。他的脾气很暴躁。

> 岗哨坐了下来。人们离开之后, 我问岗哨: "你会朝他开枪吗?" 岗哨说: "不会, 但是我想他不知道这个。"

NASA 组成了任务调查小组和事故调查委员会。逃逸火箭从飞船顶端拆了下来。火灾调查者小心翼翼地对指令舱内部进行检查。检查完环境控制系统和乘员座椅，然后卸下来，移到外面。卸下主要控制仪表板，放到火工品安装厂房 (PIB)。因为舱体内部已经炸裂，指令舱结构已经不完整了。2 月 17 日对指令舱拆卸时，使用发射工位上的吊绳把其降下来，而不是常用的固定设备。指令舱被放到火工品安装厂房进行分解。原本作为第二艘载人 "阿波罗" 飞行任务的 014 号航天器，也挪到了火工品安装厂房进行分解。逐个组件、逐根导线对两艘飞船外形和结构进行比较 (图 3–12 和图 3–13)。

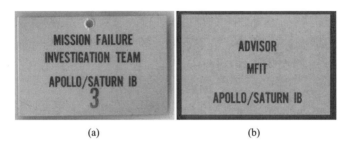

(a)   (b)

图 3–12   "阿波罗"-1 任务失败调查小组乘员和顾问徽章 (作者收藏)

图 3–13   1967 年 2 月 16 日，"阿波罗"-1 指令舱残骸吊到拖车上。航天器舱内许多物品已卸下作为分析之用

对 "断开状态综合测试" 所产生的全部数据进行了详细检查。詹姆

士·奥格尔说:

> 在飞船下边就是我们的 S-IVB 级火箭。大概用了 1 年时间,
> 我们反复运行那次测试的磁带,并获取那次测试的全部遥测信
> 息。我们在 8 通道纸带记录仪上查看全部测量数据 —— 有
> 15 或 20 张图表。我们不知道反复检查了多少次。我们整理完
> 时,LC-34 地堡内一个房间被用来悬挂数据表:"OK,我们可以
> 再看看火灾事故的数据了。"我们反复干了 5、6 次。没有什么
> 变化。你会查找引发火灾的故障,或任何我们当时在航天器下
> 面完成的工作,因为在指令舱与火箭之间有许多连线。

3.8 教训

引起火灾的电火花准确来源没有查明。事故调查委员会确定,火灾
迅速漫延是由于航天器内的纯氧气体和易燃物品 (例如 "维可牢" 和纸)
所致。委员会还确定,测试期间仍在进行的大量工程更改,证明航天器
结构还在变化,测试文件和步骤与航天运载器当前状态还不相符,装船
设备和其他物品没有充分检查其在测试环境中的适应性。

事故调查委员会注意到,负责这次测试计划、产品和安全的机构未
能识别测试中存在的风险,没有制定航天器内着火实施航天员逃离或
营救的程序及事故偶发预案。没有组成从事测试的应急小组。甚至包
围航天器的工作平台设计也阻碍了灭火行动。

事故调查委员会还发现,启动测试之前不到 24 h 时,检查操作程序
有一份主修订本和一份次修订本。地面乘员所使用的测试程序和飞行
检查表之间存有差异。调查委员会注意到,虽然这些变化并不是事故的
主因,但是修订本影响了测试团队在启动测试之前对测试过程的熟悉
程度。调查委员会建议,在测试前要有充足的时间对测试程序进行公
布、评估和分类,使人们在参与测试时做好充分准备。

NASA 决定不再用指令/服务舱 "模块 I" ("阿波罗"-1 所使用的结
构) 进行任何载人飞行任务,这种结构仅适用于单独的地球轨道任
务。NASA 专注于努力改进指令/服务舱 "模块 II" 结构,并尽快投入服
役,这种结构可以用于月球任务。

NASA、罗克韦尔公司、格鲁曼公司彻底研究了指令/服务舱和登
月舱的方方面面,以消除火灾危害,保护好线路。罗克韦尔为指令舱设

计了一个新型的朝外开的舱门。射前测试时航天器舱内气体由 100% 氧气改为 60% 氧气与 40% 氮气混合气体,降低燃烧的风险。在射前的指令舱里,航天员依然可以通过他们的航天服环管呼吸纯氧,航天服环管是密封的,超过舱内气体压力,可以防止氮气泄漏进入航天服环管。

对测试程序进行仔细检查,识别和消除那些不必要的、不安全的状态。提高和增强训练及结构控制。增加对航天器各方面的检查。为发射区防火和医务人员制定实行附加的安全预防措施,在航天器工作楼层配备应急呼吸和灭火设备,改进通往摆臂、电梯、工作平台和 "白房子" 的通道。

恩尼尔·雷耶斯总结了 "阿波罗"-1 所涉及的每个人的决心:

> 你认为 "上帝,我会更加努力,让这样的灾难永远不再发生!" 那是我内心的一句誓言,可以说: "我会尽我所能做好一切工作,在我的岗位永远不会再发生那样的情况。"
>
> 后来,我变得异常严格,我可能会笑,会讲故事,会一直与周围的家伙们取闹。但是,一旦想起飞船,想起工作责任,一切就变得规规矩矩。那是头等大事,我从来不敢忘记。
>
> 不仅是我,工作在 ACE 控制室里 40 余人的测试团队,地堡里的人们,以及肯尼迪航天中心的每个人,都是如此。他们都表达了同样的铮铮誓言。

3.9 "阿波罗" 计划继续前进

NASA 继续前行。在火灾事故之后大约 9 个半月,1967 年 11 月 9 日实施了 "土星"-V 首次试验飞行。

发射 "阿波罗"-1 的 "土星"-IB 运载火箭 AS-204 未受到火灾的损害。NASA 拆下火箭,移到了 LC-37B。1968 年 1 月 23 日,几乎是 "阿波罗"-1 火灾之后的 1 年,AS-204 运载火箭完成了 "阿波罗"-5 发射任务,即低地轨道登月舱的首次试验飞行。

马库斯·古坎德记得,格里森曾请求他来 "阿波罗" 计划参加工作。事故之后,古坎德对他的妻子说: "现在,我当然不能辜负盖斯·格里森。" 通过商议,他来到格鲁曼公司,加入登月舱工作。古坎德后来成为格鲁曼公司 "阿波罗"-11 任务登月舱-5 (世人更习惯称作 "小鹰" 号) 试验管理人员。

NASA 的第 1 艘载人飞船 "阿波罗"-7 于 1968 年 10 月 11 日发射进入地球轨道。沃利·希拉 (Wally Schirra)、沃尔特·坎宁安 (Walt Cunningham) 和多恩·艾西尔 (Donn Eisele) 曾是 "阿波罗"-1 后备乘员。他们驾驶 "阿波罗"-7 改进的模块-II 指令/服务舱进入太空,因为他们同事们的牺牲奉献,飞船如今更加安全了。这次任务证明了重新设计生产的 "阿波罗" 航天器具备良好的性能,登陆月球开始进入倒计时。此时距离肯尼迪总统制定的 20 世纪 60 年代末登月的期限只剩下 14 个月了。

约翰·特赖布总结了肯尼迪航天中心工作人员的乐观情绪和决心:"格里森、怀特和查菲的生命不会白白牺牲。月球,伸手可及。"

航天员坎宁安告诉作者:"每过一段时间,他们就会展示一副 '阿波罗'-1 时期的 34 号发射综合设施的图片,以及现在的图片,对比总是让人伤感。空军那些家伙们控制着那些发射设施,他们只强调在那里曾牺牲过人。但那里也是 '阿波罗' 的诞生地,我们更应该强调,我们就是从那里让 '阿波罗' 起飞的。"

第 4 章

航天器组装和检测设施设备

现在, 从卡纳维拉尔角出发, 开始对肯尼迪航天中心自身的设施设备进行探究, 我们的第一站是支持 "阿波罗" 航天器的组装和检测设施设备。

4.1 航天器操作区域

肯尼迪航天中心航天器操作指挥部门负责 "阿波罗" 航天器发射前的组装和检测。对于 9 次载人 "阿波罗" 任务而言, 每个航天器都由两个运载器 (指令/服务舱和登月舱) 组成, 而每个运载器又包括两个独立级或独立舱段。航天器操作人员也对携带到月球上的有效载荷进行检测, 这些测试与航天器一块实施。

首先, 航天器操作分布在 3 个区域。分别是载人航天器操作厂房 (MSOB)、垂直总装厂房 (VAB) 和发射工位。从 1967—1969 年中期, 执行 3 个不同任务的 3 个 "阿波罗" 航天器, 有代表性地同时处于上述 3 处位置操作流程中, 有时是一个航天器, 有时是两个航天器。

4.2 载人航天器操作厂房

载人航天器操作厂房 (MSOB) 是航天器操作的基本场所。在这里完成登月舱和指令/服务舱的接收、组装和全部测试。航天器运抵垂直总装厂房与火箭对接之前, 要在载人航天器操作厂房大约工作 3 个月。NASA 和承包商大多数重要的航天器工程师和测试指挥人员都安排在载人航天器操作厂房。不管航天器位于载人航天器操作厂房、垂直总装厂房, 还是位于发射工位, 载人航天器操作厂房中的 ACE 计算机及控制室都控制着航天器各组件的检测。

在 NASA 某些早期文件中称载人航天器操作厂房为操作和检测厂房 (O&C), 但在 "阿波罗" 计划期间大多数人不这么称呼它。载人航天器操作厂房由佛罗里达载人航天器中心 (MSC-FO) 行政办公室命名。1965 年, 佛罗里达载人航天器中心成为肯尼迪航天中心航天器操作指挥部门之后, 该厂房保留了它的名称。"阿波罗" 计划之后, 该厂房正式被称为操作和检测厂房。

载人航天器操作厂房于 1963 年开始建造, 恰在 1965 年实施第一次 "阿波罗" 无人任务期间完全投入操作使用。载人航天器操作厂房位于肯尼迪航天中心工业区, 在 NASA 主干道上肯尼迪航天中心总部大楼以东, 垂直总装厂房以南 5 英里 (8 km) 处 (图 4–1 和图 4–2)。

图 4–1　1964 年期间的载人航天器操作厂房 (前)。远处的两个建筑分别是肯尼迪航天中心总部和中央仪器设备处理中心 (CIF)

各工作设施之间的距离使航天器管理人员、工程师和技术员的生活变得复杂起来, 他们不得不工作在操作流程各个阶段不同位置中的 3 个航天器上。工程师和技术员们必须奔波或穿梭于载人航天器操作厂房至垂直总装厂房和发射工位之间。有时一天往返多次。在航天器操作过程中, 对于位于载人航天器操作厂房办公室的管理人员所面临的挑战, 约翰·特赖布 (John Tribe) 有如下解释:

根据 1966—1969 年的时间表, 在载人航天器操作厂房、自

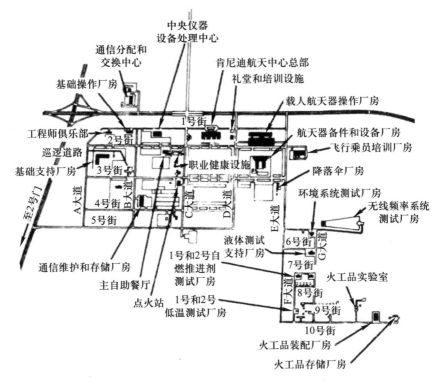

图 4-2　1967 年时的肯尼迪航天中心工业区图,图中标出了航天器操作流程所使用的诸多设施

燃维护厂房、LC-34、LC-37、LC-39A、LC-39B 及垂直总装厂房都有工程师在工作。我不得不在上述各个区域为他们定岗,因为我们在这些区域都有地面支持设备或航天器。甚至在专门从事服务推进系统点火试验的 LC-16 上,我们也有人员在工作。从管理的角度来看,要安排工作人员、他们的班次和要干的测试工作,还要掌握分散在这么大地方各个设施设备的状态,这真是一场噩梦。

随着"阿波罗"计划的推进,在其前 5 年,载人航天器操作厂房经历了持续不断的改造和扩建。厂房包括由 3 个天桥连接的两个平行翼,天桥跨过一个铺设的中心停车场和接收区。重要的组装和检测工作安排在较大的厂房南翼。南翼建筑包括:

(1) 航天器实施操作处理的低顶区和高顶区。

(2) 三楼是航天员公寓和航天服准备间。

(3) 接收检查设备 (ACE) 控制室和计算机组合。

(4) 实验室和洁净室。

(5) 支持组装和检测过程的各类机械、电子和附件存储室。

(6) 供电和供气设施。

厂房北翼称作行政和工程 (A&E) 区, 它为承包商、NASA 工程师、质量控制技术员、高级主管及其他管理人员备有办公室。其中, 洛克·佩特龙 (Rocco Petrone)、波尔·唐纳利 (Paul Donnelly)、艾克·雷杰尔 (Ike Rigell)、约翰·威廉姆斯 (John Williams)、乔治·佩吉 (George Page) 和特德·萨森 (Ted Sassean) 等人的办公室就在二楼。格鲁曼公司和 NASA 质量评估办公室位于一楼。罗克韦尔公司办公室位于三楼。自助餐厅和容纳 300 人的大型任务简报室位于厂房两翼之间的大天桥区域内 (图 4-3)。

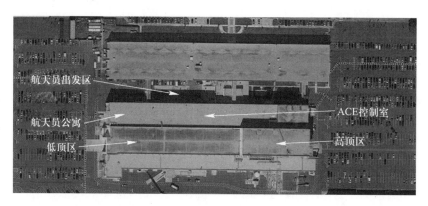

图 4-3   载人航天器操作厂房俯瞰图 (作者根据 NASA 照片扫描并注释)

贯穿 "阿波罗" 计划的大部分时间里, 载人航天器操作厂房每周 7 天、每天 24 小时都是一个热闹的活动场所。恩尔尼·雷耶斯 (Ernie Reyes) 回忆说, 有一天做证件检查统计大约有 750 人在载人航天器操作厂房操作检测区工作。组成上班人群的大多数是格鲁曼和罗克韦尔公司的技术员、工程师和检查员。NASA 质量控制检查员、设计工程师、操作工程师和测试管理人员监督着厂房里的活动。波音公司的月球漫游探测器技术员和工程师、月球试验设备科学家、邦迪克斯吊车操作手和安全人员、管理 ACE 控制室设备的 IBM 和通用电气公司职员、管理人员、航天员和多方面保障人员等也在此工作, 使厂房成为一个非常繁忙的场所。

4.2.1　航天员在肯尼迪航天中心的居住基地

在肯尼迪航天中心工作的航天员乘组居住在载人航天器操作厂房南部三楼西端的航天员公寓内。乘员公寓为他们提供了放松或准备任务的私人空间。乘员公寓共有 3 套, 每套有 3 个卧室 (图 4–4)。

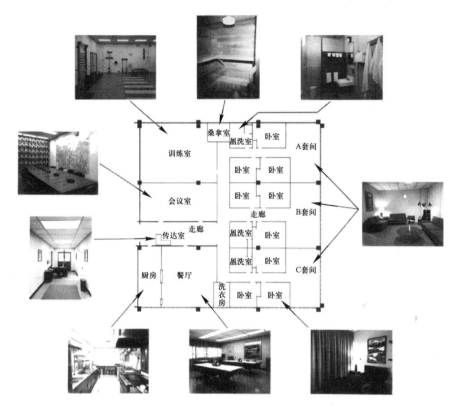

图 4-4　载人航天器操作厂房西端的航天员公寓

在载人航天器操作厂房生活, 为航天员参加航天器测试提供了方便。他们也可以顺便走访工作楼层, 看一看他们乘坐的航天器发生什么问题。航天员密切地参与了航天器的组装和测试全过程。航天员乘组完全了解测试中出现的问题。航天员主乘组和备份乘组共同来到组装和测试区, 参加高空模拟测试、乘员座舱装配、功能检查及需要他们直接参与的其他活动。航天员的出现提醒航天器工作人员: 未来太空人的生活取决于他们工作的质量。

在中心铺设的院子里为航天员预留了停车场。吉姆·拉斯曼 (Jim

Rathmann) 租给航天员红白蓝 "克尔维特" 轿车的来来往往引起了大家的关注。一位工程师说: "我们的窗口正对着航天员停车场。我们在早晨 7:00 开始上班,多次看到他们正好晚上活动或晚会结束把车开到停车场回到航天员公寓。这是他们与众不同的生活!"

发射日,航天员在更换航天服之前,要在公寓吃完他们传统的牛排鸡蛋快餐。在三楼更换完航天服之后,乘电梯来到地面,离开厂房南翼,进到中心庭院,在这里乘坐航天员转运车到发射工位 (图 4–5)。

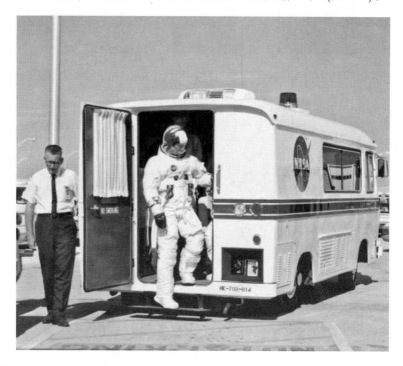

图 4–5　1968 年 8 月航天员在新航天员转运车上参加 C²F² (乘员舱适应性和功能)测试。左边为 NASA 安全专家史蒂夫·泰瑟姆 (Steve Tatham)

4.2.2　组装和测试区

当人们看到 "阿波罗" 在肯尼迪航天中心组装和测试过程中的照片时,他们一定误认为这些照片是在垂直总装厂房拍摄的。载人航天器操作厂房南端大部分被大型开间所占据,该开间分成两个主要工作区域,穿过全长 650 英尺 (198 m) 的厂房。低顶区位于西端,工作台至天花板大约高 60 英尺 (18 m)。高顶区位于检测区东端,大约高 80 英尺

(24 m)。在某些文件中把开间称作 "组装和测试 (A&T) 区",而在另一些文件中也称作 "操作和检测 (O&C) 区"。在非正式会话中,航天器操作人员称其航天器操作厂房低顶区,或称其高顶区。开间工作面底下,服务和公共设施隧道贯穿厂房全部。开间南端是航天器技术员使用的工作间、零部件存储间和工具砂型撑架等。

韦尔比·里斯勒 (Welby Risler) 是 NASA 的创始人之一,他曾负责操作和检测区的设计。在 "阿波罗" 航天器尚未完成设计、登月策略尚未确定时,就需要提出技术指标和总布置图。里斯勒说:

> 我告诉他们,我们必须提出 "阿波罗" 操作和检测厂房的基本要求。我问他们的第一个问题是 "登月需要几次发射?" 官员们回答: 每周 1 次。我告诉我的好朋友:"他们疯了!" 头头说:"不管你想得有多大,你都想象不到会如此之大!" 我提出了许多供他们决策的方案。
>
> 我们原本认为它是直接飞到月球,在那里着陆。换句话说,以为亨茨维尔那里会造出 3 个大型推进器,但实际我们用的是 1 枚火箭使指令/服务舱减速并降落到月球表面。在月球上伸出 4 个舱外支架。我告诉我的朋友,那东西可能会头重腿轻——我觉得它会摔倒。
>
> 我绘出了着陆火箭大约是 9 m,加上服务舱和指令舱的高度以及逃逸火箭的高度,与我们拥有的 "水星" 航天器很相似。那就是我们需要的高顶区。

NASA 在计划早期就认识到,用指令/服务舱直接登月是不可行的,如果那样,减速落到月面的重量太大。代替的方案是,以独立的登月舱登陆月球,而把指令/服务舱留在月球轨道上。这样,可使 "阿波罗" 航天器的部件减少到易控制的尺寸和重量。里斯勒继续说道:

> 听到这些情况后,我立刻告诉组装和检测区的人,我说: "可以取消高顶区!" 他们说:"你不知道政府的情况,一旦你开始建设某项工程,取消比继续建造花费还要多"。但是它工作得很好,因为登月舱方案提出来了,航天器/火箭适配器也提出了,它们恰好与着陆火箭高度相等。因此,你知道,高顶区建造得很好。

低顶区大部分都是开放的空间,在那里放置登月舱,并完成其检测。指令/服务舱穿过高顶区东端的大门进入。载人航天器操作厂房检测过程结束后, 组装好的航天器通过高顶区东端大型升降门离开 (图 4-6)。

3 个小型高空模拟室并排位于低顶区西北面。两个高压舱 (1 个借于美国海军, 另 1 个为轻便型) 可以用于航天器做高空模拟室测试时稳定紧急降压情况下的航天员。涂着白漆的高空模拟室 M 是 "水星" 和 "双子星" 计划的剩余物品。罗素·劳埃德 (Russell Lloyd) 说:

> 这本来是卡纳维拉尔角空军基地机库 S 中 "水星" 计划的模拟室。我们曾用它对 "水星"-3 防热罩实施过干燥处理。航天器用它作为测试设备的一部分。他们想对防热罩进行真空干燥处理, 以采集核心样本, 看烧蚀材料是如何工作的。

> 在 "阿波罗" 计划期间 ("阿波罗"-14 和 "阿波罗"-16), 航天员在指令/服务舱上完成了一些电泳试验, 试图生产较纯的胰岛素来治疗糖尿病。这个过程是, 把电流注入流体, 使之分离出各种成分。在模拟室 M 由航天员测试它们的电泳单位。那是以人操作为基础的仅有的一次试验。

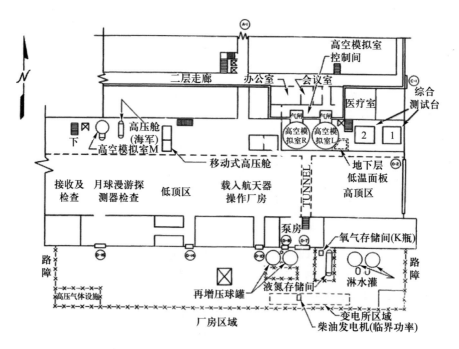

图 4-6　载人航天器操作厂房组装和检测区域图 (作者根据 NASA 图片修改)

高顶区东北角有两个大型综合测试台 (图 4-6 中标有 "1" 和 "2" 的矩形块), 它配有多层工作平台, 可以抱拢航天器, 也可以收回。指令/服务舱和登月舱在综合测试台完成最后组装及与火箭适配器的装配 (图 4-7 和图 4-8)。

低顶区和高顶区还包括许多活动测试台和固定工作装置。这些设施将在航天器测试过程章节做详细叙述。

图 4-7 "阿波罗"-15 指令/服务舱从高空模拟室 L 出来, 移到照片左边的高顶区 2 号综合测试台, 在那里, 技术员将安装高增益天线和服务推进系统发动机钟型喷管

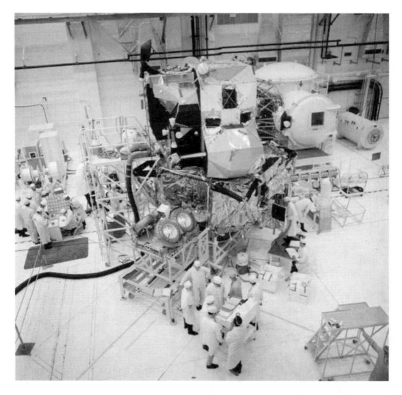

图 4-8　载人航天器操作厂房低顶区中的 "阿波罗"-15 月球漫游车和登月舱。注意："水星" 时期的高空模拟室 M(带矩形孔) 位于登月舱后面, 海军的高压舱位于右上方

4.2.3　高空模拟室 L 和 R

　　高顶区最显著的特征是, 紧挨着综合测试台西边、沿其北端, 有两个圆柱形高空模拟室。这两个模拟室官方命名为 "'阿波罗' 高空模拟系统", 但在会话中从未这样称谓过。模拟室大约高 59 英尺 (18 m), 直径为 33.5 英尺 (10 m), 由 1/2 英寸 (13 mm) 厚的不锈钢组成。一组不锈钢旋转楼梯焊接在模拟室的内壁。每个模拟室有 10 个观测口和 1 套双重气闸室 (图 4-9)。

　　高空模拟室控制间位于厂房二楼两模拟室气闸室之间。在这里, 操作者可以控制模拟室相互关联的系统。这些系统包括模拟室减压、真空保持、低温、氧冷却水、阀门和仪表气源、气态氮净化、淋水、空调、仪表、火情探测以及电源分配等系统。两个模拟室与航天器测试直接相关

图 4-9　1966 年时的高空模拟室 R (左边) 和 L

的许多系统可以由 ACE 控制室中 NASA 航天器测试承包商实施控制。

邦迪克斯公司的综合操纵员恩尔尼·派尔 (Ernie Pyle) 负责高空模拟室和控制室中操作人员的活动。高空模拟室中的无人测试需要 18 名管理员, 外加 2 名备份人员, 每 12 h 轮班工作。有人测试每班需要 36 名管理员, 最少备份 1 名救援小组成员和 2 名操作人员 (图 4-10 和图 4-11)。

从控制室向高顶区看过去, 东边的高空模拟室称作模拟室 L(左), 西边的模拟室称作 R(右)。载人航天器操作厂房里指令/服务舱大部分时间的工作都在模拟室 L 内进行。登月舱的许多装配和测试在模拟室 R 中进行。

每个模拟室都有一个大型圆盖盖在垫圈上。向模拟室移进或移出航天器时, 必须用空中桥吊吊起模拟室的盖子 (图 4-12)。罗素·劳埃德说:

　　　　每个盖子重 27.5 t。厂房里 3 部吊车吊重为 25 t。那时设计出了个小问题, 两个设计单位之间没有沟通。肯尼迪航天中心设计小组对吊车进行了综合分析, 认为它们能吊起这个重量。建造时留有足够的安全裕度, 因此它们可以吊起 27.5 t, 能吊起盖子。

图4-10 高空模拟室控制间

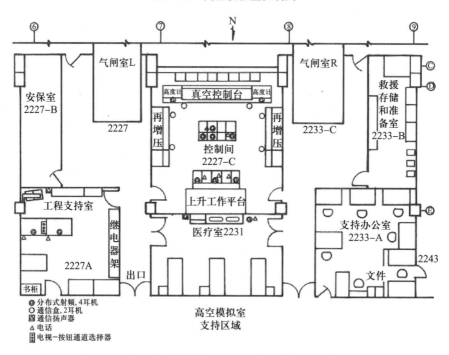

图4-11 载人航天器操作厂房二楼高空模拟室支持区域图

　　我们吊开盖子,把它放在模拟室附近,把航天器放进或提出来,然后再把盖子盖在上边。那个盖子完全脱离曾经是安全组织关注的一件事情。他们关心,如果高空模拟室超压了,我们要使它回到海平面压力时,要像"飞盘"一样把盖子打开。但是,我们对其论证过,3.4 kPa (1/2psi) 仅仅可以把盖子顶到金属导杆,就像煮沸的水壶盖子一样在哪里摇晃,直到压力消散。它绝不会吹掉盖子。

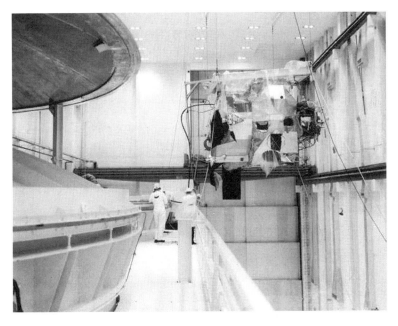

图 4–12　倒置的 "登月舱"-3 ("阿波罗"-9) 上面级即将放入模拟室 L 内, 与指令/服务舱进行对接测试。模拟室 L 的盖子临时放置在模拟室 R 顶端的支持设备上

　　每次只能从一个模拟室抽吸空气。应用真空系统把模拟室内的空气抽出来,模拟室开始模拟高空过程 (即在模拟室内部把压力减到接近太空环境的等效状态)。随着模拟室内压力下降,低温系统、阀门和仪表气源系统从空气中带走湿气和其他蒸汽,以使模拟室内不会有水分凝结到精密的航天器系统上,冷却水系统带走真空和减压系统工作产生的热量。一旦模拟室压力达到接近的模拟高空,主泵系统停止工作,另一子系统使模拟室保持所需要的压力。此时,如果需要,主泵系统则可以对另一模拟室减压。

虽然模拟室并不能获得理想的真空, 但它们可以在超过 1 h 的过程中使气压降到超过海拔 25 万英尺 (76 km) 的高空等效效果。"阿波罗"航天器测试安排在最大模拟高空 21 万英尺 (64 km), 考核航天器系统在接近真空状态下的性能。

测试结束, 用气闸室中干燥空气进行复压, 使模拟室回到 2.5 万英尺 (7.6 km) 的高空等效压力。然后, 模拟室缓慢地回到海平面气压的状态。正常情况下复压的时间为 16~30 min, 但是在紧急情况下可以缩短至 2 min。

高空模拟室于 1965 年开始安装, 但直到 1966 年都没有达到安全有人测试等级。1968 年改造之后, 他们不得不经历另一安全有人测试等级的检定。劳埃德说, 在模拟室最初测试时, 曾发生过一件不愉快的怪事:

> 我们复压的气源位于厂房外面的球体内。他们大约是 20 英尺 (6 m) 直径的球罐, 用空气增压到 1965 kPa。这个球罐是用碳钢做成 —— 我猜测是为了省钱 —— 而没有用不锈钢。大多数管路和模拟室本身都由不锈钢制造而成。如果有先见之明, 我认为我们应该认识到球罐是在佛罗里达的环境条件下安装在这里。他们没有在球罐内涂漆。我们并不知道, 球罐内表面生了锈。

> 早期, 我们对一个模拟室做紧急复压试验。突然, 在模拟室发现一大片红色云状物。模拟室吹满了铁锈。室内每件物品上都落下了铁锈。当然, 我们不得不彻底进行清理。但是好就好在我们复压试验时发现了这些问题, 如果航天器在模拟室内, 那就糟糕了。随着模拟室回到低空原状, 周围的空气会通过通风阀吹进指令舱。因此, 铁锈实际上会被吸进指令舱。这会造成可怕的后果。自那之后, 我们对球罐实施了干燥处理, 使其总是处于保压状态, 周围空气不能进到球罐内。我们处在美国东海岸最坏的盐雾区。腐蚀是航天中心最突出的问题, 我们必须试着对一些事情小心谨慎地提防。

在检测过程中, 高空模拟室是航天器各种部件安装、测试、更改或替换的方便场所。模拟室内地板在需要时可以全 360° 范围旋转。工作平台可以围绕航天器合拢或收回 (图 4-13)。

模拟室用于航天器测试一直用到 1975 年的 "阿波罗/联盟" 试验计划, 之后这两个模拟室再未启用, 他们全部设备都已挪走。一个模拟室

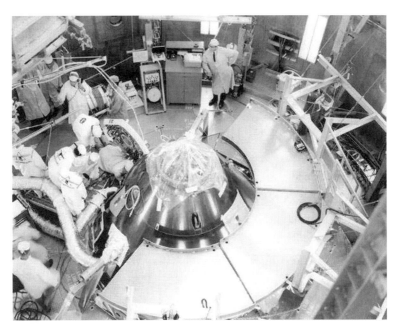

图 4-13 指令/服务舱在模拟室 L 中进行检测。部分工作平台环绕着指令舱。指令舱
左下部和中间上部用带子捆扎的管状设备是测试设备与 ACE 系统的接口

用在发射工位，为航天飞机空间实验室模块存取设备。模拟室 R 在
1997 年重新启用，安装了新的真空设备，支持 1999 年开始的国际空间
站模块测试。随着国际空间站组装完成，模拟室再次弃用。当操作和检
测厂房高顶区全部拆除内部装置并移交给洛克希德·马丁公司的"猎
户"计划时，高空模拟室仍留在原地，但已没有任何支持设备了。

　　肯尼迪航天中心的高空模拟室可以模拟接近真空的状态，但是它们
缺少模拟深空太阳加热能力。亨茨维尔载人航天器中心的大型热真空
模拟室能够模拟这两种状态。1968 年 6 月，指令/服务舱"模块"-II 首次
进行有人测试，在休斯顿热真空模拟室 A 进行了 1 周时间的模拟任务
(2TV-1)。航天员乔·恩格尔 (Joe Engle)、万斯·布兰德 (Vance Brand)
和乔·科尔温 (Joe Kerwin) 执行本次"飞行"任务。这次任务剖面不同
于肯尼迪航天中心使用的高空模拟室。肯尼迪航天中心载人航天器操
作厂房的高空模拟室工作一般不多于 1 天时间，并且只模拟任务的一
部分。2TV-1 花费 1 周时间模拟从发射到登月的整个"阿波罗"任务。
万斯·布兰德回忆，乘员室保持正常的任务气压 (34 kPa 或 5 psi)，在

2TV-1 期间从来没有完全减压。在高空模拟室里的地面船舱内度过 1 周时间, 对其他后勤保障提出了挑战。布兰德说: "船舱里有一个 1g 重力的厕所。任务中期经常泛滥, 出故障。我们只得用破布进行清洁。想起来我们倒也高兴。我们感觉任何形式的进步都是好的。"

4.3   航天器计算机化测试: ACE 系统

航天器系统的接收检查设备 (简称 ACE-SC 或 ACE) 促进了肯尼迪航天中心 "阿波罗" 航天器测试和检查的进步。4 间 ACE 控制室位于载人航天器操作厂房的三楼, 指令/服务舱和登月舱各用其两间。指令/服务舱控制室与登月舱控制室对称排列。1 间指令/服务舱控制室和 1 间登月舱控制室为一墙相隔的 1 对房间。在一给定的测试中, 指令/服务舱和登月舱 1 对控制室为主份, 而另 1 对控制室作为备份。当有多个任务并行时, 1 对 ACE 控制室可以用于一个任务, 而另 1 对控制室则用于另一个任务。

ACE 地面站 (通常简称为 "ACE 站") 遍布计算机间、控制间和终端设备间。不管航天器或地面支持设备位于检测厂房、垂直总装厂房还是发射工位进行测试, ACE 处理设备和外围设备都安装在同一地方。

ACE 计算机间装有计算机组合、部分指挥系统、数据获取和解码设备、字母数字设备 CRT 显示系统、地面系统诊断设备以及其他外围设备。两台 CDC-168 计算机是计算机间的核心设备。1 台计算机指定为数字指令计算机, 它负责处理从控制间送到航天器的指令, 提供与地面支持设备的接口连接。另 1 台计算机是数据处理计算机, 驱动控制间的数据显示, 并控制外围设备。

在肯尼迪航天中心, ACE 计算机间位于载人航天器操作厂房四楼。通过宽带视频传输系统连到垂直总装厂房、发射控制中心和发射工位。ACE 计算机和 "土星"-V RCA 地面控制计算机共享着有限的连接 (集中于输入 / 输出寄存和优先中断)。ACE 计算机也为指令舱和登月舱的制导计算机提供接口。

该计算机系统代表着设计时的尖端水平 (第 1 台 ACE 站于 1964 年诞生在北美唐尼飞机公司)。它可以满足其最初需求: 个别系统的指令和响应测试、实时监控几百个参数、实时提供大约 400 个航天器参数显示的专门处理、记录全部指令和原始脉冲码调制数据、数字记录不受限制的参数以及把某些测试数据记录到条状纸带上。这些工作全部靠每台计算机磁芯存储器的 8192 个字完成。两台计算机共享 24576 个字的存储磁芯 (图 4–14)。

图 4–14　杰基·史密斯 (Jackie Smith) (戴着恩尔尼·雷耶斯赠送的米老鼠耳朵) 在载人航天器操作厂房 ACE 计算机室

随着 "阿波罗" 计划的推进 —— 事实上, 在 1965 年肯尼迪航天中心 ACE 系统实施之前 —— 人们都清楚 ACE 计算机系统还不能满足系统测试复杂性不断提高的需要。计算机的处理速度勉强能够应付接收的实时数据。甚至更挑剔地说, 内存的不足开始影响综合测试能力。肯尼迪航天中心的需求超出了 1966 年 ACE 系统的内存容量, 而且中心没有预算经费购买更多的存储器。ACE 系统软件和测试程序不得不重新编写, 以尽可能适应内存空间。这就严重影响到计算机计划安排, 因为测试操作每几分钟不得不停下来清理内存中以前存储的数据, 载入接下来的测试程序, 以继续后面的测试。

在 21 世纪, 计算机内存是一种自由商品, 现在看来似乎荒唐的是, 当时肯尼迪航天中心要为 ACE 计算机获取 24000 个字的附加内存, 几乎花 2 年时间才能得以批准预算。这种单一的内存升级硬件费用在

1965 年超过 60000 美元 (相当于 2015 年的 450000 美元还多)。这种新内存也不能简单地插入计算机就能使用; 一旦安装了附加内存, 系统软件必须进行修改才能使用新的内存空间。

终端设备间含有 ACE 遥控测试设备、计算机间和控制间之间的接口及接插件。终端设备也装有地面站实时显示时间码发生器、驱动倒计时时钟的倒计时发生器以及指挥系统和 CRT 显示驱动器等。

ACE 控制室 (通常称作 ACE 室) 是发射控制中心点火控制室的航天器操作指挥等效设备。载人航天器操作厂房每间 ACE 控制室主要分成两个部分。测试指挥员 (通常 1、2 名来自 NASA, 2 名来自承包商) 坐在房间拐角凸起平台的工作台前, 其后是四周用玻璃围住的观察区域。房间此部分类似于点火控制室中的任务管理区。观察区跨越两个相连的 ACE 室 (图 4–15)。

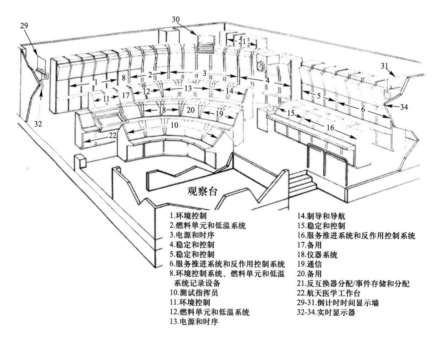

1.环境控制	14.制导和导航
2.燃料单元和低温系统	15.稳定和控制
3.电源和时序	16.服务推进系统和反作用控制系统
4.稳定和控制	17.备用
5.稳定和控制	18.仪器系统
6.服务推进系统和反作用控制系统	19.通信
8.环境控制系统、燃料单元和低温	20.备用
系统记录设备	21.反互换器分配/事件存储和分配
10.测试指挥员	22.航天医学工作台
11.环境控制	29-31.倒计时时间显示墙
12.燃料单元和低温系统	32-34.实时显示器
13.电源和时序	

图 4–15 载人航天器操作厂房 ACE 控制室典型布置图。指令/服务舱和登月舱工作间相互对称

ACE 控制室的主要部分是大约 50 张工作台和同心弧布排的带状纸记录设备。许多工作台都配有以字母形式显示实时测试数据的 CRT。其他模拟和数字显示器提供子系统的信息, 为 CRT 前工程师们提供补

充信息。

在指令／服务舱或登月舱全状态测试期间，大约有 50 人在肯尼迪航天中心的 ACE 地面站定位。1 名工程师和 1 名专家监控着终端室中的设备。11 名工程师和技术员定位在计算机间。大约有 35 人工作在控制间。系统测试指挥员和测试项目工程师坐在抬高的测试指挥员工作台前，在这里他们可以观察到控制室内的全部操作。测试工程师位于各自功能区和系统工作台前。高级工程师一般位于房间中心较低的工作台前，而测试工程师站在沿墙布排的各种垂直工作台前 (图 4–16)。

图 4–16 肯尼迪航天中心 1 号 ACE 控制室，很可能是 1967 年 2 月 16 日通用电气公司职员工作现场照片

鲍伯·西克 (Bob sieck) 说："这里的规则是，当你来到 ACE 控制室，你就坐在工作台前，戴上耳机。如果你没有需要戴耳机的工作，你就不属于控制室。" 西克属于 ACE 控制室测试的额外人员，这类人员可能包括来自设计中心 (载人航天器中心)、航天器计算机 (IBM)、ACE 设备 (通用电气公司) 等厂家的代表，以及 NASA 或罗克韦尔公司或格鲁曼公司人员在肯尼迪航天中心工作的工程师。

下面是子系统小组和分配以控制监视每个子系统的典型人员数目：

仪器系统 —— 2；

通信系统 —— 2；

环境控制系统 —— 5;
燃料单元和低温系统 —— 4;
电源和时序 —— 7;
制导和导航 —— 4;
稳定和控制 —— 3;
推进和反作用控制 —— 6;
航天医学工作台 —— 2。

4.3.1　快速检测数据站

对于实时获取和显示某些关键信息,ACE 系统显得太慢。NASA、罗克韦尔和通用电气公司的一些企业工程师用多余的硬件共同开发出一个快速检测数据站 (QLDS)。该数据站用高速数据记录仪墙挨墙布满了一个房间,它位于 ACE 控制室下面的厂房二楼。

4.4　肯尼迪航天中心其他航天器支持设施

支持载人航天器操作厂房全部组装和检测工作需要一系列装配和维修车间。格鲁曼公司技术员迪克·克拉维奇 (Dick Koralewicz) 回忆说:"在那里工作的许多技术人员甚至从未见过火箭。我们有一个制造所有填充材料的地方,大家称作改装车间。如果他们需要支架或其他什么东西,我们那里有满满的一车间。我们经常制作管子。我们拥有各种类型的压力仪表板,我们在那里不断修复或对它们进行小的改动。我们有一个软管车间,在那里我们可以生产软管,把它们送出去并进行清洗。我们还有一个电池车间。"

格鲁曼公司的吉尔罗伊·乔 (Gilroy Chow) 还记得:"鲍比·迈尔斯 (Bobby Myers),我们习惯称他为 '改装车间鲍比',他是一个挺不错的家伙,他可以制造出所有的地面支持测试设备。总会有某些东西需要拼凑,通过 '小题大做装置',就可以尝试用这些设备完成某些测试。你跑到改装车间,问一下鲍比,'你能做这个东西吗?' 如果是地面辅助设备,则不会有任何困难。如果是上天的东西,那就是不同的故事了。那不会发生在改装车间里。"

肯尼迪航天中心有两处场所,即自燃维护厂房 (HMF) 和无线频率 (RF) 系统测试厂房,它们在 "阿波罗" 航天器测试进程中原本担负着重要任务。就像 1965 年 10 月晚些时候那样,人们曾设想,航天器许多最初检测流程安排在这两个场所。航天器部件抵达卡纳维拉尔角之后,其计划是首先将它们送到自燃维护厂房进行初始检查和检漏。接下来各舱段或各级段送到无线频率系统测试厂房进行电气系统测试。然后各舱段运到载人航天器操作厂房进行高空模拟测试及最后的组装和检测。"阿波罗"计划进入全盛时期后,管理部门决定把航天器全部组装和测试工作都集中到载人航天器操作厂房进行。

4.4.1　无线频率测试厂房

位于肯尼迪航天中心工业区载人航天器操作厂房之东的无线频率系统测试厂房是一个与众不同的结构。厂房之初被用于测试"双子星"航天器上的无线频率通信系统。在"阿波罗"时期,它被用于测试航天器上发射或接收无线频率信号的各种设备。

为避免无线频率间的干涉,厂房设计成一个不带有长于 6 英寸(15 cm) 金属连接器的"木塔"结构。被测航天器或系统朝向卡纳维拉尔角通信设施。

肯尼迪航天中心设计工程师们需要为敏感器件设计一个可透波且不受天气影响的防护组合。解决方案是,用帆布拉伸覆盖的"婴儿推车盖"式玻璃纤维弓形设施。绞车可以把帆布盖卷起来,以便航天器放置在塔顶。塔与盖子组合体大约高 70 英尺 (21 m)。

"阿波罗"航天器的某些子系统,例如登月舱的着陆雷达系统,在其抵达肯尼迪航天中心之后,先送到无线频率测试厂房进行检测。该项测试完成之后,子系统在载人航天器操作厂房与航天器组合。

4.4.2　自燃维护厂房

自燃维护厂房位于肯尼迪航天中心工业区东南端液体试验综合设施内,远离办公楼和其他居住区,因为自燃推进剂和发动机存在危险。自燃维护厂房支持"阿波罗"航天器自燃发动机的测试。自燃维护厂房有两个大的测试工位,本来打算放置初始检测期间的航天器舱段和级段。液体试验综合设施有两个自燃测试厂房,即低温测试厂房和液体测试支持厂房。

液体试验综合设施在"阿波罗"计划期间从未全部使用过。首批无人"阿波罗"航天器测完之后,NASA 决定,在自燃维护厂房完成的测试不再继续; 相同的测试可以在发射工位上完成。

4.4.3 "超级彩虹鱼" 运输机

NASA 的 "超级彩虹鱼" 飞机 B-377-SG 为 "阿波罗" 航天器舱段以及 "土星"-Ⅴ S-IVB 级和仪器舱提供空运服务, 从它们各自的制造和测试厂家运到肯尼迪航天中心, 完成最后的组装和测试 (图 4-17 和图 4-18)。

图 4-17 航空航天公司的 B-377-SG "超级彩虹鱼" 运输机

图 4-18 "阿波罗"-9 指令/服务舱乘 "超级彩虹鱼" 抵达卡纳维拉尔角

"超级彩虹鱼" 是 NASA 在 1965 年通过改造 C-97J 涡轮增压型同温层飞机即波音 -377 军用型同温层飞机机身而专门制造的运输机。它的前身是稍小一些的 "怀孕孔雀鱼"(也基于波音 -377),"怀孕孔雀鱼" 携带 "大力神"-II 导弹级段从巴尔的摩向卡纳维拉尔角空军基地为 "双子星" 计划提供运输服务。航空航天公司为 NASA 制造和操纵 "超级彩虹鱼" 飞机。因为飞机加长了机身,增大了直径,改造了机翼和机尾,加大了涡轮发动机的功率,因此能够比 "怀孕孔雀鱼" 携带更大更重的载荷。飞机机身的前端沿其一面安装了铰链。飞机的整个前端可以全部打开,使货物不必经过舱门就可直接装进货舱。

飞机满载时需要很长时间的起飞滑跑。贝思佩奇的工人们说,"超级彩虹鱼" 每次载着登月舱从相对短的格鲁曼机场跑道上起飞时,大家都紧张得屏住呼吸。飞机的载重达到临界状态,使 "超级彩虹鱼" 不得不只能携带满足抵达新泽西机场的燃油从贝思佩奇起飞,然后在新泽西机场再加满飞抵卡纳维拉尔角空军基地的燃油。格鲁曼的安德列 · 纳瓦奇回忆说: "'超级彩虹鱼' 发动时,整个地面都能感觉到抖动。你勉强能看清跑道终端的栅栏。我可不希望在机场跑道终端的牡蛎湾南路旁有个家,因为飞机的影响几乎使一些电视看不清图像!"

"超级彩虹鱼" 载着货物在卡纳维拉尔角空军基地机场的滑道上降落①。航天器舱段卸到货车上,穿过铺路运至载人航天器操作厂房。S-IVB 和仪器舱从机场跑道运至垂直总装厂房。

货物空运技术在 "阿波罗" 后期发生了变化。"阿波罗/联盟" 试验计划的指令/服务舱由洛克希德 C-5A"银河" 货运机运至肯尼迪航天中心,该飞机在当时是美国空军最新的货运飞机。

4.5　航天器测试危险区域

航天器测试和检查不仅包括 "阿波罗" 航天器自身的工作,而且也包括航天器子系统。在涉及推进系统时,这些测试可能特别危险,这就是自燃维护厂房远离中心的缘故。

第 1 个指令/服务舱飞行硬件于 1965 年 10 月交付给肯尼迪航天中

---

① 卡纳维拉尔角空军基地机场跑道称作滑道,因为它是 SM-62"蛇鲨" 巡航导弹试验着陆的地方。由于 "蛇鲨" 没有轮式降落装置,因此试验飞行结束时用滑道减速的方法使之停在跑道上。

心。在等待指令/服务舱交付时，那年夏天北美航空公司决定为服务舱和指令舱各送一组 (4 个) 反作用控制系统发动机到肯尼迪航天中心进行测试。这样测试团队可以借此检验那些测试设施设备和程序，一旦航天器产品抵达即可展开工作。那时，自燃维护厂房还没有完工，北美航空公司在载人航天器操作厂房后面的仓库拐角处设置了一测试区域 (图 4-19 和图 4-20)。

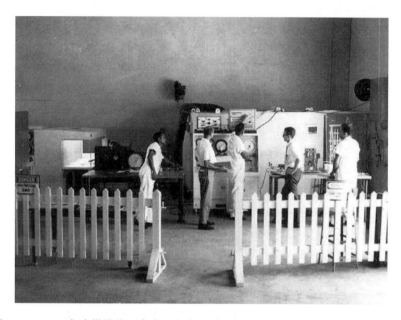

图 4-19　1965 年自燃维护厂房完工之前，早期在肯尼迪航天中心仓库里进行的服务舱反作用控制系统测试。从左至右依次为比尔·霍普金斯 (Bill Hopkins)、西摩尔·西格尔 (Seymour Siegel)、汉克·米勒 (Hank Miller)、约翰·特赖布 (John Tribe) 及吉姆·格利夫斯 (Jim Gleaves) (照片来自特赖布)

　　对测试设备的初始检查几乎立刻就发现了问题。这些问题包括：极其复杂的快速断开装置，以 55 kPa (8 psi) 刻度判读的计量器代替习惯用法的 5 psi 刻度，以及不允许压力平滑应用的输出调节器等。测试设备需要重新设计和更换，其后才能开始测试航天器某些部件。密切关注需求和程序的必要性变得十分明显。约翰·特赖布当时在北美航空公司测试小组工作。他回忆道：

　　　　我们的局限之一是没有打开高压氦气隔离阀锁住调节器，除非氦箱压力低于 2.1 MPa (300 psi)。如果箱内有高压，我们

图 4-20　1 组 (4 个) 服务舱反作用控制系统面板外型 (上面照片) 和内部结构。从左至右, 白色贮箱为氧化剂副/主贮箱, 燃料主贮箱, 氦气贮箱和燃料副贮箱 (氦气贮箱下面)。每个服务舱都有 4 套这样的面板

必须让调节器回流, 防止安全阀隔膜振动, 以防止箱内过压。NASA 工程师乔·巴塔利亚 (Joe Battaglia) 并不明白回压操作 "故意拖延时间" 的必要性, 他指挥着打开了阀门。两个安全阀隔膜同时炸裂, 这告诉我们要更加关注那些规定的要求。如果我们损坏了真实飞行硬件上的这些隔膜, 则需要更换新的安全阀——这是一项重大的任务。

　　在运到自燃维护厂房以前, 我们用临时设施完成了对 4 个发动机的检测。那时我们争论过是否采用新设施及其地面支持设备。其间, 我们的唐尼 (美国城市) 人工程师格伦·托瑞 (Glen Torrey) 检验通过了测试工作台, 这是最近刚改造合并到

我们库房应急使用的测试桌。当他提心吊胆向上扭动调节器打开内部安全阀时，他成为了恶作剧的受害者。有人弄落了一片金属垃圾掉在他的身后，砸在金属地面上。就像安全阀砰然巨响的噪声一样，这种声音对人的健康很不利。

现在测试小组开始对反作用控制系统发动机进行点火试验。他们用自燃推进剂注满贮箱，小心谨慎地用氦气贮箱实施增压，达到飞行压力。特赖布继续说：

现在是单组元推进剂点火倒计时的时间。载人航天器操作厂房的 ACE 控制室有人实施控制，C-START 预置控制程序将首次进入 ACE 系统，推进器点火预定为 2 s。该试验由自燃维护厂房本地控制间实施，ACE 控制室指挥送信号打开氦气隔离阀。但什么事情都没有发生。信号送出，告知已收到，但阀门没有动作。由于压力过高，阀门被卡在关闭状态。乔·巴塔利亚气冲冲地走出控制间，随后人们看见他拿着一个木槌来到实验室。通过几次直接敲打，他竟然把粘连着的阀门敲开了。看着他气冲冲的样子，他们不打算去责备他。

返回上楼，我们继续执行倒计时程序。推进器发出响声；推进剂产生了一束火光和一点烟雾，然后就没动静了。经过这么漫长而痛苦的准备过程，居然如此虎头蛇尾！

那天晚上，随着最后 1 名工程师离开实验室，他注意到上点火推进器中有残留液体，似乎嗅到类似一甲基肼的味道。我们不能离开，推进剂阀门可能有泄漏。我们需要隔离开集液腔，吹除残留的燃料。虽然 ACE 站现在已经关闭，但有 1 名 NASA ACE 工程师说他可以从 ACE 便携式单元上驱动推进器阀门。他在手提箱上用特定指令驱动推进器阀门。我们在实验室门口非常担心地盯着他送出指令把全部工作做完。哇！一朵红云从下点火推进器里飘出来。可恶的推进器；可恶的阀门。我们当即决定今晚工作结束。

现在开始利用厂房下一个实验室考核指令舱测试程序。这项工作包括 6 个推进器点火燃烧长达 20 s。特赖布继续说道：

在 ACE 站再次使用 C-START（开始计时），倒计时至 0，第 1 台推进器开始燃烧。与我们看到从四联推进器（马尔卡特发动机) 喷出的很小的火焰不同, 指令舱推进器 (烧蚀洛克达因型) 则喷出长长的火杆, 甚至 20 s 之后还在继续燃烧。它看起来像是吹管, 吹出一块块从烧蚀的推力室出来的燃烧物。根据 6 台推进器的工作程序, 我们认识到 20 s 工作时间太长, 尤其是因为每个推进器在不同方向上燃烧 (滚动, 偏航, 俯仰; 正向和反向), 推进器燃烧的某些火焰会直接朝向设备布线。

在本地控制间的请求下, ACE 站的工程师匆忙而安全地终止了点火程序。终止程序的时候, 实验室已经充满了大量烧焦电缆产生的烟雾。我们关心的是这可能会对我们的新设备造成严重损害。

还算幸运, 损失不重, 我们继续准备即将交付的航天器 009 硬件的实验室。欣慰地是, 在开始实际工作之前, 通过这些磕磕碰碰的小飞行硬件问题, 我们都成熟起来了。

1969 年 10 月利用自然维护设施还进行过另一次试验, 其目的是将一项费时费力的人工过程自动化, 即通过为 10 个氦气贮箱充气对指令/服务舱推进系统增压。原本过程非常冗长, 因为氦气充入较小的贮箱, 气体压缩会产生热, 突破贮箱特定的温度上限。操作人员必须等待贮箱冷却下来才能继续充气, 继续充气贮箱又会产生热。此过程不得不重复进行, 直到贮箱达到所需要的温度和压力。

罗克韦尔公司工程师拉里·惠特克 (Larry Whitacre) 在 ACE 控制室为早先的 "阿波罗" 发射任务管理过这个复杂过程。他必须使用 R-START 在 6 个充气阀门中手动选取每 1 个, 每个舱段 4 个阀门选取 1 组按钮开关, 每 4 次选择为 1 条功能指令。惠特克在一段时间成为试验过程公认的专家, 一个个贮箱总会跳过温度限制。一旦超出所要求的指标, 就要按照工作、维修需求和规格文件 (OMRSD) 产生一份弃权证书, 这份证书所需要的理由和认可在上级管理层那里每次都引起冲突。大家都明白是该永久性解决氦气充气问题了。

NASA 的沃伦·拉基 (Warren Lackie) 与惠特克共同研发出一份流程图, 把手动过程简化成基于阀门位置、温度、压力和时间的一系列动作步骤。ACE 计算机充分快地立刻启动 6 个系统, 并保持在限定范围内。通用电气公司应用 ADAP 程序把流程图编制成测试程序代码。全部工作看起来很好, 但是测试过程却不能被模拟出来; 它必须经受实际飞行模式的检验。

　　NASA 和罗克韦尔公司组装出所需要的测试设备和一组能够限定氦气流的地面支持设备孔口。特赖布如下描述测试设备 (图 4-21):

　　拉基在自燃维护厂房一间小型实验室内领导了一个由格伦·托瑞和反作用控制系统首席工程师马蒂·杰赛普 (Marty Cioffoletti) 支持的试验小组,试验设备由各类小型压力容器组成,包括 1 个多余的指令舱反作用控制系统贮箱和 1 个相同尺寸内置气囊的玻璃纤维贮箱。第 2 个贮箱由邦迪克斯公司支持技术员莱斯·比彻 (Les Beecher) 提供。他设想,在使用之前先用流体静力学检测贮箱压力。比彻还检查了由"双子星"计划留下的百叶窗钢化"棺材",用它为试验期间贮箱提供安全屏障。

　　1969 年 10 月 19 日,小组开始手动为"棺材"里的贮箱充气。小组打算为贮箱增压到 31 MPa (4500 psi) 验证能够控制增压速率的管线孔口保持在温度限定之内。当系统达到 30 MPa (4410 psi) 压力时,小组被发自"棺材"内的高声噪声吓了一跳。杰赛普立即意识到就要发生破裂,他疯狂地冲向门口。他没有成功。老旧的玻璃纤维贮箱震耳欲聋的爆炸变成成千上万个碎片,这些碎片从"棺材"的百叶窗中飞出,房间充满了彩色雪暴。超压引起的爆炸划破房间内混凝土墙面,吹出窗外,撕裂天花板,甚至厂房外液氮箱也移动了数英尺。一名技术员冲进房子,用手和膝盖扑在托瑞身上。

　　人们受到震惊,闪光的小颗粒盖满全身,耳朵轰鸣,眼睛刺痛,庆幸的是他们还活着。他们跑到肯尼迪航天中心的诊所接收检查。虽然他们的耳膜没有震破,但却遭受到永久性的听力破坏。托瑞说,自那以后,在一段痛苦的时间内他老是听到高频声音,特别像女人的噪声 (他说,可能是好事,也可能是坏事,取决于环境)。

试验结果是:

(1) 3 名工程师部分失聪,他们再也不愿执行任何特别压力试验了。

(2) 邦迪克斯公司的莱斯·比彻被解雇。

(3) 他们做过工作的孔口,结合拉里·惠特克的软件,认可了更多的受控氦气充气步骤,于 1970 年 4 月开始应用于"阿波罗"-13 任务。虽然为此付出了代价,但这是"阿波罗"航天器液体和气体的首次自动填充。

　　在后续的航天器操作场面中,还发生过类似工作的两个例子。本书

图 4–21   1971 年, 罗克韦尔公司指令/服务舱推进器系统工程师 (由约翰 · 特赖布提供)

后面, 我们将会读到, 在发射工位严格限制下与自然推进剂打交道会遭遇更多的工作风险。关注航天器测试操作更多细节的读者, 在作者写的本书姊妹篇中将会找到这些例子。

第 5 章

垂直总装厂房和活动发射平台

我们把目光从航天器操作区域转移到距此 5 km 的北部, 那里坐落着火箭操作区域 —— 39 号发射综合设施 (LC-39)。在接下来的 3 章, 将介绍 "土星"-V 火箭的装配设施, 探寻发射控制中心和发射工位 (图 5-1 和图 5-2)。

图 5-1　1973 年春的 LC-39。远处的 "天空实验室" 轨道工作站坐落于发射工位 A (右); "天空实验室"-2 和活动服务塔位于发射工位 B

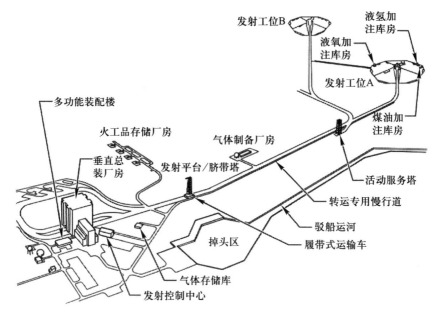

图 5-2 "阿波罗"时期 LC-39 全貌

5.1 垂直总装厂房

火箭总装的大部分工作在肯尼迪航天中心垂直总装厂房里完成。为了满足 1970 年的登月计划,库尔特·德布斯 (Kurt Debus) 提出需要一种具有多任务并行和高灵活性的设施,而垂直总装厂房是这一理念的基石。垂直总装厂房为火箭的总装和测试提供了一个不受天气影响的空间。它同样为火箭提供了一个安全庇护所,当飓风侵袭卡纳维拉尔角时,可将火箭从发射工位撤回至垂直总装厂房。

垂直总装厂房又称"火箭总装厂房",在某些"阿波罗/土星"项目的计划和文件中都有提及。

垂直总装厂房毗邻船舶掉头区,其延伸至一条通往香蕉河的水道。驳船装载着火箭各级和其他大型设备由香蕉河通过水道进入掉头区。运输车穿过公路和停车场,将货物卸载至垂直总装厂房 (图 5-3 和图 5-4)。

垂直总装厂房有两个主要区域,即低顶区和高顶区。两个区域由一条 92 英尺 (28 m) 宽的转移通道连接,横跨垂直总装厂房的整个长度。低顶区位于垂直总装厂房的南端,是火箭各级进入厂房的入口。低顶区

图 5-3 AS-500F 合练箭转运期间的垂直总装厂房和发射控制中心。在垂直总装厂房的北部, 两座发射平台/脐带塔正在建造

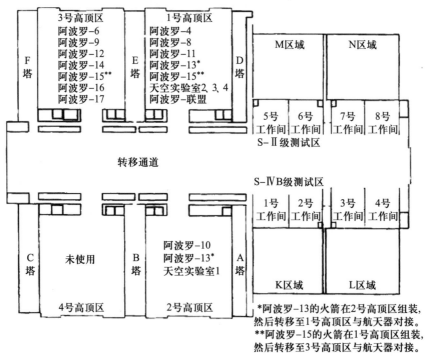

图 5-4 垂直总装厂房平面图, 标注着 "土星"-V 火箭各级以及 "阿波罗/土星" 任务的工作间

有 8 个测试工作间,通道两侧各 4 个。"土星" 火箭的 S-II 级和 S-IVB 级在这里卸车,起竖,并进行测试。其中 4 个测试工作间设有仿真系统用于模拟火箭各级和仪器舱之间的交互作用。低顶区工作间偶尔用来存放不使用的火箭级 (图 5-5)。

图 5-5 1971 年 11 月 15 日,存放于低顶区第 3 和第 4 测试工作间的 AS-208 ("天空实验室"-4) 各级

垂直总装厂房北部建有 4 个高顶区,通道两侧各 2 个。每个高顶区都可容纳一个安装在活动发射平台上的 "土星"-V 火箭。垂直总装厂房最初设计有 6 个高顶区。在 "阿波罗/土星" 计划中,4 个高顶区中只有 3 个投入了使用。

1 号和 3 号高顶区的外门面朝发射工位,在 "阿波罗/土星" 任务中最常使用。2 号高顶区用于存放 "阿波罗"-10 和 "天空实验室" 轨道工作站;"阿波罗"-13 的火箭也曾存放于此,但在 "阿波罗"-11 任务完成之后转移到 1 号高顶区进行最后的测试。4 号高顶区用作仓库或进行临时项目 (图 5-6)。

所有的形容词都不足以形容垂直总装厂房。言语和图片也传达不了身处这个厂房的感受。在垂直总装厂房建设时期,它是世界上体积最大的建筑之一。在过去的几十年里,垂直总装厂房的房顶是整个佛罗里达最高的地方。在 20 世纪 60 年代后期,美国电影牛仔罗伊·罗杰斯 (Roy Rogers) 曾游览垂直总装厂房,据称他曾说 "这里肯定能容纳很多的干草,不是吗?" 如果没有一个参照物,人们很难真切体会到垂直总装

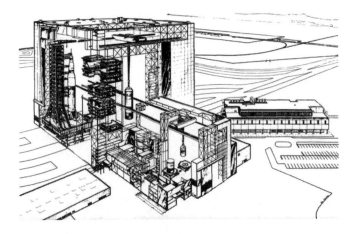

图 5-6　早期 NASA 关于垂直总装厂房的剖面图。4 号高顶区 (左上) 是在 "阿波
罗/土星" 时期唯一没有使用的区域

厂房的内部到底有多大。任何一个高顶区完全可以容纳自由女神像及
其基座 (图 5-7)。

图 5-7　1969 年 3 月 7 日,航天器测试主管杜恩·菲利普斯 (Don Phillips) 陪同演员
格里高利·派克 (Gregory Peck) 及其妻子薇洛妮可 (Veronique) 参观垂直总装厂房。
派克佩带着电影《蓝烟火》的徽章,与此同时该电影正在肯尼迪航天中心放映垂直总装厂房不是一个无意义的纯工业设施。通过安检后,你便进入了一个宽敞的空间,它是由从混凝土地板直通天花板的大梁和横梁构成的网格框架,天花板非常高,很难看清楚。游客进入厂房都不可避免地会震惊。

厂房的巨大给空调系统带来了难题。通风装置每隔一个小时为厂房更换一次空气。高顶区的一些门会保持开启一部分以改善厂房内的空气流通。然而,这种通风措施会带来特有的问题,比如,令人头疼的土耳其秃鹫。它们飞进垂直总装厂房,栖息在天花板上,啃咬电缆。NASA在高顶区的门口安装了大网以阻拦秃鹫,不过他们很快发现它们可以停留在门上,侧身穿过捕网进入厂房。有时候 NASA 不得不依靠邻近的野生动物收容所工作人员去捕捉秃鹫。被捕获的秃鹫装在笼子里由电梯带下去。约翰·特赖布 (John Tribe) 注意到秃鹫呆在笼子里时相对镇定,但它们在电梯里反应不好,总想呕吐。

对人类来说乘坐电梯也不是一种很舒服的体验,即使他们知道会发生什么。电梯以 600 英尺/分钟 (3 m/s) 的速度上升和下降,这么快的速度会使人们在 16 层和 34 层之间移动的 20 s 内耳朵产生数次耳鸣。透过玻璃墙壁的电梯,可以看到高顶区内 "土星"-V 火箭的壮观场景。

高顶区的天花板是如此的高,以至于在天气好的时候可以在高顶区内形成云。有一个流传很长时间的说法,说是厂房里面可以下雨,但不会是瓢泼大雨。然而,弗莱德·科迪亚 (Fred Cordia) 仍然记得他在 "阿波罗" 项目工作的那些年,在厂房内感受雨滴的经历。

办公楼连接高顶区和低顶区。大部分 "土星"-V 火箭子级的承包商都在垂直总装厂房有办公室,就像许多 NASA 技术人员、工程师和管理层。承包商的办公室毗邻他们火箭子级的测试区。乔安·摩根 (JoAnn Morgan) 所在的信息系统工作组在垂直总装厂房完全建造完工之前就搬了进去,那时候电梯最高只能运行到 16 层。她回忆道:"我的办公室在顶层 (34 层)! 我只能靠走路,还得携带上所有的设备和文件。老天,那时我的腿肯定特别纤细! 那个时候所有的东西都未建成,还都只是一堆图纸。"

科迪亚的办公室在 16 层。他回忆道:

> 在 16 层有一条步行小道,另一条小道位于 34 层,也就是在航天器的那层。除了小道,只有铁制品了。刚开始在 16 层穿行是令人激动的事情,因为你可以直接向下俯瞰。之后你会习以为常。我经常行走在小道的中间。我不想去那些可以直接往

下看的地方。穿越高顶区的步行小道包围在金属网中，所以没有边界可以倚靠，你也不可能会掉下去，你包围在里面。但是当你走在 34 层的小道上时，天哪，你肯定想找个可以倚靠的边界才有勇气穿行。

垂直总装厂房不太适宜女士工作。IBM 公司的洛丽·弗 (Lori Fore) 回忆，那时垂直总装厂房要求女士穿时尚的裙子或套裙，在 20 世纪 60 年代它们的下摆都很短。那些穿行在下层通道或楼梯井的男人经常会偷看头顶上层的女士 (图 5–8)[①]。

图 5–8　弗兰多·佩诺维奇在垂直总装厂房的办公室。里面摆放着 20 世纪 60 年代公务员使用的家具 (佩诺维奇友情提供)

垂直总装厂房的内部非常嘈杂。科迪亚说，在雷暴雨期间，"就像待在一个低音鼓里面。"佩诺维奇不得不跟他办公室里的其他声音较劲："我的办公室在 D 塔的第 3 层，位于垂直总装厂房的东南。我的书桌大概在发射平台/脐带塔的 0 层 10 英尺以下。每隔一阵子，就会发出一种

---

①在 20 世纪 60 年代，管束性骚扰行为以及不和谐工作环境的工作场所行为准则很少，尤其是在发射工位这个"男人的世界"。合作者之间或老板与下属之间的联络是司空见惯的。情侣都会寻找自认为没人看见的偏僻的地方去约会。但他们不知道的是，一些地方覆盖了运转中的电视监控系统，他们的约会在闭路电视上可以看到。地堡里的潜望镜曾观测到一位女士在 LC-34 停车场的浪漫际遇，由此该女士得到了"潜望镜·塞尔玛"的昵称 (出于保护当事人身份的考虑，就换了其他昵称)。

令上帝都感到害怕的巨大的声响。我感觉像是某种非常大的东西从发射平台/脐带塔跌落下来,发出巨响,从发射平台滚落,穿过墙壁,正好砸在我或者我的桌子上。不止一次,我吓得直接奔向门口。我不是个容易紧张的人,但是这些噪声实在是太大了。"

鲍伯·西克 (Bob Sieck) 注意到在 "阿波罗" 项目的鼎盛时期,大约有 10000 人为垂直总装厂房的建设出力,有将近 3000 人工作在垂直总装厂房内部。工作日上下班时间的交通堵塞令人吃惊 (图 5–9)。

图 5–9 垂直总装厂房的规模感: 1973 年 2 月 20 日, 来自肯尼迪航天中心的 5500 名工人与来自卫星中学的仪仗队一起坐在垂直总装厂房的转移通道上。这是为 "阿波罗"-17 航天员举行的欢迎仪式

垂直总装厂房的房顶拥有绝佳的视野, 东到 LC-39 的发射工位, 南到卡纳维拉尔角, 都可以从这里看到。在天气晴朗的日子还可以看到西向约 45 英里 (72 km) 处的奥兰多市。在航天飞机计划结束的时候, 当征询那些即将被解雇的雇员在离开之前最想去肯尼迪航天中心的哪个地方参观时, 垂直总装厂房的房顶众望所归。自从厂房建造以来, 在垂直总装厂房房顶扔纸飞机就成为一项非常受欢迎的活动 (不过不受官方鼓励)。在热稳定性好的天气, 从房顶扔出去的纸飞机 30 min 后才会到达地面。

在最后一根横梁即将被安装上垂直总装厂房的房顶时, 肯尼迪航天中心举行了一次庆祝活动, 邀请其工作人员在横梁上签名。对于那些到过垂直总装厂房的顶层并且知道签名在哪的有经验的游客, 这些签名

依然可见 (图 5–10)。

图 5–10 肯尼迪航天中心主任德布斯在垂直总装厂房最后一根横梁上签名。杰拉尔德·奥特里 (Gerald Autry) (波音公司) 发现他的签名刚好在德布斯的上面

5.1.1 吊车

在 "阿波罗" 时期, 垂直总装厂房里有 141 台各种类型的吊车。最小的是吊重 1 t 的机械吊车。3 台大型吊车是垂直总装厂房的主力。其中 1 台是吊重 175 t、吊高 165 英尺 (50 m) 的科尔比吊车, 沿着转移通道行驶在垂直总装厂房的南北向。另外两台是吊重 250 t、吊高约 455 英尺 (138 m) 的科尔比桥式吊车, 它们横跨高顶区的转移通道行驶在垂直总装厂房的东西向, 其中 1 台穿梭于 1 号和 2 号高顶区, 另 1 台行驶在 3 号和 4 号高顶区之间。它们把火箭各级从垂直总装厂房的地面吊到火箭组装的指定位置 (图 5–11 和图 5–12)。

埃德·范宁 (Ed Fannin) 说操作人员可基于他们在组装火箭过程中的第一手经验来帮忙设计吊车: "吊车操作手亨利·克拉克 (Henry Crunk) 参与了从 "红石" 到 "水星/红石", 到 "木星", 再到 "土星" 的全部计划。当需要考虑一台吊重 250 t 吊车的设计要求时, 他对设计师说, '我希望它能够碰触到鸡蛋而不打破它。'"

就像拉塞尔·劳埃德 (Russell Lloyd) 下面所描述的, 克拉克的要求事实上成了检验邦迪克斯吊车操作人员的一部分 (图 5–13):

这些吊重 250 t 的吊车, 尽管它们是 20 世纪 60 年代的老

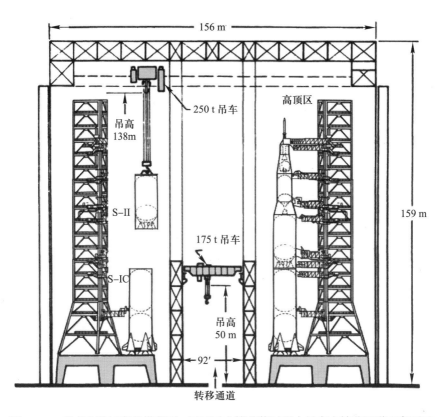

图 5–11　垂直总装厂房的横截面。展示了火箭总装过程中吊车在转移通道和高顶区的运作

样式，却是我曾经见过的最好的吊车，因为操作人员能够使用它们实现货物的"漂浮"。操作人员能准确地推动操纵杆刹车，精准地卸载货物。

　　我们对吊车操作人员进行了一项考核测试，我们把一个鸡蛋放在垂直总装厂房的地板上，并将压载舱注满水，其质量可达 250 t。要求操作人员将注满水的压载舱吊到鸡蛋上面，使得鸡蛋卡在地板与压载舱之间拿不出来，同时鸡蛋壳也不会受损。这就是我们要求的精度。另一项测试是把一罐喷雾颜料放在地上，操作人员放下压载物去操作喷雾颜料罐的喷嘴。这是对吊车操作人员熟练度考核的一部分。

　　在航天飞机计划时期，他们接触到更重的固体火箭助推器。他们发现吊重 250 t 的吊车不足以完成这项任务，因此他

图 5–12 转移通道吊车 (右) 和高顶区吊车之间的关系。作者摄于 2011 年 11 月。通向 3 号高顶区的隔板 (打开着的缺口) 清晰可见。作者所站的地板距隔板下端有 165 英尺 (50 m) 远

们购买了两台吊重 325 t 的吊车。当然, 它们的操作更加现代化。你只需按下按钮就可以以每秒千分之一英寸的速度上升或下降。从视觉上你几乎感觉不到它的移动。但是在"阿波罗"时期, 这些完全依靠操作人员的技术。

图 5-13 直到 2013 年 8 月,注满水的压载舱仍然用于垂直总装厂房吊车操作人员的训练

　　为了给读者一个形象的感官认识,可类比,一台吊重 250 t 的吊车可以一次性吊起大约 30 头非洲成年大象。

　　劳埃德提到,在一部关于 "阿波罗"-13 的电影里,有一个场景展示了在垂直总装厂房组装火箭子级的过程。当一个子级组装到它下面的子级上时,会发出一个很大的哐当声。"在现实的组装过程中根本没有哐当声", 劳埃德说道, 组装过程是非常小心熟练的 (图 5-14)。

图 5-14 1968 年 2 月 13 日, 从高顶区吊车的操作室里向下看到的转移通道

操作室位于吊车的正下方, 这样操作人员就可以看到下方的全貌。操作人员首先乘坐电梯到 16 层, 然后乘坐另一部电梯到达垂直总装厂房的顶层, 接着步行穿过天花板下方的通道, 最终才可以进入操作室。劳埃德说吊车操作室里拥有一个 "非常有趣的视野"。

5.1.2　工作平台

每一个运作中的高顶区, 都有一套工作平台安装在凸出的背面墙壁轨道上。当一个火箭子级安装到活动发射平台上后, 这个子级的工作平台就会延伸到指定位置并将其围住。在 10 min 之内, 工作平台就可以完成展开和收回 (图 5-15)。

在垂直总装厂房, 沿着工作平台可以进入火箭内部和级间区域。便于检查各子级间的连接和火箭的整体检查。

火箭周围平台的边缘有一圈带黑条纹的黄色橡胶减震垫。这个黄圈意味着警告。恩尔尼·雷耶斯 (Ernie Reyes) 说: "除非有正式命令批准你去完成某项工作, 否则你不能进入黄圈内。如果没有正式命令, 你

图 5-15 垂直总装厂房内正在建造的高顶区工作平台。平台上部的轨道可以将平台转动到包围火箭的位置

最好离火箭远些。那里不允许签名,不能掉落铅笔、工具等物品。"

科迪亚注意到,在组装后的火箭上工作时,即使你所有的工具都用绳栓住,如果上层的物体掉下来,对于火箭和下层的工作人员还是非常危险。用绳栓住工具势必会减慢工作进度,但是跟相应增加的安全系数相比,这些不便就可以忽略不计了。

5.1.3 垂直总装厂房的调试

从 1965—1967 年,不载人 "土星"-IB 火箭的发射任务都是在卡纳维拉尔角 LC-34 和 LC-37 进行的。与此同时,NASA 和火箭承包商已经在筹备垂直总装厂房以适应新的 "土星"-V 火箭发射。低顶区测试设备的就位花了将近一年的时间。垂直总装厂房的调试不仅需要所有设备就位,还要思考并确定测试流程,研制测试设备,设计工序步骤,训练和检验工程师与技术人员在火箭各级进场后的工作。

瑞奇·罗比泰勒 (Rich Robitalle) 回忆道:

在低顶区每个人都有专属的控制面板及其各自负责的火箭检测区域。我工作的第一部分就是要在第一级火箭进场之前思考: 你希望你面前呈现出什么样子的控制面板? 什么是有意义的? 你希望什么样子的转换器? 你觉得你需要哪种计量器? 接下来, 你与设计控制面板的人一起工作, 他们把控制面板组装在一起。

我开始尝试组装控制面板。不管你负责的是电子方面还是机械方面的工作, 你在低顶区控制中心的调试中或多或少都要编写一些流程来模拟火箭就位情况。低顶区没有计算机, 完全靠电缆。在火箭子级进场前, 你会有一个仿真器, 或者一个可以向电缆传送信号的小盒子, 这种小盒子连接着低顶区的全部电缆。液压工程师需要监测液压系统的压力, 因此他们有一套模拟火箭各级的设备, 设备会将信息发送回来, 接下来计量器派上用场。检查所有的计量器, 检查所有的开关……, 你可以用某个开关打开一个阀门, 这时模拟设备会显示这个阀门已打开, 然后传送回相应的压力。

要把厂房启用的过程书写下来, 就要求你习惯并擅长书写工序步骤, 因为像我这样的人在此之前一辈子都没有写过一个工序。你去学习怎么读图表, 怎么写程序, 这就意味着你开始做准备了。

在厂房调试阶段一周工作 50～60 个小时。当电缆出了问题, 哪怕仅仅是类似于一个接头断开这种小问题, 我便来回奔波于发射控制中心和活动发射平台之间。我们用了几乎一年的时间来调试垂直总装厂房。

5.2 发射平台/脐带塔

"阿波罗/土星" 计划的另一个创新是自带脐带塔的活动发射平台 (ML)。活动发射平台的底部是一个庞大的、类似盒形的钢铁板梁结构, 占地面积将近 0.5 英亩 (0.2 公顷), 长 160 英尺 (49 m), 宽 135 英尺 (41 m), 高 25 英尺 (8 m)。活动发射平台最突出的特征是自带一个 380 英尺 (116 m) 高的脐带塔。脐带塔是从发射平台末端北部竖立起来安装的。活动发射平台和脐带塔共同称为发射平台/脐带塔 (LUT), 总重为 4800 t (1060 万镑) (图 5-16)。

图 5–16　履带式运输车牵引着发射平台/脐带塔和 "阿波罗"-11 驶向发射工位 A

　　严格说来, 活动发射平台和脐带塔是发射平台/脐带塔两个不同的部分。脐带塔安装在活动发射平台的北部末端。然而, 对于大部分阅读本书的肯尼迪航天中心工作人员而言, 活动发射平台和发射平台/脐带塔都可以用来指代整体结构。更加让人迷惑的是, 缩略词 ML (活动发射平台) 曾用于某些文件和标志中, 而 LUT(发射平台/脐带塔) 用在另一些文件中, 用来指代整体结构。在航天飞机计划中, 活动发射平台被赋予新的用途, 并去掉了脐带塔, 重新命名为活动发射平台 (MLP)。

　　相对于其他运载器, 火箭可以采用两种典型的方式来组装。一种方式是在室内水平组装各火箭子级, 用拖车将火箭转运并垂直竖立在发射工位, 这类似于曾经组装 "宇宙神" 导弹和 "泰坦" II 导弹所采用的技术。另一种方法是直接在发射工位垂直组装火箭, 这项技术曾在卡纳维拉尔角 LC-34 和 LC-37 用于"土星"项目,包括"阿波罗"-1 和"阿波罗"-7。

LC-39 的运作采用一种全新方法。在垂直总装厂房内部,火箭垂直竖立在活动发射平台上,然后一起被运往并固定在发射工位。在垂直总装厂房内建立并调试脐带塔和火箭之间的连接,极大地减少了火箭各组件在发射工位暴露的时间。当一次发射完成后,立即将发射平台/脐带塔从发射工位移走,将另一组火箭及其发射平台/脐带塔运到同一发射工位,实现发射任务间的快速转换。这种方法也使得由发射引起的爆炸而影响发射进度的隐患降至最低。有两个相同的发射工位可用时,下一次任务的发射平台/脐带塔和火箭将在其中一个发射工位上准备,而另一个同时进行维修。

对于在 LC-39 进行的"阿波罗/土星"项目,NASA 建造了 3 个发射平台/脐带塔和 2 个发射工位,从而使得可以同时安排 3 次发射任务。这种快速转换能力大大增加了在 1970 年之前完成登月的几率。下面是 1968 年末至 1969 年发射活动的一份详尽的列表 (图 5-17):

(1) 1968 年 12 月 —— "阿波罗"-8 在发射工位 A 的 1 号发射平台/脐带塔升空。"阿波罗"-9 在 3 号高顶区的 2 号发射平台/脐带塔组装。"阿波罗"-10 在 2 号高顶区的 3 号发射平台/脐带塔组装。

(2) 1969 年 1 月 —— 1 号发射平台/脐带塔移至 1 号高顶区用于组装"阿波罗"-11。2 号发射平台/脐带塔上的"阿波罗"-9 被移至发射工位 A。"阿波罗"-10 继续在 2 号高顶区的 3 号发射平台/脐带塔上组装。

(3) 1969 年 3 月 —— "阿波罗"-9 在发射工位 A 的 2 号发射平台/脐带塔上发射。3 号发射平台/脐带塔上的"阿波罗"-10 被移至发射工位 B。"阿波罗"-11 的组装在 1 号高顶区的 1 号发射平台/脐带塔上进行。2 号发射平台/脐带塔移至 3 号高顶区。

(4) 1969 年 5 月 —— "阿波罗"-10 在发射工位 B 的 3 号发射平台/脐带塔上发射。1 号发射平台/脐带塔上的"阿波罗"-11 被移至发射工位 A。"阿波罗"-12 的组装开始在 3 号高顶区的 2 号发射平台/脐带塔上进行。3 号发射平台/脐带塔移至 2 号高顶区。

(5) 1969 年 7 月 —— "阿波罗"-11 在发射工位 A 从 1 号发射平台/脐带塔发射。"阿波罗"-12 的组装在 3 号高顶区的 2 号发射平台/脐带塔上继续进行。"阿波罗"-13 的组装在 2 号高顶区的 3 号发射平台/脐带塔上进行,不久便移至 1 号高顶区继续。

(6) 1969 年 9 月 —— 如果"阿波罗"-11 登月未成功,"阿波罗"-12 将会从发射工位 B 发射进行第二次登月尝试。

(7) 1969 年 11 月 —— 如果 "阿波罗"-12 登月失败, "阿波罗" -13 将会从发射工位 A 发射进行第三次登月尝试。

图 5–17 官方授予的可进入 3 个活动发射平台的证章

5.2.1 活动发射平台

活动发射平台在发射过程中会受到高温和噪声的影响。"土星"-V 火箭 F-1 发动机嵌入一个径直穿过活动发射平台、边长为 45 英尺 (14 m) 的正方形空间里, 称其为火箭发动机区 (也称为发动机排气室或导流孔)。在点火到起飞的 8.9 s 中, 发动机通过其燃烧产生的强大推力推动火箭, 再过 10 s 之后, 火箭飞离脐带塔。虽然 "土星"-V 的大部分废气在点火和起飞的最初几秒, 会通过发动机区排放到发射工位的导流槽里, 发射平台仍然要承受 S-IC 级火箭巨大的冲击。从起飞到 "土星"-V 缓慢上升飞离脐带塔, 发射平台上的温度接近 1650°C (约 3000°F) (图 5–18)。

发射平台上发动机的噪声估计有 190 dB, 达到 25 kW/m²。为了降低 "土星"-V 点火发射时产生的声压对发射平台的破坏, AS-501 ("阿波罗"-4) 任务之后, 在发射时都会对发射平台进行喷水。

发射平台上的一些结构, 如尾端服务杆和脐带塔最底层 10 英尺 (3 m), 都涂上了防烧蚀涂层。当火箭升空时发动机产生的热量非常大, 防烧蚀涂层可以烧掉, 以带走发射时产生的热量, 从而保护脐带塔和其他结构。

活动发射平台有三层发射支持设备。0 层为甲板表面。A 层和 B 层位于活动发射平台的内部, 分隔为设备舱。这些舱内的设备有 RCA

图 5–18　在导流槽内向上看到的脐带塔。摆臂还未安装

110A 地面发射支持计算机和测试设备、推进剂存储计算机系统、液压系统、气体与推进剂管道、空调系统、供电系统、供水系统以及"土星"-V 各子级的支持系统等。以上各系统都是根据发射控制中心通过计算机连接或电缆传送的信号来控制其他发射设备。附录 D 描述了活动发射平台的布局和不同舱内的一些设备。

　　活动发射平台的内部类似一个潜艇或战舰。它的墙壁都是钢板,楼梯扶手采用钢管材料,一些房间的入口有舱门。在两个外门的门口设有气闸间,分别通向 A 层和 B 层的西侧。在甲板周围有 16 处 5 英尺 ×8 英尺 (1.5 m×2.4 m) 的凹型舱口可以进入活动发射平台的内部。

　　劳埃德描述了活动发射平台的内部情况 (图 5–19):

　　　　发射平台/脐带塔的基座就像一条大船。它有巨大的舱口,在发射工位它其实就是一个隔绝了外部空气的密封舱。要进入发射平台/脐带塔的基座是十分困难的。由于只有通过两个气闸间可以进入,因此想要进入基座里面只能借由特定的通道。第一个气闸间里的挡板阀用于平衡与过道的气压。接着进入第二个气闸间,这里的挡板阀用于平衡与设备房间的气压。

这时便可进入设备房间,有一个通道一直通向其内部。

依据工作间内的设施便可确定有哪些房间是有舱门的。有的工作间内并没有太多设备。像 14AB 这样的房间仅有基本的管道。其他工作间都有设备机架。一个房间里有一个巨大的电源变电站,另一个房间里放置有液压控制装置。

工作间 1B 的噪声非常大,它里面放置了为摆臂提供液压的设备。在其工作时,没有听力保护是不允许进入的。

图 5-19　某个液压动力装置。A 层和 B 层的典型设备

当 "土星"-V 火箭起飞低于 30 m 时,活动发射平台上的敏感仪器,例如 RCA110A 计算机,会遭受到怎样恶劣的影响? 发动机区内排列的防热罩和支撑 4 个牵制释放臂的横梁结构,可以削弱发射时产生的部分高温影响。在工作间中一些机壳下面放有防震板和弹簧,确保关键设备承受的振动小于 ±0.5g。对电气工作间增加隔音设计,确保发射时其内部噪声小于 92 dB。在 20 英尺 (6 m) 处,噪声的音量堪比摩托车。摩根说: "在之前的任务中我们就得到了非常准确的振动数据,在 LC-34 和 LC-37 同样获取了非常准确的数据。这极大地帮助我们了解什么样的冲击力会对设备产生影响。然后考虑如何安放机架,如何保护设备,以确保发射后我们不必更换过多设备。"

通风系统使发射平台内部相对于外部环境处于一个略高的气压场(0.1 psi 或 0.75 kPa)。空调系统仅服务于发射平台内部需要保持凉爽的区域,如机房和电子机架室。"凉爽"是一个相对术语。当机房工作时,环境温度需要维持在 24.4±1° (76±2°F)。发射平台/脐带塔内部的其他区域较闷热,尤其是当其处于发射工位的烈日照射时。

5.2.2 脐带塔

脐带塔是开梁结构,连接在活动发射平台末端的北部。它在发射工位和航天运载器之间的连接器提供燃料、液氧、电力、计算机控制、气动、通信以及其他服务。它也为维修人员进入航天器内部,为乘组进入航天器指令舱提供通道。9 个摆臂携带着连接航天运载器各个位置的脱落插头,从脐带塔一直延伸到"土星"-V。

脐带塔从基座开始以规则的间距建立固定的工作平台。工作平台的高度用其距发射平台甲板的高度来表示。如发射平台/脐带塔 240 标高距发射平台甲板有 240 英尺 (73 m)。脐带塔的第一、二层间距 30 英尺 (9 m),最上层的工作平台间距 20 英尺 (6 m)。

由马歇尔航天飞行中心或火箭子级承包商提供的子级专用地面支持设备,坐落于脐带塔各处。脐带塔各层除了安放用于火箭检测的设施设备外,还安装了一些用于其他功能的本地控制设备。永久性安装的地面支持设备,如控制台、阀门组合以及电气控制分配器等安置在摆臂与发射平台/脐带塔连接的层面。闭路电视摄像头安装在整个塔层的重要位置。

在最高摆臂上面是黏性阻尼系统。这种梯形结构可以折叠起来平靠在发射平台/脐带塔的一侧,或降低至指定的水平位置并固定在航天器的逃逸火箭上。阻尼系统可以限制航天运载器在转运过程或坐落在发射工位时的晃动程度。即使在大风条件下,这个阻尼系统也能将水平移动范围限定在 4 英寸 (10 cm) 之内。在 AS-500F 合练箭上,阻尼系统安置在 S-II/S-IVB 级间段 (图 5-20 和图 5-21)。

脐带塔顶有一台锤头状的吊车,在塔近处吊重为 25 t,离塔远处吊重为 10 t。该塔吊可在塔的两侧摆动,其吊钩可以沿吊臂来回移动。这使得操作人员可以在发射平台/脐带塔或活动服务塔的近侧吊起设备,并靠人力将其放在合适塔层的位置。

两台高速电梯运行在活动发射平台内的 340 标高到 B 层之间。电梯的速度达到 183 m/min。它们可在电梯室里进行操控,遇到紧急情况

图 5-20　梯形结构的黏性阻尼系统 (如箭头指向)，从脐带塔延伸至逃逸火箭的底部。阻尼杆可以降低航天运载器在转运过程以及在发射工位时大风天气下的晃动程度

图 5-21　发射工位上 AS-500F 合练箭的 S-II/S-IVB 级间段阻尼系统。减震器是中间的两个稍细些的摆臂 (如箭头指向)

时也可由发射控制中心远程操控。

脐带塔的侧面建有电缆和管道系统。管道系统可以将液氢、液氧等液体和气体从发射工位输送到航天运载器。电缆有供配电、计算机数据和通信等系统的电缆。为了适应发射的恶劣环境,大部分电缆都是矿物绝缘包铜电缆,这确保了发射的可靠性。

5.2.3 摆臂

从脐带塔延伸到"土星"-V 有 9 个服务臂,通常称其为摆臂,这是因为在"土星"-V 点火时它能迅速摆回至脐带塔,给"土星"-V 的升空腾出空间。摆臂提供了从脐带塔到航天运载器的通道,也可以将电缆和管道从脐带塔连接到航天运载器 (图 5–22)。

图 5–22　1970 年 11 月 9 日,"阿波罗"-14 转运时,脐带塔及其摆臂的壮观情景

摆臂是开放式网格结构, 很大, 平均重 22 t, 长 35 ～ 45 英尺 (11 ～ 14 m), 宽度可容一辆吉普车通过。它们由海斯国际公司制作。设计和建造如此巨大的设备, 并要求其既能在发射时迅速可靠地为火箭腾出空间, 又能根据顺风或逆风调整速度, 不仅能收回并稳定在原位, 还能在收回的过程中不撞击到脐带塔, 并能在 "土星"-V 发射的冲击下不受损坏, 这是一个巨大的技术挑战。摆臂最初的性能测试在肯尼迪航天中心进行, 然后送到亨茨维尔解决故障问题, 最后送回肯尼迪航天中心安装在发射平台/脐带塔上。

摆臂可分为起飞前撤收摆臂和起飞时撤收摆臂两类。起飞前撤收摆臂在 "土星"-V 火箭发动机点火前即摆开; 起飞时撤收摆臂则是点火后摆开。除了连接指令舱的 9 号摆臂, 其余的起飞前撤收摆臂距离发射平台甲板最近, 这些摆臂在 "土星"-V 点火起飞时必须为火箭宽大的底部让出飞行空间。当发射暂停或中止时, 可以在发射控制室远程控制连接指令舱的 9 号摆臂和连接 S-IC 级贮箱的 1 号摆臂重新摆回并连接到位。

有些摆臂的金属栅栏通道可以通过滚轴在摆臂与火箭舱门之间伸缩。工程师和技术人员就可以步行穿过摆臂, 通过工作平台进入 "土星"-V 的特定区域, 这些区域包括 S-IC 级贮箱、级间段 (用于维护 S-II 级和 S-IVB 级的发动机) 以及仪器舱。

除了连接指令舱的 9 号摆臂和连接 S-II 级尾段的 3 号摆臂, 每个摆臂都有一个电缆和管道的连接线缆, 连接线缆终端有一个脱落插头, 它连接到航天器外部的一个匹配插座上。

有关摆臂更详细的描述和功能介绍请参考附录 D (图 5–23)。

大部分起飞时撤收摆臂都采用了一套脱落插头脱落冗余控制方式, 以确保在点火时脱落插头脱落和摆臂摆开。其机械原理非常复杂。在测试期间, 这套系统偶尔会失效, 但每次正式发射它们都没有出现任何问题。脱落主控制方式是通过打开 750 psi (5 MPa) 的高压氮气, 将其作用于脱落插头上的锁紧机构和推离活塞。如果因为某些原因, 主控制方式失效了, 则采用备份的纯机械方式。脱落插头脱落备份方式大同小异, 其共同的工作过程是, 当火箭上升时, 脱落插头会随着火箭上升, 在这个过程中, 解锁绳会拉紧, 然后触动杠杆或凸轮, 释放锁紧机构。液压系统和气动系统随后会驱动摆臂旋转摆开。

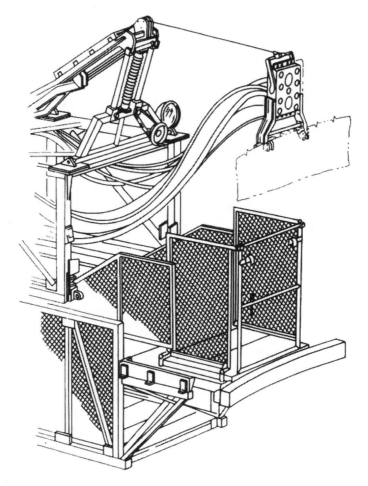

图 5-23 S-IC 级前段摆臂 (2 号摆臂) 末端示意图。右上是脱落插头和火箭的匹配插座。摆臂上的过道以及通向级间段的伸缩平台位于底部

5.2.4 环境室 (白房子)

环境室 (即通常所说的 "白房子") 安装在 9 号摆臂的末端。它提供了一个邻近指令舱的受控工作区域, 也是航天员进入指令舱进行测试或执行任务的一个平台。环境室空间较小, 大约能够容纳不超过 6 人, 即使这样也略显拥挤。

要进入环境室有两种方法。当活动服务塔在发射工位检测航天器时, 服务塔环绕指令舱的工作平台有一扇门通向环境室。大部分航天器

工作人员都是通过这个方式进入环境室。另一种方法是爬上脐带塔,通过9号摆臂进入环境室。恐高的人除非别无选择,否则不会采取这种方法进入环境室。

环境室主舱安置的设备用来在发射之前保障飞行人员。配备有气动伸缩地板、波纹结构和顶盖适配器的延伸平台将主舱和指令舱连接在一起。延伸平台由连接着发射逃逸火箭底部的连杆所固定。顶盖适配器的软橡胶封条环绕在指令舱舱口,它由发射逃逸系统连接器和控制板固定,这样可以快速移走。消防人员和乘组人员救生设备安放在靠近航天器的入口处。照相机、摄像机和工作电视系统安装在环境室内,用于提供其内部活动的影像记录。

直到航天员进舱和收尾人员完成工作之前,环境室一直停靠在指令舱处。倒计时43 min时,环境室将部分收回至离指令舱大约5英尺 (1.5 m)处。如果需要,环境室可以在30s内从该位置与指令舱再次连接。倒计时5 min时,9号摆臂将完全收回。9号摆臂的连接和绞合方式不同于其他摆臂。当摆臂回收,火箭点火时,环境室开口背对着"土星"-V火箭。这样便把发射时的破坏和环境室内的污染降到最低 (图 5-24 和图 5-25)。

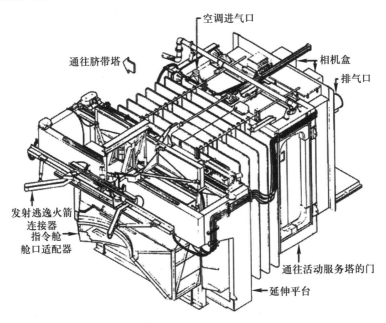

图 5-24 环境室安装在9号摆臂的末端。航天员穿过环境室进入指令舱。航天器工作人员通过活动服务塔的工作平台 4C 的一扇门进入环境室

图 5-25   9 号摆臂和环境室 (右下)。安装到发射平台/脐带塔之前在垂直总装厂房内
进行检测

5.2.5 尾端服务杆

在发射平台/脐带塔的 0 层工作平台上安装有 3 个尾端服务杆。它
们与摆臂的功能相似, 其内携带 "土星"-V 火箭 S-IC 级尾端的燃料、电
力、气动和液压系统的脱拔插头, 发射时摆开为火箭上升腾出空间 (图
5-26)。

点火时 3 个尾端服务杆上的脱拔插头从火箭上脱离。在 F-1 发动
机升至发射平台 0 层上面之前, 液压系统将尾端服务杆旋转至垂直位
置。作为备份措施, 尾端服务杆都配置有平衡物使得它们可以在液压系
统失效时能够自己旋转至垂直位置。"土星"-V 火箭头两次发射中, 在尾
端服务杆刚开始旋转的时候, 蛤壳式抓斗盖在脱拔插头上部合上
了。"阿波罗"-6 之后, 对尾端服务杆的设计进行了微调, 这是因为发射
时对脱拔插头带来的危害远远超过了预期。采用了一个尾端服务杆可
以向上旋转进去的保护罩代替了蛤壳式抓斗。

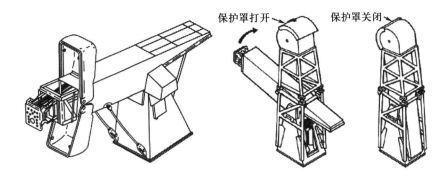

图 5-26　尾端服务杆。左边是用于 "阿波罗"-4 和 "阿波罗"-6 发射的原始型号。从 "阿波罗"-8 开始,尾端服务杆进行重新设计,使得在火箭点火时脱拔插头能够向上旋转而进入一个保护罩

5.2.6　牵制释放臂

4 个牵制释放臂是发射平台/脐带塔和 "土星"-V 之间至关重要的连接。牵制释放臂体型很大,保护着发射平台上的 "土星"-V。每个牵制释放臂分担着火箭基座 70 万磅 (3.1 MN) 的压力。这个压力与注满燃料的 "土星"-V 火箭重量加在一起,足以保证火箭平稳地竖立在发射工位上,直到所有的 S-IC 发动机全速运转以及发射命令下达。每个牵制释放臂的底部面积为 6 英尺 ×12 英尺 (1.8 m×3.6 m),重 18.5 t。它们在 4 个方位 (东, 北, 西, 南) 的编号依次为 Ⅰ,Ⅱ,Ⅲ,Ⅳ。这些编号与印在 "土星"-V 第一子级上的象限数一致 (图 5-27)。

5.2.7　发动机检修平台

发射平台/脐带塔还位于垂直总装厂房时,其上便安装有发动机检修平台。S-IC 级发动机深入至发射平台/脐带塔上宽敞的发动机区,以至于检修人员很难够到。当 "土星"-V 火箭在垂直总装厂房时,洛克达因公司的技术人员利用位于活动发射平台层面的检修平台和 S-IC 级发动机检修平台来检修发动机,安装发动机挡板或者更换发动机。发射工位上有类似的检修平台。发射平台甲板上的绞车能够贯穿发射平台/脐带塔的发动机区,提升或降低发动机检修平台和 F-1 发动机。便携式发动机安装设备能够把发动机从检修平台上拆除,也能在检修平台上重新安装一台新发动机。在组合体转移至发射工位之前,需先将发动机检

图 5-27 "阿波罗"-11 发射的静态画面, 就在 "土星"-V 火箭发动机的底部即将飞离发射平台导流孔时, 冰屑从 "土星"-V 火箭周围掉下来, 连接着 S-IC 级和牵制释放臂盖子的一根电缆随着火箭上升将牵制释放臂盖子向上拉使其关闭, 同时尾端服务杆旋转进入保护罩

修平台降低穿过活动发射平台, 然后从发射平台/脐带塔的底部移走 (图 5-28 和图 5-29)。

图 5-28 在 S-IC 级垂直竖立之前, S-IC 级发动机检修平台就已安装在发射平台/脐带塔上。火箭在运出总装厂房时需将其降低穿过发射平台的导流孔以移走

图 5-29　F-1 发动机样品在垂直总装厂房内进行测试时的发动机安装设备。卡车装载着发动机在发射平台/脐带塔下行驶, 然后安装设备将发动机提升至检修平台

5.2.8　"乳便" 基座

　　最初几次 "土星"-IB 的发射任务都是在 LC-37 和 LC-34 进行的。这些发射工位在 "阿波罗"-5 和 "阿波罗"-7 之后就分别废弃了。20 世纪 70 年代初, 在登月计划完成之后, 出于对 "阿波罗" 应用计划 (之后变为 "天空实验室" 空间站计划) 的期盼使得 NASA 意识到有必要重新启用 "土星"-IB。问题在于 NASA 在哪里和如何发射这些 "土星"-IB 任务。贝尔通信公司的研究发现, 相较于保留 LC-34 或 LC-37 且与 LC-39 平行使用, 不如将 LC-39 其中一个发射平台/脐带塔进行改造后用于 "天空实验室" 计划发射 "土星"-IB 更划算。

　　从 LC-39 发射 "土星"-IB 的挑战主要来自于发射场的规模: LC-39 的发射平台/脐带塔对于 "土星"-IB 来说太大了。"土星"-IB 的第一级

S-IB 更小些, 而且完全没有 S-II 级, 这使得 "阿波罗/土星"-IB 航天运载器明显短于 "土星"-V, 因此它不能与发射平台/脐带塔上的摆臂对准。与其在发射平台/脐带塔建造一座新的脐带塔, 不如将 "土星"-IB 在发射平台上抬高。"阿波罗"-11 飞行任务之后, 1 号发射平台/脐带塔便停用, 改装用于 "土星"-IB 的发射任务。NASA 在 1 号发射平台/脐带塔的发射平台甲板上建造了一个结构基座, 称为 "乳便"。"乳便" 基座将小一些的 "S-IB" 级上的 "阿波罗" 航天器、S-IVB 级以及仪器舱提升至与 "土星"-V 竖立在发射平台上时的相同高度。不需要的摆臂被拆除或赋予新的用途。从服务塔延伸出一个新的通道与 "乳便" 基座的上层工作平台相连接。活动发射平台的辅助设备从 LC-34 和 LC-37B 拆除并被安装在 "乳便" 基座平台上 (图 5–30 和图 5–31)。

图 5–30　正在垂直总装厂房 1 号发射平台/脐带塔上建造的 "土星"-IB 火箭的 "乳便" 基座发射平台

图 5-31 "乳便"基座与"天空实验室"-2 的"土星"-IB 运载火箭之间的适合度检查

第6章

发射控制中心和发射控制室

卡纳维拉尔角的所有发射区都有一个发射工位, 发射工位附近建有坚固的地堡, 作为火箭的发射控制中心。随着运载火箭尺寸越来越庞大、技术越来越复杂, 这些地堡也就越建越大, 并且随着潜在的爆炸威力越来越巨大, 地堡的位置离发射工位就越来越远。

LC-5/6发射场 (发射艾伦·谢泼德 (Alan Shepard) 和盖斯·格里森 (Gus Grissom) 乘坐的 "水星" 航天器/"红石" 火箭的地堡距离发射工位中心只有300英尺 (91 m)。地堡面向发射工位还建有一扇巨大的窗户。而在LC-34发射场 (发射 "土星"-1B火箭, 直到 "阿波罗"-7任务), 其巨大的地堡距离发射工位中心超过1800英尺 (550 m), 且没有窗户。由于 "土星"-V火箭潜在的爆炸威力更加巨大, 其发射控制中心与发射工位的距离超过3英里 (4.8 km)。

为了赶在20世纪60年代末实现载人登月的雄伟目标, NASA需要采取新的火箭组装、测试和发射模式。库尔特·德布斯 (Kurt Debus) 设想的模式是把发射控制中心 (LCC) 修建在远离发射工位的安全区域, 并且配置4个独立的发射控制室。不管火箭是在垂直总装厂房还是在发射工位, 每个发射控制室都可以独立完成一枚火箭的测试发射。这样就能保证在任何时候, NASA最多可以同时准备4枚 "土星"-V火箭。

本章将介绍发射控制中心及其组成。读者将会了解到大胆创新的计算机技术和复杂的电子设备网络, 正是借助它们, 工作人员才能够对 "土星"-V火箭及其附属设施进行操作控制。

6.1 发射控制中心

发射控制中心是 LC-39 发射区实施火箭测试发射的指挥中心。发射控制中心临近垂直总装厂房,两者通过一个封闭的通道相连 (图 6–1)。

图 6–1 "阿波罗"-11 转运中的发射控制中心 (图片前方) 和垂直总装厂房

发射控制中心第一层包括一个入口大厅、一个自助餐厅、通信控制室 (CCR) 和综合控制中心 (CCC) 等。通信控制室用于安装调度通信系统 (OIS) 和工作电视系统 (OTV) 的相关设备。

综合控制中心位于发射控制中心 1P9 房间,就在进入前门的左手方向。综合控制中心的控制台类似于发射控制室的控制台,但是它的控制台主要控制全部地面系统 (包括高压配气系统、空调和增压、发射工位地下室、发射工位终端连接室、电源分配控制、发射平台/脐带塔和垂直总装厂房的电梯等)。

在 "阿波罗" 时期,发射控制中心第二层用于放置遥测、跟踪、仪器仪表等设备。IBM 和各级承包商的 45 个遥测设备机柜放置在 2P10 房间。

发射控制中心的第三层是发射控制室、计算机设备间和会议室。发射控制中心第四层有一些办公室,并安放发射控制室大型投影相关设备。发射控制室是发射控制中心的核心,本章将主要介绍发射控制室的布局和功能 (图 6–2)。

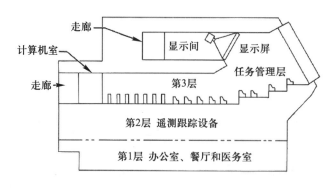

图 6–2 发射控制中心的截面示意图

6.2 发射控制室

所有我们熟悉的那些 "阿波罗" 登月影片的场景, 在巨大控制室内工作人员坐在一排排控制面板前, 这些场景都取材于发射控制室。发射控制室功能不仅仅是完成火箭发射, 它们还是 LC-39 发射区火箭测试的控制中心。它们为完成 "土星"-V 火箭自动测试和发射配置了许多控制、监测和显示设备。从火箭矗立在发射平台上开始, 工作人员就在发射控制室实施火箭测试工作。

许多人误以为发射控制室与任务控制中心的任务操作控制室 (MOCR) 基本相同。即使是关于 "阿波罗" 计划的优秀纪录片, 也常给人以同样的误解。如果有人问任何一名肯尼迪航天中心工作人员在 "任务控制中心" 的工作, 一定会让他或她哭笑不得。

从早期 "双子星" 计划起, 发射控制室就在佛罗里达, 而任务操作控制室则位于休斯顿, 两者的设施设备规模大相径庭 (每个发射控制室的规模大约是任务操作控制室的 10 倍), 两者的功能也完全不同。发射控制室对火箭测试、准备、加注和发射进行控制, 直到火箭点火起飞。当脐带塔与火箭连接断开时, 发射控制室除了安全范围和发射平台安全设备控制外, 它在任务中承担的工作就全部完成了。一旦连接断开, 发射控制室就不再对火箭进行控制。起飞 10 s 后, 火箭飞过塔架上方; 休斯顿的任务控制中心从此时起开始接管任务控制 (图 6–3 和图 6–4)。

发射控制室与 LC-34 或 LC-37 发射区地堡中的控制室功能类似, 但是其规模要庞大许多。在 "阿波罗" 时期每个发射控制室大约有 450

图 6–3　1972 年 4 月 16 日, 艾克·雷杰尔 (Ike Rigell, 前) 在 1 号发射控制室监视着
"阿波罗"-16 发射前 30 min 测试情况

图 6–4　在 "阿波罗"-16 舱外活动 (EVA) 时, 休斯顿任务控制中心的任务操作控制
室。千万别把它与肯尼迪航天中心发射控制室搞混

张控制台。航天员戴维·斯科特 (Dave Scott) 告诉我: "与'双子星'相比, 差别简直太大了。当我在准备'双子星'-Ⅷ时, 我们在卡纳维拉尔角待了很长一段时间。有一次周末, 尼尔·阿姆斯特朗 (Neil Armstrong) 对我说, '嘿, 他们正在修建'阿波罗'发射中心和发射控制室, 我们去参观一下吧。''双子星'的发射控制中心只有大约 20 到 24 张控制台, 相比'水星'已经很大了。于是我们驱车过去, 他们正在修建垂直总装厂房, 我们上到一个贵宾室, 往下看发射控制室。450 张控制台。我们惊叹, '我们最好还是回去吧! 这没法工作! 没法弄明白!'"

4 个发射控制室与垂直总装厂房的 4 个高顶区相对应。当初设计时, 德布斯的设想是每个发射控制室可以控制垂直总装厂房内的一枚"土星"-V 火箭, 这样就可以安排 4 枚火箭同时测试。严格来说, 一次任务中, 每个发射控制室只与一个发射平台/脐带塔相连接, 发射平台/脐带塔可以位于垂直总装厂房或者发射工位。这个设想的核心是每个发射控制室独立完成一枚"土星"-V 火箭组装、测试和发射工作。当火箭发射后, 发射平台/脐带塔返回垂直总装厂房检修, 并与发射控制室共同为下次任务做准备。

在 LC-39 发射区设计完成后, NASA 认为在流程中只需要安排 3 枚火箭同时测试即可。因此, 只制造了 3 个发射平台/脐带塔, 垂直总装厂房也只使用了 3 个高顶区。4 号发射控制室因此被当作管理信息和控制室, 负责跟踪和管理 LC-39 发射区任务流程和工作状态。

1 号发射控制室最先投入使用。它完成了 AS-500F 合练箭测试和 AS-501 ("阿波罗"-4) 任务测试发射。2 号发射控制室完成了随后的 AS-502 ("阿波罗"-6) 任务测试发射。3 号发射控制室完成了之后的"阿波罗"-10 测试发射, 但是它随后没有再用, 直到"天空实验室"和"阿波罗 – 联盟"计划时用于"土星"-IB 火箭测试发射 (图 6–5)。

每个发射控制室可以透过东北方的整面夹层有色窗户玻璃看到 LC-39 发射工位, 玻璃厚度为 2 英寸 (5 cm)。电控的百叶窗可以把窗户玻璃遮盖起来, 起到遮阳或防止火箭爆炸冲击的作用。发射控制室还可以充当贵宾们欣赏"土星"-V 火箭转运的观看场所。

人们可能会认为, 如果一个房间里安装 450 张控制台, 控制台上安装了很多的 28V 指示灯, 那么电子设备散发的热量一定会使房间非常酷热。工程师鲍勃·庞德 (Bob Pound) 认为实际情况恰恰相反; 在发射控制室里有时非常寒冷:"为了保持合适的温度实际需要加热而不是制冷。当然, 那些计算机需要降温; 它们发热量太大。因为制冷用水是从

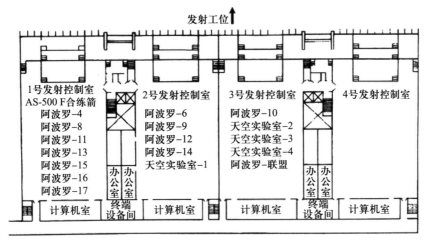

图 6-5 4 个发射控制室占据了发射控制中心第三层。1 号发射控制室在 "阿波罗"
时期使用最频繁

垂直总装厂房边的冷却塔引过来的,为了节省能源,我们尽量让它保持
低温。他们尽可能地给水降温,然后用控制台产生的热量来加热它,将
它调节到合适温度。我们大多数时间不得不穿上毛衣。"

发射控制室第四层是一些用玻璃围起来的房间,原本是贵宾观看
区。后来,这些房间成了 NASA 测试指挥员的办公室。测试指挥员杜恩
· 菲利普斯 (Don Phillips) 的办公室在 4 号发射控制室上面,其他的测试
指挥办公室在 1 号和 2 号发射控制室上面 (图 6-6)。

1 号、2 号和 3 号发射控制室布局基本相同。发射控制室被分成几
个区,各区分工不尽相同。各区由控制台和显示器组成。各区每个位置
代号由 2 个字母和数字组成。首字母代表所在的区,第二个字母代表所
在的排,数字代表在一排中从左数所在的位置。例如,S-II 级发动机 201
控制台位置代号为 BA16,即表示在 B 区,A 排,从左数第 16 个控制台。

发射控制室各控制台工作人员按照他们的调度通信系统代号进行
区分。例如,操作 S-II 级发动机控制台的测试工程师的代号是 C2EC。

发射控制室的布局按照管理的层级设计。下面章节将介绍各区的
功能和各控制台工作人员承担的任务。

6.2.1 A 区

A 区是测试发射流程指挥管理人员所在区域。从窗户开始,梯次排
列着四排控制台。管理人员在 A 区所处排的位置越高,则他或她的管

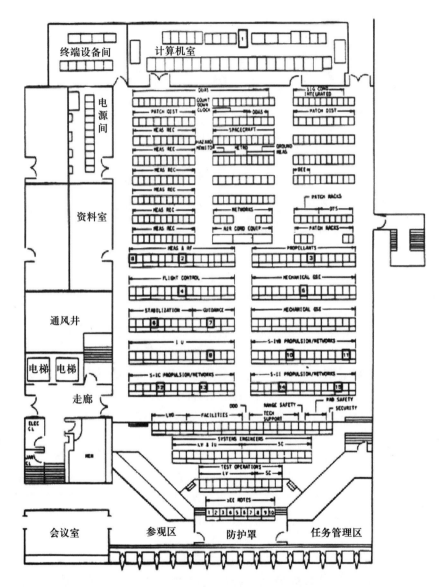

图 6–6 1965 年 5 月 21 日,1 号发射控制室最初布局方案。虽然 A 区的一些位置在"土星"-V 火箭开始正式飞行前进行了调整,但是整个"阿波罗"时期发射控制室布局基本保持一致。附录 E 列出了控制台详细信息

理职责就越高。管理人员可以看到这个发射控制室并监视工作进程。

　　AA 排 (最高排) 是为肯尼迪航天中心和任务管理人员预留的。坐在这一排的人员有艾克·雷杰尔 (Ike Rigell)、汉斯·格伦 (Hans Gruene)、

库尔特·德布斯、洛克·佩特龙 (Rocco Petrone)、沃尔特·凯普莱恩 (Walt Kpryan)、罗伯特·格雷 (Robert Gray)、约翰·威廉姆斯 (John Williams),以及公关事务官员、马休航天飞行中心 (MSFC) 的 "土星" 项目管理人员、载人航天器中心 (MSC) 的 "阿波罗" 项目管理人员。

AB 排的人员负责管理测试工作。他们包括 NASA、格鲁曼公司和罗克韦尔公司的航天运载器测试指挥、运载火箭测试指挥和航天器管理人员。需要强调指出的是 NASA 的航天器测试总指挥在航天器测试发射期间是在载人航天器操作厂房 (MSOB) 的 ACE 控制室 —— 而不在发射控制室。航天器测试操作在发射控制室有工作人员,但航天器测试控制权位于载人航天器操作厂房 (MSOB)ACE 控制室。

AC 排的人员包括火箭各级的试验指挥和系统工程师、航天器操作管理人员、航天员代表和通信人员 (调度通信系统代号 "Stoney"),以及肯尼迪航天中心医疗服务中心主任等。

AD 排的人员是 NASA 的一些管理人员,包括管理网络、工程、导航与控制、机械与推进系统、仪器仪表和质量保证人员;各级承包商和邦迪克斯公司的操作管理人员;仪器仪表和通信控制人员;以及负责安全范围、发射工位安全等人员。

A 区的工作人员监控并指导测试发射工作。他们通过工作电视系统 (OTV) 的电视信号和控制台上显示的关键事件信息了解掌握情况,在测试期间他们还可以监视调度通信系统的多个频道。

A 区两侧是两个三角形、用玻璃隔开的房间。当背对着窗户时,左边的房间是为参加发射的贵宾和观众准备的参观区。右边的房间是工作管理房间 (OMR,有时也称为任务管理区或任务支持区)。NASA 总部、其他 NASA 中心和军方的领导在此观看和指导发射。乔治·米勒 (George Mueller)、山姆·菲利普斯 (Sam Phillips) 和沃纳·冯·布劳恩 (Wernher von Braun) 在发射时就坐在任务管理区。

A 区火箭各级测试指挥负责监测一个操作台,操作台面板上的指示灯表示该级主要系统的工作状态。面板显示的信息与发射控制室墙上巨大的状态板显示的信息类似,同时还有一些关于火箭该级安全范围状态的信息 (图 6-7)。

A 区的贵宾和高层领导可以通过安装在控制室上方中央 4 台巨大的投影屏幕观察测试发射状态。屏幕的信息由计算机和工作电视系统提供 (图 6-8)。

大型投影屏幕两侧的墙壁上还各安装了一个大型状态显示屏。左

图 6–7　发射控制室 A 区 S-IB 级操作面板。克莱斯勒公司的 S-IB 级测试指挥负责监视面板上火箭该级的关键工作状态。注意，该面板上没有任何开关或控制按钮

图 6–8　"阿波罗"-12 倒计时验证测试时，测试总指挥杜恩·菲利普斯 (Don Phillips, 中) 与肯尼迪航天中心安全官谢尔曼·埃文斯 (Sherman Evans) 交谈。菲利普斯身后是航天器系统的弗莱明·劳 (Fleming Law)。发射控制室上方的大型投影屏幕正在显示电视画面 (最左边)、状态数据以及 RCA 110A 地面支持计算机将执行的程序列表

侧的显示屏显示测试或倒计时期间的关键事件状态。弗兰克·布莱恩 (Frank Bryan) 负责关键事件状态的显示设计，对此他说："当初我们设

计显示屏时, 我为每一种状态指示挑选了一种颜色。我的挑选方案是: 绿色代表通过; 黄色代表事件将要发生, 或射前该指示灯将熄灭; 红色代表它不应该亮 —— 意味着你遇到问题了。我们给坐在最上排的管理人员进行了首次演示, 艾克·雷杰尔跑来对我说: '我们想调整一下显示屏。把每个指示灯颜色改为绿色。'管理人员不喜欢看到黄色的指示灯闪烁"。"阿波罗"-11 任务状态显示屏指示灯如表 6–1 所列。

表 6–1　　"阿波罗"-11 任务状态显示屏指示灯

AS-506	发射时序启动	S-IC 级箱间段摆臂摆开	S-IC 级点火	S-IVB 级发动机启动
	S-IVB 级液氧贮箱压力	S-IC 级内部电源	执行	S-IVB 级中止
安全范围	S-II 级液氧贮箱压力	S-II 级内部电源	起飞	
发射准备完毕	S-IVB 级液氢贮箱压力	S-IVB 级内部电源		电气支持设备中止
S-II 级准备完毕	S-IVB 级推进剂压力	仪器舱内部电源	S-IC 级内侧发动机中止	
S-IVB 级准备完毕	S-IC 级燃料贮箱压力	S-IC 级推进剂压力	S-IC 级外侧发动机中止	无线电静默
仪器舱准备完毕	S-IC 级液氧贮箱压力	S-IC 级载荷 K/O 摆臂摆开	S-IC 级/S-II 级分离逻辑归零	
S/C 准备完毕	S-II 级液氢贮箱压力	S-IC 级前端摆臂摆开	S-II 级发动机启动	测试保持
EDS 准备完毕	S-II 级推进剂压力	LSE 点火准备	S-II 级中止	测试计数
S-IC 级准备完毕	S-IC 级箱间段载荷回收	S-IC 级点火准备	S-II 级/S-IVB 级分离逻辑归零	事件系统校正

发射控制室右侧状态显示屏显示的是 NASA 航天器跟踪数据网络 (STDN) 中地面站正在接收的下行数据。值班的测量船和地面站根据任务会有所变化。表 6–2 显示的是 "阿波罗"-16 发射时的状态信息。

表 6–2 "阿波罗"-16 发射状态显示

当地数据准备好	STDN 数据准备好		STDN 站补充数据	
当地数据未准备好	STDN 数据未准备好			
屏幕 1	屏幕 1	米拉	马德里	关岛
屏幕 2	屏幕 2	百慕大	阿森松	夏威夷
屏幕 3	屏幕 3	美国海军 "先驱者" 号	卡那封	戈德斯通
屏幕 4	屏幕 4	加纳利	金银花	得克萨斯
	S-IVB 级实时数据			
	S-IVB 级回放数据			
	仪器舱实时数据			
	仪器舱回放数据			事件系统校正

6.2.2 B 区

B 区占据了发射控制室基准层最前面的 5 排控制台。这里的控制台是 NASA 和各级承包商的工程师们直接控制和监测火箭测试的地方。这些控制台可以对地面计算机、火箭各级、地面支持设备和电子支持设备进行输入输出操作。

B 区每排有 30 张控制台, 每排正中间有一个过道, 过道两边各 15 张控制台。火箭各级 (S-IC 级、S-II 级、S-IVB 级和仪器舱) 分别为 DEE-6C 计算机配置了一台打印机, 在有些控制台上还放置了工作电视系统的小型监视器。每排的两边至少有一个计算机终端, 用于执行 RCA 110A 地面计算机的程序和调用某些系统的状态信息。控制台均按照火箭各级或功能进行分组。

B 区大多数排至少配置一块大型事件状态显示面板 (事件状态用指示灯显示)。在测试期间, 这些面板可以帮助工程师们全面了解火箭某级和其地面支持设备的指令发送和响应情况 (图 6–9)。

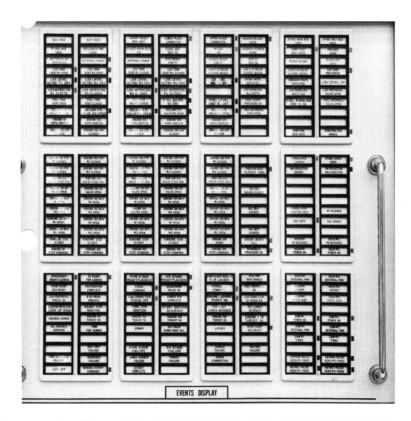

图 6-9 B 区 A 排 S-IC 级的一块事件显示面板。面板上的指示灯显示了超过 200 个
与 "土星"-V 火箭第一级和其发射支持设备相关联的事件状态

附录 E 提供了 B 区控制台的详细列表。每排的控制台大体上按照
功能进行排列, 如下所示:

(1) BA 排, 过道的左侧 (1-15 号): S-IC 级推进和电子网络。由波音
公司负责操作。(注: 整个 B 区, 承包商工程师操作控制台时, NASA 工
程师们坐在他们的旁边或身后。)

(2) BA 排, 过道的右侧 (16-30 号): S-II 级推进和电子网络。由罗克
韦尔公司负责操作。

(3) BB 排, 左侧: 仪器舱网络、机械和应急检测系统。由 IBM 公司
负责操作。

(4) BB 排, 右侧: S-IVB 级推进和电子网络。由麦道公司负责操作。

(5) BC 排, 左侧: 稳定和导航监测 (经纬仪、ST-124M 惯性平台和
制导计算机)。由 IBM 公司负责操作。

(6) BC 排, 右侧: 摆臂和地面机械支持设备。由波音公司负责操作。

(7) BD 排, 左侧: 飞行控制和仪器舱测量 (各级发动机常平架)。由 IBM 公司和各级承包商负责操作。

(8) BD 排, 右侧: 地面机械支持设备和发射辅助设施 (尾端服务杆、牵制释放臂和空调系统)。由波音公司负责操作。

(9) BE 排, 左侧: 各级无线电测量和跟踪, 攻角。由 IBM 公司负责操作。

(10) BE 排, 右侧: 推进剂加注和加注计算机系统监测。由波音公司负责操作。

"阿波罗"-11 任务成功之后, 3 号发射控制室不再用于登月任务 (3 号发射控制室只用作 "阿波罗"-10 任务的主发射控制室)。3 号发射控制室随后被改造用于 "天空实验室" 和 "阿波罗－联盟" 计划的 "土星"-IB 发射。在新的改造方案中, 3 号发射控制室 BA 排的左侧 S-IC 级控制台保留但不再使用。因为 "土星"-IB 火箭没有 S-II 级, 所以 BA 排右侧的 S-II 级控制台全部拆除。有些 S-II 级控制台由 S-IB 级控制台代替, 它们由克莱斯勒公司负责操作。

6.2.3　C 区

C 区远离窗户, 它有 8 排控制台, 中间有 2 条过道。CA 排的中间是一个巨大的空调机柜, 它将 C 区与发射控制室其他区分隔开。CA 排左右两侧的图表记录仪面向 A 区和 B 区。从 "阿波罗" 发射任务时拍摄的发射控制室照片中经常可以看到, AA 排的高层管理人员手中拿着或控制台上摆放着望远镜。艾克·雷杰尔说高层管理人员从远处使用望远镜观察 C 区图表记录仪跟踪情况。

C 区控制台负责控制、测量和记录火箭、发射平台及一些支持设施 (例如液氧和液氢库房) 各系统的状态。C 区最后两排安装的是跳线机柜和分配器、倒计时时间分配器、信号处理设备以及数字数据采集系统 (DDAS) 监测控制台。数字数据采集系统把火箭各级和电气支持设备 (ESE) 的数据发送给发射控制室和中央仪器设备处理中心 (CIF), 由其进行实时监测。数字数据采集系统采集的数据也记录到磁带上 (图 6–10)。

图 6-10 在 "阿波罗"-8 倒计时验证测试时, 波音公司的电子工程师比尔·海因克 (Bill Heink) 正在 1 号发射控制室 C 区液氧电子系统控制台前

6.2.4 D 区、E 区和 F 区

D 区是发射控制室后端的一个独立房间。它用于安装发射控制室 RCA 110A 计算机和其附属设备 (磁带记录仪、磁鼓存储器、打孔器和读卡器以及行式打印机等)。每个发射控制室都有独立的 RCA 110A 计算机。桑德斯计算机显示系统也放置在 D 区。

E 区是发射控制室左侧的一个独立房间。它用于安装配电器和配电监测机柜。F 区是发射控制室后端角落的一个终端设备间, 每两个相邻的发射控制室共享一个终端设备间。

6.2.5 "柴房"

火箭资料室位于每个发射控制室的旁边。与火箭和地面支持系统相关的所有流程、系统草图和其他资料的拷贝放置在资料室。它被亲切地称为 "柴房", 洛克·佩特龙在测试发射遇到问题时, 会在此召集人员进行协商。

6.2.6 调度通信系统

调度通信系统 (OIS) 用于保证测试期间肯尼迪航天中心或其他中心内的测试指挥、工程师、技术人员和管理人员等人员之间的通话联系。

测试期间, 每个主要的航天器和地面支持系统会分配一个调度通信频段。每个测试项目, 频段分配都以矩阵的形式列出 (图 6–11)。

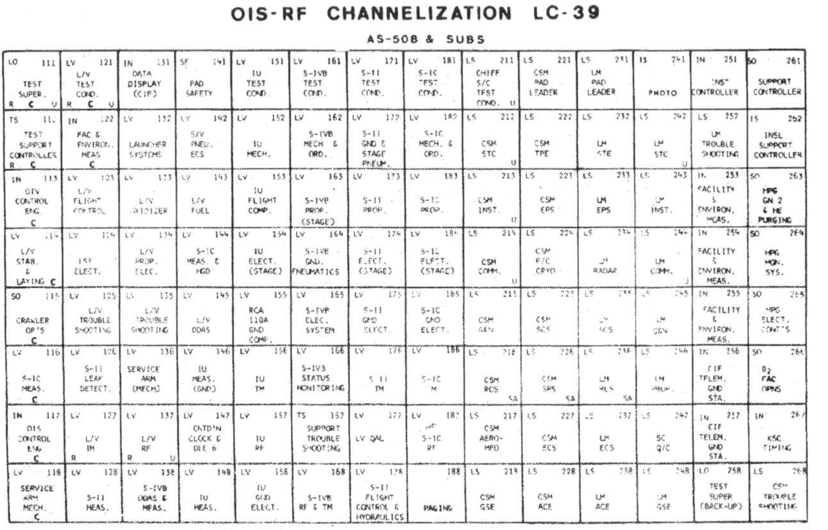

OIS-RF CHANNELIZATION LC-39

AS-508 & SUBS

LO 111 TEST SUPER. R C U	LV 121 L/V TEST COND. R C U	IN 131 DATA DISPLAY (CIF)	SF 141 PAD SAFETY	LV 151 IU TEST COND.	LV 161 S-IVB TEST COND.	LV 171 S-II TEST COND.	LV 181 S-IC TEST COND.	LS 211 CHIEF S/C TEST COND. U	LS 221 CSM PAD LEADER	LS 231 LM PAD LEADER	IS 241 PHOTO	IN 251 INST CONTROLLER	SO 261 SUPPORT CONTROLLER
TS 112 TEST SUPPORT CONTROLLER R C	IN 122 FAC & ENVIRON. MEAS C	LV 132 LAUNCHER SYSTEMS	LV 142 S/V PNEU. ECS	LV 152 IU MECH.	LV 162 S-IVB MECH & ORD.	LV 172 S-II GND & STAGE PNEUM.	LV 182 S-IC MECH. & ORD.	LS 212 CSM STC U	LS 222 CSM TPE	LS 232 LM STE	LS 242 LM STC U	LS 252 LM TROUBLE SHOOTING	IS 262 INSL SUPPORT CONTROLLER
IN 113 OTV CONTROL ENG. C	LV 123 L/V FLIGHT CONTROL	LV 133 L/V OXIDIZER	LV 143 L/V FUEL	LV 153 IU FLIGHT COMP.	LV 163 S-IVB PROP. (STAGE)	LV 173 S-II PROP.	LV 183 S-IC PROP.	LS 213 CSM INST. U	LS 223 CSM EPS	LS 233 LM EPS	LS 243 LM INST.	IN 253 FACILITY & ENVIRON. MEAS.	SO 263 HPG GN 2 & HE PURGING
LV 114 L/V STAB. & LAYING C	LV 124 LSE ELECT.	LV 134 L/V PROP. ELEC.	LV 144 S-IC MEAS. & HGD	LV 154 IU ELECT. (STAGE)	LV 164 S-IVB GND. PNEUMATICS	LV 174 S-II ELECT. (STAGE)	LV 184 S-IC ELECT. (STAGE)	LS 214 CSM COMM. U	LS 224 CSM F/C CRYO	LS 234 LM RADAR	LS 244 LM COMM. U	IN 254 FACILITY & ENVIRON. MEAS.	SO 264 HPG MON. SYS.
SO 115 CRAWLER OP'S C	LV 125 L/V TROUBLE SHOOTING	LV 135 L/V TROUBLE SHOOTING	LV 145 L/V DDAS	LV 155 RCA 110A GND COMP.	LV 165 S-IVB ELEC. SYSTEM	LV 175 S-II GND ELECT.	LV 185 S-IC GND ELECT.	LS 215 CSM G&N	LS 225 CSM SCS	LS 235 LM SCS	LS 245 LM G&N	IN 255 FACILITY & ENVIRON. MEAS.	SO 265 HPG ELECT. CONT'S
LV 116 S-IC MEAS. C	LV 126 S-II LEAK DETECT.	LV 136 SERVICE ARM (MECH)	LV 146 IU MEAS. (GND)	LV 156 IU TM	LV 166 S-IVB STATUS MONITORING	LV 176 S-II TM	LV 186 S-IC TM	LS 216 CSM RCS SA	LS 226 CSM SPS SA	LS 236 LM RCS SA	LS 246 LM PROP.	IN 256 CIF TELEM. GND STA.	SO 266 O_2 FAC OPNS
IN 117 OIS CONTROL ENG. C	LV 127 L/V TM R	LV 137 L/V RF R U	LV 147 CNTD'N CLOCK & DEE 6	LV 157 IU RF	TS 167 SUPPORT TROUBLE SHOOTING	LV 177 LV QAL	LV 187 S-IC RF	LS 217 CSM AERO-MED	LS 227 CSM ECS	LS 237 LM ECS	LS 247 SC Q/C	IN 257 CIF TELEM. GND STA.	IN 267 KSC TIMING
LV 118 SERVICE ARM MECH. C	LV 128 S-II MEAS.	LV 138 S-IVB DDAS & MEAS.	LV 148 IU MEAS.	LV 158 IU GND ELECT.	LV 168 S-IVB RF & TM	LV 178 S-II FLIGHT CONTROL & HYDRAULICS	188 PAGING	LS 218 CSM GSE	LS 228 CSM ACE	LS 238 LM ACE	LS 248 LM GSE	LO 258 TEST SUPER (BACK-UP)	LS 268 CSM TROUBLE SHOOTING

R=ETR可用

U=USB–MILA可用

SA=摆臂操作期间临时使用

C=转运过程中履带车/发射平台使用

APPROVED 1/22/70

LO/PLN

图 6–11 “阿波罗”-17 测试发射期间调度通信系统频段矩阵

在调度通信系统通话面板的频段上拨号和戴上耳机就可以收听信息。肯尼迪航天中心周围的绝大多数调度通信系统工作站可以用两个频段拨号, 一个用于人员通话, 另一个用于收听 (只能听)。

调度通信系统可以实现, 每一个测试工程师在收听其上级测试指挥 (他使用另一个独立频段) 指令时, 还可以与相关人员完成自己的测试工作。而火箭各级测试指挥可以使用一个频段与所有本级测试人员通话, 与此同时, 他还可以在另一个频段接收 NASA 测试指挥的命令。这样, NASA 火箭测试指挥就通过层级的方式将发射控制中心的所有测试人员联系起来。

　　下面的图片显示的是发射控制室 B 区一个典型的调度通信系统面板。坐在该位置的工程师负责监测气体清洗系统 (该系统对 S-IVB 级辅助推进系统燃料管路进行清洗)。我们通过他的调度通信系统面板频段号可以看出, 他在此次测试中使用的频段号是 125(火箭故障分析频段), 他很可能正在用这个频段分析解决测试期间发生的问题。他还能够收听 161 频段 (S-IVB 级测试指挥频段), 收听测试期间与 S-IVB 级相关的任何指令。注意, 面板上的 4 个接口可以同时允许 4 个人插入耳机 (图 6–12)。

图 6–12　发射控制室 B 区典型的调度通信系统面板

　　A 区许多管理人员和测试指挥的控制台配置了大型的调度控制面板, 一次可以监听 18 个频段, 因此在测试时可以收听各频段的通话情况。罗伊·撒普 (Roy Tharpe) 说通常他 1 次至少收听 6 个频段, 根据通话内容的重要性和相关性, 他对各频段的音量进行上下调节。控制台上的指示灯表明哪个频段正在工作 (图 6–13)。

　　测试中承担某项工作的人员会被分配一个特殊的呼叫代号。每项测试流程都包含一张该测试有效呼叫代号列表。测试流程包括测试中各项操作的呼叫和应答、明确操作指挥和操作完成人的呼叫代号。许多人把他们测试中的呼叫代号贴在自己的控制台上。

　　呼叫代号构成比较简单。其首字母通常表明人员所处的位置 (C 表示发射控制中心, L 表示工作平台, P 表示发射工位, U 表示脐带塔, 等等)。第二个位置的字母或数字有时指火箭各级 (1 为 S-IC 级, 2 为 S-II 级, 4 为 S-IVB 级, U 为仪器舱), 有时指重要的功能或系统 (L 为火箭操作, S 为摆臂, P 为推进剂, 等等)。最后两个字母通常是控制台功能的缩写 (TC 代表测试指挥, PU 代表推进剂利用, 等等)。因此, 即使手头没有呼叫代号表, 如果你听到呼叫 "C2PU", 你便知道他在发射控制室, 负责监测 S-II 级推进剂利用系统。

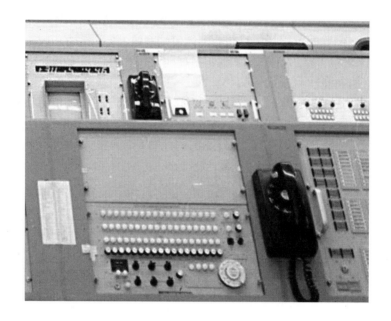

图 6–13　发射控制室 A 区调度通信系统监听面板。管理人员可以同时收听多个频段

在调度通信系统频段中通话被严格限制在测试流程规定的内容。火箭操作中形成一条纪律, 严禁在测试通话中闲聊。提普·泰龙 (Tip Talone) 介绍了调度通信系统的通话要求:

在重大测试中, 一个严格的要求是, 当你在调度通信系统中汇报测试流程不包括的事情时, 你要使用"正式"语言。你得按顺序说出你的呼叫代号, 而不是你的名字。说名字是禁止的。如果你是火箭测试指挥, 你就说 CLTC。如果你是火箭一级工程师, 你就说 C1PE。即使明显听出你的口音, 你也要使用呼叫代号。这是硬性规定。

如果你遇到问题, 你的汇报应该是这样:"我是某某某,CLTC, 我在频段 XXX 上呼叫。"你需要确认测试指挥在命令频段上, 而不是在他自己的频段上, 因为我们有好多频段。然后, 你说:"我发现一个调节器的压力正在不断上升。我们计划这样这样, 5 min 后我们将向您汇报。我们可以使用 181 频段进行问题排查吗?"然后诺姆·卡尔森 (Norm Carlson, CLTC) 就会说:"好, 你可以使用 181 频段," 他会在命令频段里通知所有人, 告诉他

们你希望谁来帮助你排查问题。他会马上说出你需要的人员的呼叫代号,命令道:"使用 181 频段帮着排查问题。" 当然他也通知我:"你使用 181 频段,收听他们正在干什么。"

调度通信系统通话是非常程序化的,因此正在进行的工作不会有任何问题。没有什么可紧张的,任何人正在处理的问题其他人都会知道。在调度通信系统中通话没有废话,我们不希望万一有人遇到问题时而命令频段被占用。

如果测试需要休斯顿、亨茨维尔和其他的 NASA 中心参与,他们也会被加入到调度通信系统。通常,这些远程站点只能收听测试流程;他们在测试时没有主动通话模式。只有当需要听取他们的意见时,他们才可以在频段中通话。斯基普·邵文 (Skip Chauvin) 说:"他们处在被动通话模式。他们可以收到所有回传的数据,因此他们基本上与我们掌握的情况一样。有时我们在肯尼迪航天中心遇到问题时,有人会说:'让我们看看休斯顿掌握的情况。'他们就在那里与我们密切合作。"

承包商们测试时也在调度通信系统中收听通话情况,以便于在需要的情况下可以做好准备。罗克韦尔公司的弗莱德·科迪亚 (Fred Cordia) 说:

> 在备份发射控制室,承包商会收听调度通信系统的通话。如果他们的人遇到问题,支持人员就打开按钮进行通话,以确保正常工作。他们也在调度通信系统中,但是除非要求与他们通话,否则他们不能说话。我们在西海岸有一些关键人员也是这种通信模式。他们在锡尔比奇的罗克韦尔公司有一间任务室,关键设计人员就会待在那里。他们只是收听通话,如果你打算与他们进行通话,才能让他们说话。
>
> NASA 与休斯顿任务中心有网络连接,NASA 有一个设计小组在那里收听通话,其所有人员来自马休航天飞行中心。我们通话都是同步的。当任何问题发生时,系统内任何人在任何地方都能够收听到。

发射控制室许多控制台以及发射工位、垂直总装厂房等地方都安装了直播电话。当工程师们准备与其他测试人员汇报问题时,为了避免问题被广泛传播,他们有时会与别人直接打电话沟通,而不是在调度通信系统中谈论问题。戴维·摩迦 (Dave Moja) 说:

> 如果测试人员遇到问题并在调度通信系统中进行了汇报,

我们就会听到, 然后像弗兰克·布莱恩 (Flank Bryan) 和我这样的人就会跑去试图 "帮助" 解决问题。我在帮助上加了引号, 就是说有时我们也帮不上什么。因此测试人员会采取打 "黑色电话" 进行沟通。当他们应该在调度通信系统汇报问题时, 他们却往往用各处的电话进行沟通, 他们都这样做, 我们称之为 "黑色电话"。实际上, 这对他们有利。当我跟他们交流时, 我说: "好吧。如果问题不是全局性的, 我没必要介入", 然后我采取了回避。

洛克·佩特龙不喜欢 "黑色电话", 他不鼓励人们这样做。他希望所有问题的排查都在调度通信系统中公开进行。弗兰克·布莱恩回忆说: "洛克坚持认为你要戴上耳机。我们遇到问题时, 我会召集一帮人。我的电话有一根很长的电话线, 我可以把它从我的控制台拉到别人的位置。那对洛克是一种不好的现象。他会说:'都坐下戴上耳机。让我们在调度通信系统中通话, 这样我可以知道问题进展的怎么样。'"

最终, 调度通信系统将 LC-39 发射区与一个公共广播系统联系在一起。诺姆·卡尔森 (Norm Carlson) 说: "我的测试指挥控制台上有个按钮, 按下后我就可以像正常谈话一样用耳机交谈, 但是谈话不会经过调度通信系统和广播系统。你可以选择是在发射控制室通话, 还是向全区进行广播。"

6.2.7　工作电视系统

发射控制室测试人员可以通过工作电视系统 (OTV) 在控制台上监视 LC-39 发射区危险或不便进入的场所。发射控制室有超过 60 台监视器显示工作电视系统的画面。每个监视器显示的画面由通信控制室进行控制。

工作电视系统的摄像机布设在垂直总装厂房高顶区的 1 号和 2 号工作平台 (每个工作平台布设 5 台摄像机)、发射平台/脐带塔 (在各层总共布设 27 台摄像机)、活动服务塔 (12 台摄像机) 和发射工位 A/B(每个发射工位 12 台摄像机) 等处。发射平台/脐带塔、活动服务塔和发射工位的摄像机可以通过通信控制室进行远程控制 (图 6-14)。

图 6–14 发射控制中心工作电视通道切换间

6.3 发射控制中心的组成

在 LC-39 发射区设计中, 测试发射时具备远程操控各种发射工位设施设备的能力,这是一项重大创新。发射控制室控制着由火箭、发射平台/脐带塔和发射工位的无数继电器、电路、电子设备构成的网络。这些系统在起飞前接收并执行 RCA 110A 计算机指令,对地面支持设施和火箭进行操控。

LC-39 发射区控制系统由两大子系统组成:计算机 – 数字数据采集系统 – 硬件 – 终端倒计时时序装置组合和传递 – 逻辑 – 分布组合。

6.3.1 计算机 – 数字数据采集系统 – 硬件 – 终端倒计时时序装置组合

发射控制室的每一个控制台都有专用的功能。每个控制台都有一个标识,刻在控制台面板表面上, 面板上的每个指示灯或开关都与一个独立事件相关联。控制台没有采用自动化技术, 也不能让一个控制面板具有多种功能,控制台是用接线实现其功能的。每个控制台与分配器机柜实现物理连接。对控制台的任何功能调整都要通过后面的跳线机柜实现。这是借鉴了电话交换机的成熟技术 (图 6–15 ～ 图 6–18)。

图 6–15　"天空实验室"-2、3、4 和 "阿波罗 – 联盟" 测试发射中使用的 S-IB 级网络控制面板

亨茨维尔设计的发射控制室控制台有两套电源,分别给各个开关和指示灯供电。如果一套电源出现故障, 控制台仍旧可以工作。马休航天飞行中心在控制台设计中将冗余作为一项安全措施。

图 6-16 图 6-15 中 S-IB 级控制面板的背面，显示出错综复杂的布线。通过终端室分配机构的跳线板对控制面板的功能进行调整，而不是重新布线

图 6-17 典型的跳线分配器面板。每个跳线分配器有 61 个接口，背面可以最多连接 60 根线缆。面板可以将信息在发射控制室、RCA 110A 计算机、发射平台/脐带塔和发射工位的设备之间进行传递。面板外部的测试点可以使工程师不用打开面板就能够检查连接情况

B 区许多控制台用模拟表盘和指示灯显示火箭或地面支持设施某一系统的状态。面板上的开关控制着不同的测试功能。多数开关具有三种状态:ON、OFF 和 AUTO。"AUTO" 是开关默认位置，它允许 RCA

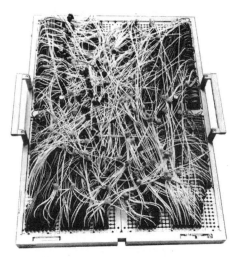

图 6–18　跳线分配器面板内部情况。工程师通过调整跳线而不是重新布线来调整电路

110A 计算机自动执行测试程序。开关打到 "ON" 或 "OFF" 位置时, 命令计算机对电路供电或断电, 并立即覆盖自动测试程序。

有些控制台上的开关与关键地面支持设备相连。这些开关在计算机故障或发射失败紧急关机命令发出时, 可以实现保证火箭和地面支持设备安全的功能。例如, S-IB 级和 S-IC 级点火控制面板有一个紧急关机按钮, 它可以在倒计时 3 min10 s 至起飞期间中止自动倒计时时序。这个红色按钮可以在图 2–15 中看到。

14 台计算机控制台分布在 B 区。控制面板上的一个开关可以启动一个单独部件的测试或者启动整个计算机程序。终端操作员首先插入一张密钥卡, 以防止不正常的程序调用。一旦测试进程被调用, 信息从终端发送到发射控制室的跳线分配器。跳线分配器将信息通过信息调制设备发送到发射控制室的 RCA 110A 计算机。110A 计算机与发射平台 (它可能停放在垂直总装厂房或者发射工位) 的 110A 计算机通过电缆相连。发射平台的 110A 计算机将其输出信息通过调制设备送到火箭各级或地面设备的继电器机柜。信息然后到达终端分配设备, 与相应的火箭传感器进行通信。响应信息被送回发射平台 110A 计算机, 再送回到发射控制室 110A 计算机, 由该计算机将响应信息发送到需要显示的控制台。

所有发射控制室控制台上的开关被计算机读取为离散输入信号, 并通过数据线发送给发射平台计算机。发射平台计算机随后将离散输出信号发送到相应的火箭或地面支持系统。火箭或地面支持系统的响应信号被送回发射平台计算机, 并由其发送至发射控制室计算机, 发射控制室计算机根据信号点亮控制台上相应的指示灯。当控制台上的开关拨动时, 计算机立即调出相应的功能程序。正在执行的软件会暂停并停止发送指令。这样工程师就能对系统进行完全控制 (图 6-19 ~ 图 6-21)。

图 6-19　桑德斯公司显示控制台。B 区有 14 个这样的控制台,D 区计算机室也有 1 个。它们显示计算机程序信息和测试数据

图 6-20　测试人员使用的控制键盘, 用于执行测试程序, 请求工作电视系统切换频道, 或者请求打印显示屏上的数据

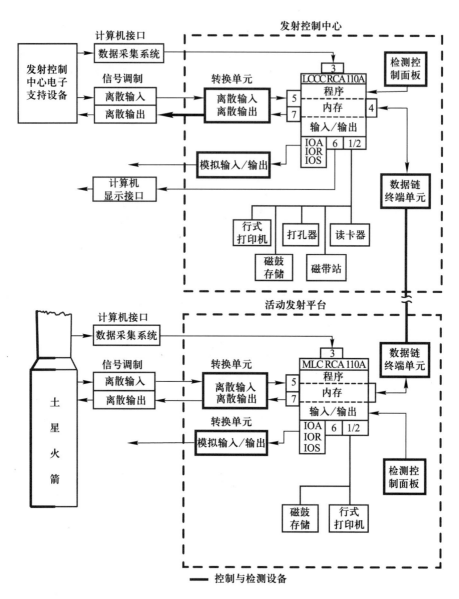

图 6–21 "土星" 火箭地面计算机系统主要组成示意图

6.3.2 终端倒计时时序

终端倒计时时序 (TCS) 是安装在活动发射平台底座内的一个固态设备。它在倒计时测试中为箭上或地面的电子支持设备动作提供精确的时间输出信号。这些动作包括关闭排气管为贮箱加压、外部电源切换到内部电源,给 S-IC 级各发动机发送定时点火指令等。这些动作发生得非常迅速,在有严格时序要求的情况下,不可能由测试人员手动完成。

弗兰克·布莱恩说:"终端倒计时时序基本上就是一个时间输出装置。输出信号能完成什么功能由电子支持系统继电器逻辑控制。假如你打算在发射前 40 s 完成某项工作,你让终端倒计时时序输出这个时间信号,并把它发送出去,它就会触动一个继电器,然后你可以在这个继电器逻辑中完成你想要的工作。"

继电器逻辑如同终端倒计时时序的功能扩展。电气支持设备 (ESE) 在倒计时中的动作并不是轮询系统数千个电路的状态,而是根据几十个逻辑事件的状态决定。

有些逻辑事件 (如推力失效) 可能立即中止倒计时程序。概括来说逻辑事件就是一种特定电路,它只有在其他外部条件电路都加电触发时,才会加电触发。任何给定的逻辑事件要想加电,它的前提条件是电路必须首先加电。例如,火箭发射准备好逻辑事件只有在火箭各级发射准备事件都就绪的情况下,才能够加电。如果某级没有准备好就会阻止倒计时程序继续执行 (倒计时需要在某点检查火箭发射状态是否准备好)。

一旦终端倒计时时序启动,就只能手动或自动发送一个中止信号来中断时序。在紧急情况下,应急程序可以通过 RCA 110A 计算机向电子支持设备发送离散输出信号,但这个功能在 "土星"-V 历次发射倒计时中只应用过一次。否则,"土星" 庞大的地面计算机在倒计时最后阶段将没有工作可干。

6.3.3　传递 – 逻辑 – 分布组合

传递 – 逻辑 – 分布组合接收来自发射控制中心控制台、计算机和发射平台/脐带塔测试设备的指令,然后激活发射平台/脐带塔、发射工位和火箭上的相应系统。这个庞大的分布组合网络完全是用继电器、跳线实现逻辑控制功能的 —— 在分布组合中根本没有采用计算机逻辑处理技术。这个巨大电子分布网络的部分示意图如图 6-22 所示。

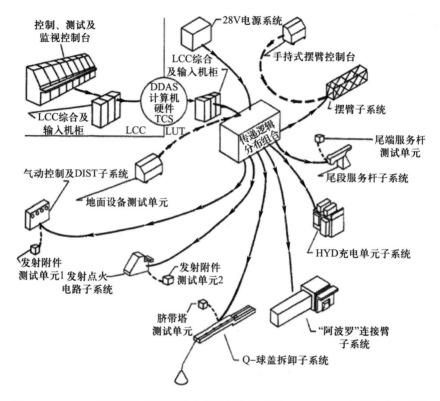

图 6–22 LC-39 发射区电子逻辑分布系统部分示意图。RCA 110A 计算机将发射控制室的指令发送到发射平台,在发射平台,分布组合系统再将指令发送到相关的支持设备

6.3.4 系统运行示例

本节将从发射控制室几百个控制台选出两个,举例说明它们的控制功能和范围。一个控制台负责控制火箭某级和其支持设备,另一个负责控制发射平台/脐带塔地面支持设备(该支持设备为全火箭提供服务)。

第一个例子是 S-IVB 级辅助推进系统发射和监测控制台 (简称 A 控制台)。在 "阿波罗 – 联盟" 测试和倒计时期间,A 控制台位置在 3 号发射控制室 B 区 B 排 16 号,由麦道公司的工程师 (呼叫代号 C4AL) 负责操作。A 控制台控制着排气和一些阀门,以及监测 S-IVB 级辅助推进系统发动机 (简称 APS 模块) 自燃推进剂系统的压力。两个 APS 模块功能是在飞行时控制 S-IVB 级方向,并在发动机再次启动进入奔月轨道前对 S-IVB 级主贮箱内的推进剂进行预先燃烧。该级的氦气瓶负责辅助推进系统贮箱加压工作 (图 6-23)。

图 6-23 发射控制室 B 区 B 排的 S-IVB 级 APS 发射和监测控制面板。麦道公司的工程师负责这块面板的操作。这块面板参加的最后一次任务是 3 号发射控制室实施的 "阿波罗 – 联盟" 发射任务

让我们看看 A 控制台上 4 个开关控制的电路。控制台面板中间右上方是两个压力表, 显示的是模块 II 氧化剂系统两处的压力。压力表的下面, 有两个开关控制着系统的阀门, 还有两个开关控制排气。下面的简化电路图给出了这 4 个开关的工作原理。负责操作这个控制台的工程师在操作前必须能够熟练掌握这样的电路图 (图 6-24 和图 6-25)。

图中最左侧部分是氧化剂加注阀门控制开关电路。如果开关位置处于 "CLOSE" 时, RCA 110A 计算机对电气支持设备 (ESE) 的 D12321 电路加电, 关闭阀门。处于 "OPEN" 位置时, 计算机对 D12320 电路加电, 打开阀门。当开关处于 "AUTO" 位置时, 计算机自动调用程序, 通过继电器 K800-2 和 K952 命令电气支持设备 (ESE) 对 S-IVB 级氧化剂

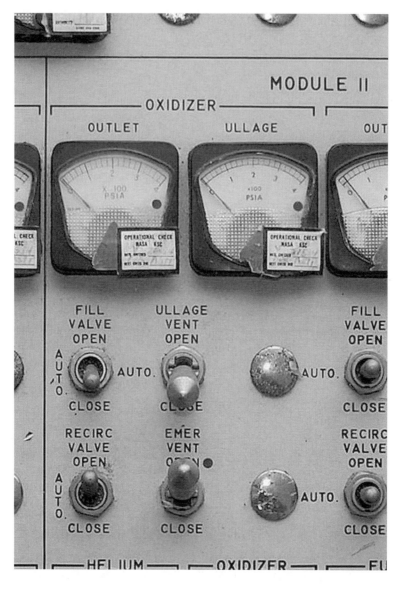

图 6-24 S-IVB 级 APS 发射和监测面板局部放大图

贮箱阀门进行操作。

电路图右侧是氧化剂紧急排放阀门开关。如图所示,此开关是一个硬连接,可以绕过发射平台和发射控制室的 RCA 110A 计算机。接通此

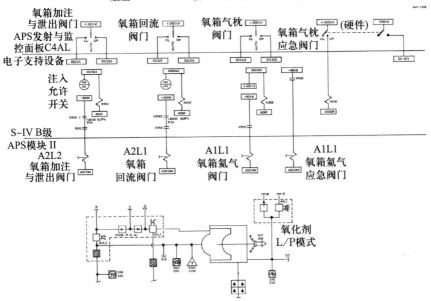

图 6–25　图 6-24 中开关的工作原理图。电路图右侧有一处硬连接 (虚线), 它可以在
必要时绕过计算机对该级进行应急控制

开关, 可以直接对继电器 K960 加电, 以打开 S-IVB 级紧急排放阀门。这
个开关只有在射前计算机故障的情况下才接通。作为一项安全措施, 在
这些硬连接开关接通前, 必须将开关置于关闭位置 (图 6–24 和图 6–25)。

　　第二个例子是配气系统控制台, 它在发射控制室 B 区 C 排 28 号,
由波音公司工程师 (呼叫代号 CPDC) 负责操作。这个控制台功能是监
视发射平台/脐带塔上的氦气配气系统、氮气配气系统、Q 球拆除系统、
氮气清洗系统和 11 号、12 号阀门面板等。

　　控制台上的模拟表盘将数字数据采集系统送来的数据显
示出来, 可以使 CPDC 测试工程师实时掌握各系统的气压数
据。"CLOSED-AUTO-OPEN" 三态开关通常置于 "AUTO" 状态, 这样
RCA 110A 计算机可以自动运行测试程序。但是, 测试工程师在必要时
可以接管程序, 手动控制气体进出口的打开或关闭。指示灯可以显示与
系统相关的大约 50 个事件的状态 (例如, 6000 psi 氮气阀门打开、平衡
阀门关闭, 等等)。虽然测试工程师不能控制 11 号、12 号阀门面板的任
何动作, 但是他可以通过控制台监视整个阀门面板的状态。他还可以通

过调度通信系统向操作阀门面板的人员发出指令。配气系统控制台的图片展示了一名测试工程师通过发射控制室一控制台可以操控的设备(电气支持设备和地面支持设备)范围(图 6–26 和图 6–27)。

图 6-26　1 号发射控制室 B 区 C 排的配气系统控制台

　　以上就是 B 区大约 100 个控制台中的两个控制台,这些控制台负责完成各种地面(电气支持设备和地面支持设备)及火箭上的设施设备的控制与监测。通过这些控制台、计算机和调度通信系统,发射控制室的测试指挥和工程师们就可以对 3 英里 (4.8 km) 外的发射区设施设备进行操控。在垂直总装厂房、发射平台/脐带塔、推进剂库房和 LC-39 发射区其余地方还配有类似的控制台。

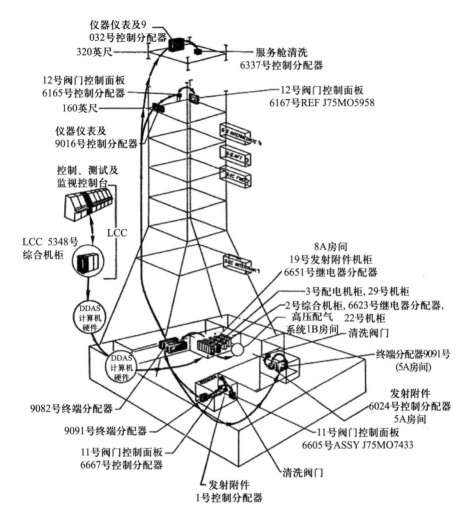

图 6-27　　图 6-26 中的配气系统控制台可以控制的发射平台和发射工位的设施设备

6.4　发射控制中心的调试

　　在 1965 年至 1966 年期间, 同时调试发射控制室和垂直总装厂房两处设备的过程非常艰苦。罗克韦尔公司里奇·罗比泰勒 (Rich Robitaille) 同其他几百名同事参加了 LC-39 发射区为首次发射进行的调试工作。他回忆说:

我在那段时间经常都着承包商的同事们安装控制台并把它们连接起来。有很多工程师、技术人员和质量控制人员。完成那些艰苦工作的质量控制人员和技术人员一般学历不高但技术很过硬。我们这些工程师总是不得不签字认可他们的工作。好多技术人员比我要大 5～10 岁。我和他们一起工作，从中学到了很多。他们教会我这些设备是怎么联系的，因为我对连接工作没有任何经验。

我们不得不同 110A 计算机打交道，学习了解它是怎么工作的。我们试着运行测试程序。我们每个人都有自己负责的子系统和控制台。如果你在计算机上遇到一个软件故障，那可能是你没有连接好控制台开关与外设的接线。如果你的测量表没有显示，你可能要花费 3 天时间去解决这个问题。你可能首先怀疑的就是计算机! 计算机确实有些问题，但是绝大多数问题是各种接线造成的。机械人员担心各种管路，他们很讨厌那台计算机。IBM 公司明白他们正在干什么，但是每次发生问题时，人们总是说: "计算机又来捣乱了!"

每个人都在磨练中逐渐开始配合默契。大家在一起工作，你的工作流程以及排故流程都在网络系统上讨论，所有事情开始像合作多年一样默契起来。因为还没有火箭，调试就是将所有的问题解决掉。我们调试用了大约一年时间。

我们同时还调试发射控制中心与活动发射平台。活动发射平台在垂直总装厂房内，遇到问题时，你只需要上到 16 层，我们的办公室就在那里。我们可以从办公室走到厂房高顶区，开始进行工作。你可以在发射控制中心留一个人，在高顶区留一个人，两人通过调度通信系统进行沟通，一起去解决"为什么我打开那个开关指示灯却没有亮?"并开始倒着查找原因。控制台中所有接线纠缠在一起 —— 可能只是控制台中的一根接线出了问题，你不得不拉出控制台。技术人员会发现只是一根接线没有焊接好。有很多工作就是去排除这样的问题。这就是我一年中大部分时间在干的工作。

弗兰克·布莱恩帮着解决设备问题:

当我们第一次启动地面设备时，所有的承包商都在检查他们的设备, 并测试他们的控制台与发射平台/脐带塔的继电器机柜的连接, 我打开一些排故文件。我查看并操作发射控制室中那些 "ON-OFF-AUTO" 开关, 对各种可能组合进行测试, 了解可能发生的情况。发射控制室的每个承包商都在调试和记录着。那很好, 因为可以了解实际情况。图纸上设计是一回事, 实际干起来是另一回事, 特别是那个 110A 计算机 —— 没人相信它。

艾克·雷杰尔, 作为火箭测试总工程师, 可以理解他对 110A 计算机任务准备情况的评价比较保守。库尔特·德布斯有时会埋怨他太过谨慎。在 1 号发射控制室调试时, 雷杰尔回忆说: "因为我总不确信控制间是否准备好, 因此我在开始测试时会犹豫不决。德布斯博士就说: '艾克, 这里的任何开关, 我打赌 50 美元, 如果我打开它, 它能正常工作。' 我不能接受打赌, 因为我认为他是对的! 这是他故意唱反调, 看你是不是真的支持你的观点。有个家伙根据我们在测试中的争论做了个小面板。" (图 6-28)

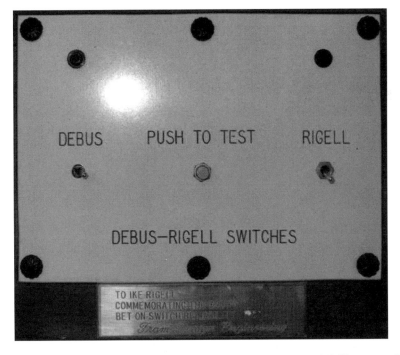

图 6-28 肯尼迪航天中心设计人员制作的开关面板, 用来纪念德布斯博士用 50 美元与艾克·雷杰尔对发射控制室开关可靠性打赌的事件

戴维·摩迦讲述了他在调试发射控制室时遇到的一些困难和压力:

> 1号发射控制室为首次"土星"-V火箭发射进行调试。我们努力把所有电子设备准备好,兰迪·尤曼斯 (Randy Youmans) 是测试方面的专家。艾克·雷杰尔和德布斯博士有时也会来。当然我们总是在忙碌地工作着。大概工作了几个月。
>
> 然后轮到我领队为第二枚"土星"-V火箭发射调试2号发射控制室。当时所有的关注点仍旧在1号发射控制室。我经常说:"如果我们在1号发射控制室遇到那样的问题,我们可能要向100个人进行解释,所有人都在帮着解决问题。"对2号发射控制室,我们小组被称为"第二梯队",我们只能靠自己。我们遇到的问题同样多,但是我们只能在没有任何关注的情况下依靠自己去工作。

6.5 关于航天器准备好指示灯

在发射倒计时期间,一名航天器测试指挥单独工作在发射控制室。指挥通常是约翰·赫德 (John Heard),有时是查理·史蒂文森 (Charlie Stevenson) 或其他人。当赫德单独工作在发射控制室时,他的同事们都工作在载人航天器操作厂房的 ACE 控制室,距离他 5 英里 (8 km) 远。

当斯基普·邵文在发射前 7 min 左右发出指令时,发射控制室的航天器测试指挥接通"航天器准备好"开关。鲍伯·西克 (Bob Sieck) 说:

> 我们航天器系统在发射控制中心只有两个人。一个是我们航天器系统的主任,他是坐在上面几排的任务管理层成员。我们还有一个工程师,他的工作就是接通一个开关,把显示面板上的指示灯点亮,绿灯表示航天器准备好,红灯表示航天器未准备好,或者灯处于熄灭状态。这就是他的工作。他只听命于载人航天器操作厂房的 ACE 控制室的斯基普·邵文。这两人是所有测试发射过程中航天器系统在发射控制中心仅有的两名工作人员。

航天器准备好指示灯是电子支持设备逻辑事件之一。当初的设想是,当控制台上的开关接通后,这个逻辑事件就加电触发。航天器系统的人可能不知道的是,在"阿波罗"计划中,他们的航天器准备好指示灯开关除了点亮面板上的绿灯外什么也不做。

故事起因是在一次倒计时测试时,调度通信系统所有信息表明"阿波罗"航天器已经准备好。但是,不知什么原因,发射控制室的航天器测试指挥没有收到航天器系统的指令去按时接通开关。因此电气支持设备逻辑链路中的航天器准备好逻辑事件就没有加电触发,这将导致倒计时流程停止在某一时刻。测试指挥保罗·唐纳利 (Paul Donnelly)知道了这一情况,他跑去命令航天器测试指挥接通开关。他最初不同意,后来他及时接通开关让流程运行下去。发射后这个事件在任务管理层中引发了热议。

发射后几周,发射控制室航天器准备好开关被悄悄地改动了。技术人员在发射控制中心终端设备间安装了一个跳线,将航天器控制面板到电气支持设备间的输出屏蔽了。航天器准备好指示灯开关仍然可以在特定时间控制着指示灯,但是它对倒计时流程不再有任何影响。给出的正式解释是,那个开关对 ACE 控制室直接给出的信息来说是多余的。航天器测试指挥如果觉得需要中断倒计时流程,他可以呼叫请求中止,但是他不知道的是,他控制的唯一开关仅仅只是摆设了。

第 7 章

发射工位 39A 和 39B

7.1 概述

通过前面章节,读者已经了解了航天器和运载火箭进行组装、测试及总装的一些地面设施。现在,我们将来到 "阿波罗/土星" 飞离地球前最后 2 个月停留的地方 —— 发射工位。本章将介绍 LC-39 发射工位及其辅助设施。同时,读者也将了解 "阿波罗" 计划实施过程中发射工位工作所面临的诸多挑战。

如同 "阿波罗/土星" 计划的其他组成部分一样,发射区地面设施的规模也非常庞大。发射工位 A、B 及其辅助设施是美国 20 世纪最大的工程项目之一。许多 "发射工位上的老鼠" ("pad rats",对发射工位工作人员的戏称) 将在发射区工作数月之久,这里已经成为他们的 "家",在工作期间他们还要忍受高温、潮湿、酷热、昆虫、毒蛇、鳄鱼、闪电、严寒,以及各种人为的危险。

读者在本章会看到许多亲身参与 "阿波罗/土星" 计划的工程技术人员的回忆。这些回忆在为读者提供一些有趣故事之余,也清楚地表明 "阿波罗" 计划的成功是科技与人类智慧的结晶。这些 20 世纪 60 年代精心设计的设施设备与工程技术人员的聪明才智和不懈努力的完美结合,最终确保了 "阿波罗" 计划的成功。

7.2 履带运输车和运输公路

首先我们将介绍履带运输车 (简称履带车)。这个庞然大物将发射平台/脐带塔和航天器从垂直总装厂房转运到发射工位。"阿波罗/土星" 计划为 LC-39 发射工位建造了 2 辆履带车。后来通过改造, 履带车还被用来运输航天飞机和空间站发射系统, 如今他们依然还在使用 (图 7-1)。

图 7-1　摄于 1966 年的一辆履带车

当初, 为了将发射平台/脐带塔和航天器从垂直总装厂房转运到发射工位, 工程设计人员提出了几种设计方案。一种方案是采用驳船转运。但是分析后发现, 由于船箭组合体异常高大且易于倾倒, 驳船方案因无法在其周围进行操作而被否决。另外也考虑过轨道运输方案, 但是也没有被采纳。

1962 年肯尼迪航天中心工程人员参观一处露天采矿场后, 受到启发, 提出了履带车方案。艾克·雷杰尔 (Ike Regill) 回忆道: "我和德布斯博士 (Dr. Debus) 一起去了肯塔基州的一处露天采矿场, 在那儿看到一个巨大的采矿铲。那家伙真大! 它连接着粗大的动力电缆, 因为它的发动机不是内置的。那次参观后就有了设计履带车的想法"。著名的肯尼迪航天中心工程师唐纳德·巴克·布坎南 (Donald Buck Buchanan) 也参与了那次参观, 受之启发, 他提出了整套履带车系统设计方案。

每辆履带车大约重 6 百万磅 (约 2700 t), 长 131 英尺 (40 m), 宽 114 英尺 (35 m)。它的基座高度可以在 20~26 英尺 (6~8 m) 之间调节。履带车基座安放在 4 辆双履带驱动运输车上, 每辆运输车 10 英尺 (3 m) 高, 40 英尺 (12 m) 长。每条履带由 57 块履带板组成, 每块履带板重约 1 t (图 7-2)。

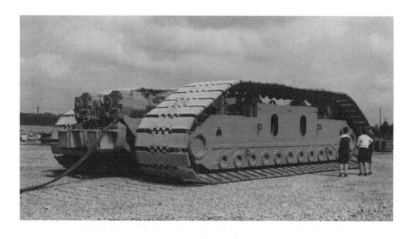

图 7-2　履带车的 4 辆双履带驱动运输车之一

　　在履带车斜对角方向各有一个驾驶舱。在 "阿波罗" 计划时期, 驾驶舱中的控制设备非常简单, 只有雨刷器、加速器、刹车器、无线电对讲器以及一个可调座椅。

　　履带车内部被发动机和各种连接设备所占据。两台柴油主发动机总功率高达 5500 马力 (4.1 MW), 用于驱动履带车, 另外两台辅助柴油发动机总功率为 2130 马力 (1.6 MW), 为基座调平和升降、转向、通风提供动力。履带车的辅助发电机在运输过程中为发射平台/脐带塔提供电源。在履带车中的控制间可以对这些设备进行监控。在 "阿波罗" 计划时期, 履带车共需要 14 名成员一起操作。在履带车正式行走前, 对发动机进行预热以及启动各种气压、液压系统就需要 90min (图 7-3)。

　　在运输过程中, 履带车和发射工位上的消防人员随时监视火灾预警系统。发动机室有一套干粉灭火系统。在前期对履带车进行测试时, 系统自动向发动机室泵入了 500 磅 (227 kg) 干粉灭火剂, 随后 NASA 将自动控制改为手动控制, 由消防员根据需要决定是否关闭该系统。

　　因为履带车运输时没有水源, 消防员在转运中也要使用脐带塔。工程技术人员可以在脐带塔各层操作设备, 在履带车运输时脐带塔电梯仍然可以使用。李 · 斯达瑞克 (Lee Starrick) 说: "履带车运输时会使脐带塔产生谐振, 如果你在脐带塔上抓着栏杆, 能感到所有东西都在震动

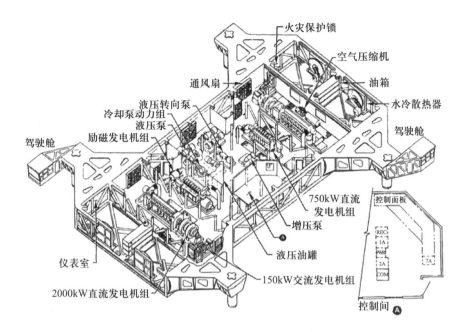

图 7-3 履带车内部主要设备原理图

(图 7-4), 整个运输过程中都会产生震动噪声。"

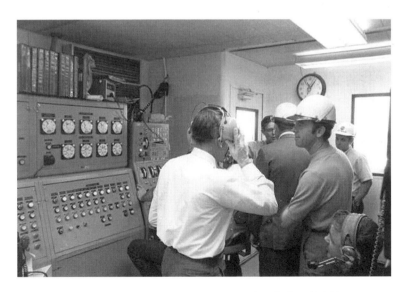

图 7-4 1970 年 11 月 9 日 "阿波罗"-14 转运时, 指令长艾伦·谢泼德 (Alan Shepard)
在履带车控制间

拉斯·劳埃德 (Russ Lloyd) 介绍了在运输过程中保持履带车负载水平的控制系统:

> 它是一套很基本的系统。该系统由两个巨大的水银压力计组成,它们沿斜对角交叉设置。每个压力计由一个有机玻璃管和沿对角线联通的管道组成。系统中注满水银,所有管路均密封良好。

> 调平系统主要由四个角的油缸实现,通过检测调整油缸内的压力来保持基座水平。我们有一套简单的控制系统,只要设置好我们想要的压力,控制系统就可以完成压力调平任务。

为了适应履带车、发射平台/脐带塔和 "土星"-V 火箭组合体的巨大重量 (超过 7250 t, 约 1600 万磅), NASA 为履带车修建了一条特殊的运输公路。这条公路包括两条 40 英尺 (12 m) 宽的道路, 中间隔离带宽度为 50 英尺 (15 m)。公路的总宽度相当于一条八车道高速公路。路基深达 7 英尺 (2 m)。这条公路从垂直总装厂房通到现在的参观台 (早期是活动服务塔停放处), 在此处公路分叉, 分别通向发射工位 A 和发射工位 B。从垂直总装厂房到发射工位 A 的长度约 3.5 英里 (5.6 km)。履带车以 1 英里/小时 (1.6 km/h) 的最快速度移动时, 需要 5 h 才能将发射平台/脐带塔和 "土星"-V 火箭从垂直总装厂房转运至发射工位。

劳埃德介绍了在建造运输公路时遇到的一个问题:"由于履带车加上运载火箭、发射平台/脐带塔, 或者活动服务塔, 重量非常大, 对运输公路的设计提出了很高要求。工程人员不得不把公路下方的渣土挖掉, 然后用好的材料进行回填。在公路外侧 1 英里或 1 英里半 (1.6 km 或 2.4 km) 处, 就有地下河流过。为了保护地基, 避免下陷, 我们不得不打入桩子防止水流侵蚀"。

建造运输公路的军方工程师遇到的另外一个问题是铺路的石料。设计人员指明需要用圆形冰川石, 这种石头可以最大程度减小与履带板 (每块履带板重约 1 t) 之间的摩擦力。从蒙大拿州或北达科他州运输冰川圆石到佛罗里达发射场的费用太高了。NASA 最终选择了产自阿拉巴马州的鹅卵石, 这种石头性能基本满足设计要求, 使用情况良好。从 "阿波罗" 计划开始, 这条公路路面已经翻修过数次, 最近一次是在 2013 年 (图 7-5)。

通过履带车转运时, 发射平台/脐带塔由履带车底层基座的 4 个接口支撑。到达发射工位后, 发射平台/脐带塔安放在发射基座 6 个支撑

图 7-5 "阿波罗"-14 转运至发射工位 A, 图中公路交叉口可通往发射工位 B(图左) 和活动服务塔停放点 (图右下方)

机构上, 支撑机构分布在发射平台下方。一个最大直径 9 英寸 (23 cm) 的锥形定位销确保发射平台与支撑机构对准。其中 4 个支撑机构安放在可伸缩支柱上, 可以像液压千斤顶一样, 起到支撑推进剂重量及缓冲加注时负载的动态变化。

7.3 活动服务塔

在 "阿波罗/土星" 时期, LC-39 发射区另一个特有的地面设备是笨重的活动服务塔 (MSS, 简称服务塔), 它为航天器在发射区测试时提供多项服务保障。

LC-39 发射区服务塔最初被称为 "火工品塔", 因为它最初的目的是用于火工品安装,这些火工品在中止飞行时会炸毁 "土星"-V 火箭。随着 LC-39 发射区和 "土星"-V 火箭设计方案的改进,服务塔的任务也在不断扩展。如今它最重要的任务是当航天器在发射工位测试时提供与航天器外部的连接通道,同时保护航天器。鲍伯·西克 (Bob Sieck) 在谈到服务塔时说:"我们早就知道在航天器上工作需要这样的设备。它不单是那种连接发射平台/脐带塔和摆臂的脚手架一类的东西。我们还需要它能够放置一大堆仪器设备"。

服务塔非常庞大。它高 402 英尺 (123 m),重量为 1200 万磅 (5443 t),占地面积约 135 平方英尺 (41 m²)。它比发射平台/脐带塔和未加注的 "土星"-V 火箭加起来还要重。

NASA 的 LC-34 和 LC-37B 发射区的服务塔均安装有轮子,可以开到运载火箭处,发射时撤回。LC-39 发射区的服务塔因为过于庞大,无法安装轮子滚动运输,因此它只能依靠履带车来运输。从发射工位撤收后,服务塔放置在通往发射工位 A 和发射工位 B 运输公路交叉口附近的停放处。

在运载火箭和发射平台/脐带塔从垂直总装厂房转运至发射工位后的 24 h 内,履带车将服务塔转运到发射工位,停放在发射平台/脐带塔南侧的支撑柱处。倒计时验证测试前,服务塔将被移到发射工位底部。倒计时验证测试后,履带车再将服务塔转运回发射工位,服务塔将在发射工位一直停留至射前几小时。

在发射工位停放时,服务塔会连接上各种电源线、数据线、通信线、水管和加注管道等。在航天器测试期间,服务塔底座有一套接收检查设备 (ACE) 与载人航天器操作厂房的 ACE 控制室进行信息交换。

服务塔外部安装有 3 部电梯。电梯的多层开放式轿厢可以同时装载仪器设备和人员。许多人在乘坐这些电梯时会很紧张。罗素·劳埃德 (Russell Lloyd) 回忆道:"因为轿厢会被风吹的来回晃动,我们给电梯的配重设置了一个稳定杆。当电梯运行到一半高度时,配重加载或卸载稳定杆时就会发出咔咔的响声。我们经常乘坐这些电梯,已经习惯了。其他人对此会感到不适应"。

约翰·特赖布 (John Tribe) 回忆中提到服务塔的电梯可能会随机停在某一高度,电梯门会突然打开。特赖布说:"你会很快明白这个规矩 —— 不要倚靠电梯门!"西克补充道:"我们多次使用这些电梯。它们不是那么可靠。有一次我和另外两名同事乘坐电梯时,电梯突然停在了楼层间,两侧的电梯门都打开了。虽然外面风景很棒,但是你要知道我们大概在 200 英尺 (61 m) 高, 没有东西可以把持。我们都趴在了地板上! 微风吹过, 心里想着:'不要往上看, 不要往下看, 迟早会有人来救我们'"。

还有一套环形皮带升降系统设计用来将人们从发射工位提升到服务塔第一层, 但是该系统也非常不可靠甚至很危险。有时, 人们进入该系统, 本来想上升, 结果却掉到了服务塔底层的防护网中。

服务塔有 5 个可以连接航天器的工作平台。当服务塔在转运时, 工作平台外侧展开, 当服务塔停放到位时, 工作平台可以将航天器围拢起来 (图 7–6 和图 7–7)。

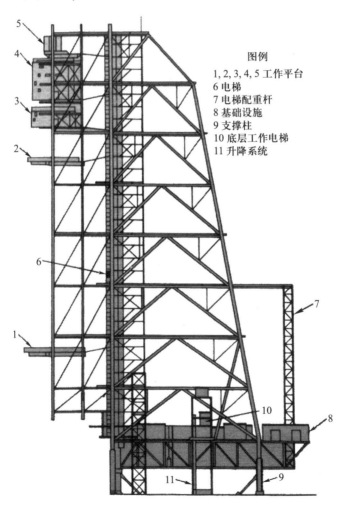

图例

1, 2, 3, 4, 5 工作平台
6 电梯
7 电梯配重杆
8 基础设施
9 支撑柱
10 底层工作电梯
11 升降系统

图 7–6　服务塔工作平台结构示意图, 第一和第二层工作平台高度可调

图 7-7　服务塔和履带车正在发射工位斜坡上

　　服务塔下面两层工作平台可以通过液压千斤顶调整标高, 以适应 "土星"-V 火箭不同级的高度。这两层平台是开放式的, 四周围着护栏。它们用于安装运载火箭 S-IC、S-II 和 S-IVB 级推进剂排放系统的导火索和线性聚能爆炸物。

　　服务塔上面 3 层工作平台可以将航天器包围密封起来, 形成一个内部环境条件可控的密封舱。这三层工作平台中的最下面一层对应着登月舱适配器 (SLA) 和登月舱。中间的工作平台有两层, 分别对应指令舱和服务舱, 两层平台间可以通过服务塔电梯通行, 或者走外面的楼梯。最上层工作平台对应着逃逸火箭, 这层工作平台上有一部舷梯连接着逃逸火箭顶端的 Q 球。

特赖布说最上层工作平台顶部对有恐高症的人来说是一个可怕的地方: "一次我送一个同事到服务塔上去。顶层工作平台最里端是连接 S-IVB 级辅助推进系统的阀门箱, 他在那里就抓住阀门箱不敢动了, 我们不得不上去把他带下来, 他已经完全呆住了, 根本不敢挪动半步"。

通过最顶层工作平台进入指令/服务舱或登月舱是工作人员的主要进入方式。工作人员既可以通过连接脐带塔和 "白房子" 的 9 号摆臂进入指令舱, 也可以通过服务塔工作平台进入 "白房子"。下面的登月舱适配器可以从连接仪器舱的 7 号摆臂进入。除了乘员室和服务推进系统 (SPS) 发动机喷管之外, 指令/服务舱的其他部分只能通过服务塔工作平台进入。

航天器和火箭 S-IVB 级辅助推进系统的自燃推进剂通过服务塔的加注系统进行加注。迪克·里昂 (Dick Lyon) 回忆中提到休斯顿最初设计的这套航天器推进剂和冷却剂加注系统却不能正常工作:

> 平台上安装了阀门箱和控制箱, 以及各种连接管道和仪器设备。我们一直说: "这样行不通!" 但是没人理睬我们, 我们只好按照要求去做。当第一次给航天器加注推进剂时, 除了一些烟雾外什么都没有加注进去。他们试图通过服务塔上一根口径 1 cm 的管道将推进剂泵至 400 英尺 (122 m) 高处, 实际只能泵至 20 英尺 (6 m)。

> 最后我们介入进去, 在很短时间内重新设计了系统。我们撤除了先前所有的管路和设备, 安装了接力泵和更粗的管路, 所有加注设备都安装在服务塔底层。原来想把设备装在电梯上, 然后升上去进行加注。但是谁也不想带着几百磅推进剂干活! 于是我们在地面加注设备和航天器之间的接口设计上花费了很多心血, 针对两边情况做了大量修改。

工作平台上的服务系统就是用于指令/服务舱和登月舱加注推进剂的许多设备和管路。罗克韦尔公司在管路上尽量使用硬管, 但在服务塔密封段内的断点处也采用了一些软管。

服务塔内部的照片很难找到。如今能找到的最佳照片是当服务塔撤离时, 从脐带塔上部拍摄的。这些照片可使人们一窥上面 3 层工作平台内部情况。在图中阴影处还可以看见一些仪器设备和管路 (图 7-8)。

图 7-8 服务塔密封段内部图,摄于 "阿波罗"-8 起飞前服务塔撤离时。照片中部可以
看到用于自燃推进剂加注的管路

沉重的工作平台和上面的仪器设备使得服务塔看上去很笨重, 在它的南侧底端有一个巨大的配重, 以防止服务塔向前倾倒。随着 "阿波罗" 计划的进展, 服务塔上面的加注服务系统复杂程度不断增加, 因此在服务塔后部又增加了配重以保持平衡。

在 "天空实验室" 计划中, 服务塔进行了适应性改造。在 "阿波罗 – 联盟" 试验计划两年后, 即 1977 年, 服务塔被废弃了。在航天飞机计划中, 服务塔部分结构被改造成回转服务塔 (RSS), 永久地固定在发射工位上。

7.4 发射工位 39A 和 39B 主体设施

NASA 为 "阿波罗" 登月计划在 LC-39 发射区修建了两个发射工位, 即 LC-39A 发射工位 (也简称为 39A 或发射工位 A, 位于发射区南端) 和 LC-39B 发射工位 (位于发射区北端)。它们距离 LC-39 组装区—— 垂直总装厂房, 大约 3.5 英里 (6 km)。

在 LC-39 发射区最初设计方案中, 39B 发射工位北端计划再修建 1～2 个发射工位。在 NASA 原计划里, 为了实现 1970 年载人登月目标, 发射频率有可能达到每周一次。随着 "阿波罗/土星" 系统设计方案不断成熟和飞行成功率的提高, 工程师们意识到不需要修建太多发射工位。许多人甚至认为发射工位 B 都是多余的。还曾经提出沿着海边在更北端修建一个发射工位, 用于核火箭发射, 最终也没有实施。

发射工位 A 和发射工位 B 构造基本相同。发射工位形状大致为八边形, 跨度约 3000 英尺 (914 m), 占地 30 英亩 (12 公顷)。每个发射工位修有一条环形道路。发射工位南端的大门是发射工位的主要入口, 履带车就是从南大门进入发射工位。运载火箭发射位置在发射工位中央。因为两个发射工位的布局结构基本相同, 因此在本章中除非特别指明某一发射工位外, 所有介绍均适用两个发射工位。本书中介绍的众多与发射工位有关的事件均发生在发射工位 A, 因为发射工位 B 只在 "阿波罗"-10、"天空实验室" 载人工程和 "阿波罗 – 联盟" 试验计划中使用过。

发射工位修建时, 在修建处堆放了 80 英尺 (24 m) 高的渣土。这些土方把下面的软土压实到要求的密度, 然后才被移走。随后将发射工位周边围起来进行施工建设 (图 7–9)。发射工位钢筋混凝土主体部分有 48 英尺 (15 m) 高。主体部分沿南北走向修建。主体部分为发射平台/脐带塔提供稳定的地基, 同时为发射平台/脐带塔和其他辅助设施之间提供电、液、气、燃料等连接接口。当发射平台/脐带塔停放在发射工位时,脐带塔在发射工位主体部分的最北端 (图 7-10)。

图 7-9　发射工位 A 上堆放的渣土,摄于 1964 年。土方的重量把下面的土壤牢牢压实,以便于发射工位修建 (照片由弗兰克·佩诺维奇 (Frank Penovich) 提供)

图 7-10　发射工位 A 全景图,运输公路将发射工位与远处的垂直总装厂房连接起来。图片下方是大西洋海岸线

发射工位的一个重要建筑物是导流槽,它把主体部分沿南北向一分为二。肯尼迪航天中心的一些人称呼它为导焰器 (Flame Bucket),这个

词是从 "宇宙神" 火箭和早期发射设施得来的。导流槽为起飞前 "土星"-V 火箭发动机工作时产生的火焰、废气以及噪声提供排放通道。在倒计时和发射时,一个楔形钢制导流器通过轨道运到导流槽处。导流槽450 英尺 (137 m) 长, 58 英尺 (18 m) 宽。发射工位主体部分两边的导流槽没有物理连接。

在本章下面部分,将介绍一些发射工位主体部分内部的工作间和主要设施 (图 7–11)。

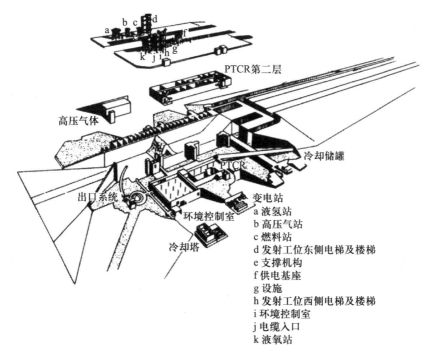

图 7–11 发射工位内部主要设施剖面图

7.4.1 发射工位终端连接室

发射工位终端连接室 (PTCR) 安装着连接发射平台/脐带塔、服务塔和发射控制室之间的数据与通信设备。发射工位终端连接室的模拟器可以模拟运载火箭和发射平台/脐带塔的一些功能, 这样当发射平台/脐带塔不在发射工位时, 发射控制室可以对发射工位的设施和功能进行检测。因为发射工位终端连接室就位于发射工位钢制导流器的西

边, 为了避免受到 "土星"-V 火箭发射时的冲击, 发射工位终端连接室
的重要设备均采用防震设计。

发射工位终端连接室是一个两层建筑物, 136 英尺 (41 m) 长。建筑
物四周和底部进行填土压实, 然后覆盖上混凝土。虽然名称中只有一个
"室", 实际上发射工位终端连接室包括一个会议室、数个设备间以及几
个射前测试用的工作间。发射工位终端连接室的空调系统可以对电子设
备降温, 在射前人员撤离后, 可以从发射控制中心对其进行远程控制。

发射控制中心至发射工位之间的各种连接线通过运输公路下面的
管路铺设。线缆通过发射工位终端连接室下方的地板连接到室内终端
设备, 然后连接到发射平台/脐带塔 (图 7-12)。

图 7-12　发射工位终端连接室第二层走廊, 前方为南。本书作者拍摄于 2013 年 8 月,
看上去发射工位终端连接室与 "阿波罗" 时期基本一致

7.4.2 环境控制系统

环境控制系统 (ECS) 位于发射工位地面西侧, 发射工位终端连接室北边。控制室安装有制气设备, 为发射工位上的运载火箭生产冷却用的空气和氮气。环境控制室内的设备主要包括空气压缩机、冷水机组、水/乙二醇储罐、冷却管路、空气加热器、风机以及室内空调设备等 (图 7-13)。

图 7-13 2013 年 8 月发射工位 A 环境控制室。"阿波罗/土星" 计划中的大部分设备在航天飞机计划中依然在用 (照片由本书作者拍摄)

3 套巨大的气体处理系统为 "土星"-V 火箭各级提供用气服务, 后来这些设备又应用于航天飞机计划。当运载火箭内部液氢或液氧发生泄漏时, 这些气体处理系统产生大量的氮气以排出那些易爆的泄漏气体。另有一套独立的小型气体处理系统为航天器区提供服务。这套系统管路与其他氮气管路完全隔离, 以避免氮气泄漏到乘员区①。

---

① 服务舱氮气灭火系统 (The Service Module Deluge Purge System, SMDPS) 是一套氮气发生系统, 该系统由发射控制室的航天器操作手控制。当在发射工位进行危险操作时, 系统待命工作, 当危险发生时, 按下按键系统就会向航天器外部, 以及服务舱、适配器、仪器舱的内部注入大量氮气, 以避免火灾。纯氮气环境对人是有害的, 因此只有当进行危险操作且发射工位工作人员穿好 SCAPE 防护服时, SMDPS 系统才可设置成一键启动模式。

7.4.3 橡胶室和防爆室

环境控制室北端的两个房间是航天员和发射工位工作人员紧急撤离系统的组成部分。紧急撤离系统正式称呼是"阿波罗"紧急情况进出和撤离系统①。发射工位工作人员称这两个房间为橡胶室和防爆室。这两个房间的功能将在第 8 章详细介绍。

7.4.4 高压气体存储设施

发射工位东边是高压气体存储设施以及用氮气和氦气加压的蓄电池组,它与终端连接室隔导流槽相对。这些高压气体被用于运载火箭推进系统加压和吹除。这些设施也可在发射控制室远程控制。

7.4.5 发射平台/脐带塔与服务塔的发射工位接口

发射工位主体部分的上层是发射平台/脐带塔和服务塔的停放区。发射平台/脐带塔停放在 6 个钢制支撑机构上,服务塔停放在 4 个钢制支撑机构上。当发射平台/脐带塔和服务塔停放到位后,工作人员通过内置在发射工位里的各接口塔将发射工位上各种设施设备连接到发射平台/脐带塔和服务塔上。当发射平台/脐带塔从垂直总装厂房转运到发射工位后,工作人员要花费一天的时间进行连接操作 (图 7–14)。

发射工位与发射平台/脐带塔之间的连接包括:

(1) 液氢。

(2) 氢气。

(3) 高压气体 (氦气和氮气)。

(4) 航天煤油 RP-1。

(5) 液氧。

(6) 电缆。

(7) 空调。

(8) 通信线缆、控制线、数据线以及各种设备。

(9) 通向橡胶室和防爆室的滑道。

---

① 紧急撤离系统其他组成部分包括连接指令舱的 9 号摆臂、一个过渡工作平台、发射平台上的两部高速电梯、发射工位 2 号电梯、装甲运输车、撤离滑道和一个滑索撤离系统。

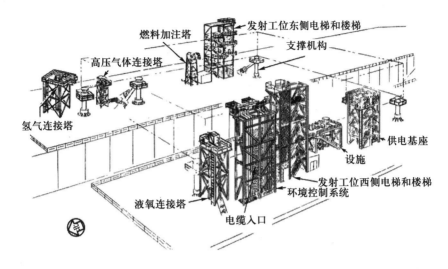

图 7–14　发射工位内用于连接发射平台/脐带塔的接口塔

7.4.6　瞄准间

瞄准间是一所低矮建筑物, 位于进入发射工位的斜坡上, 距离发射平台/脐带塔支撑机构约 700 英尺 (213 m)。瞄准间安装有经纬仪, 经纬仪用于控制 "土星"-V 火箭 ST-124M 惯性平台的方位以及设定火箭初始惯性坐标。经纬仪安放在一个与瞄准间其他部分地基隔离的基座上。经纬仪中心与运载火箭中心的距离精确标定为 765 英尺 $7\frac{1}{6}$ 英寸 (233.354 m), 经纬仪仰角为 25° 时正对着 "土星"-V 火箭仪器舱的瞄准窗口 (图 7–15)。

经纬仪发出一束红外光束瞄准火箭仪器舱的瞄准窗口。仪器舱内安装在 ST-124M 惯性平台上的两个棱镜可以反射 3 种不同波长的红外光束。经纬仪控制系统发出指令驱动电机, 使 ST-124M 惯性平台转动以将反射回来的红外光束照进经纬仪, 从而实现光线对准。通过计算机闭环控制, 确保经纬仪控制 ST-124M 惯性平台方位保持对准, 从而为运载火箭惯性系统提供初始参数。在射前 17 s 时, 经纬仪断开控制, 然后指挥员宣布:"方位建立"。

瞄准间和经纬仪系统由运载火箭陀螺仪和稳定系统主管米尔特·钱伯斯 (Milt Chambers) 负责。戴维·布金 (David Buchine) 是 IBM 公司 ST-124M 惯性平台系统专家, 他在发射控制室负责操作 ST-124M 惯性平台控制面板。钱伯斯说这套系统工作得非常好, "除了液氧蒸汽有

图 7-15　发射工位 A 的照片展示出瞄准间和通向橡胶室/防爆室的滑道

时会遮挡光线"。

7.4.7　S-IC 发动机检修设备

如果在发射工位测试期间出现故障,"土星"-V 火箭一级的 F-1 发动机是唯一可以在发射工位进行更换的主发动机。因为 F-1 发动机深入到发射平台导焰孔内,工作人员无法从发射平台或通过摆臂接近发动机。因此在发射工位使用了一个明黄色涂装的工作平台用于发动机检修,如同垂直总装厂房内的检修平台一样。

检修平台转运车停放在瞄准间附近。转运车由南北两端的绞车沿轨道拖动。转运车横跨在导流槽上,并将检修平台转运到发射平台/脐带塔处。当检修平台抵达发动机下面时,工作人员在平台 4 个角处连接上吊索,然后发射平台内的 4 部绞车将检修平台提升到工作位置 (图 7-16)。

7.4.8　发射工位摄像设备

图像监视系统依靠布设在发射工位区域的摄像机来监视发射和倒计时的各项工作。所有的摄像机都可以由发射控制中心远程操控。

在发射时,发射平台/脐带塔不同高度设置的高速摄像机 (均采取

图 7-16　转运车正在将检修平台运往发射工位上的安装工位

严格防护措施) 记录下 "土星"-V 火箭起飞时脐带塔和摆臂动作的画面。这些影像资料是 "阿波罗" 计划的重要物证。

在发射工位周边布设有 6 个摄像工位。每个摄像工位有 1 条直通道路, 工位配置 5 个混凝土摄像台, 其中 4 个用于工业级摄像机, 1 个用于高速测量摄像机 (1 架 CZR-1 带帧跟踪摄像机)。

摄像机拍摄的影像有助于工程技术人员测量和评估发射时关键系统的性能, 例如运载火箭的起飞漂移量。

不幸的是, "阿波罗/土星" 计划后, 许多高清高速摄像资料受到了无法挽回的损毁。这些影像资料存放在 LC-34 发射场的存储间里, 因为没有良好的环境保护措施, 这些影像资料受高温和潮湿环境影响, 损毁严重。

7.4.9　导流槽内的摄像机

随着 "阿波罗/土星" 计划的开展, 工程师们需要在 S-IC 级发动机下方的导流槽内壁上安装一套摄像机, 用于监测液氧泄漏。提普·泰龙 (Tip Talone) 负责这套摄像机的安装和测试工作。他的回忆向我们展示了在如何安装这套摄像机并且确保系统安全工作方面遇到的挑战。这些挑战也让我们见识了洛克·佩特龙 (Rocco Petrone) 的个人品格和管理才能 (图 7-17):

　　我们在处理 F-1 发动机液氧泄漏上遇到了问题。液氧会泄漏到发动机喷管内。当发动机启动时，如果液氧在下方聚集，很快将会发生危险。没有办法去控制它。我不知道他们是怎么发现这一问题的，但是我们被告知必须想法把这个该死的问题解决掉。

　　解决方案是在导流槽两侧的墙壁上挖出一个洞，将摄像机安装在洞中，镜头对准发动机喷管。当加注时，如果这个部位液氧泄漏，就可以看到液氧形成的蒸汽，然后工程师们可以对泄漏量进行评估，以决策泄漏是否安全。

　　作为一名下级主管，我的任务是负责这套摄像系统的安装。我和工作电视系统的那些同事一起去导流槽内安装摄像机。他们把导流槽耐火砖墙外壳凿开，在下面挖了一个布设线缆的通道。这项工作非常艰难。我计划在两侧墙壁各安装两台摄像机，4 台摄像机都指向发动机喷管。还要增设光源以便于看清发动机喷管内部。因此在摄像机边上还架设了探照灯。在设备前面是一层防爆玻璃。整个凿开区域被密封起来，并灌入氮气。你必须把电子设备用氮气密封，以防止爆炸气体进入密封区。

　　现在要说一说洛克·佩特龙：洛克知道每个发射工位导流槽上的格栅在什么位置，因为导流槽上的格栅松了会出人命。他可以在脑中记住点火时飞散的所有碎片。他知道每一个电缆槽盖板在什么地方。他会亲自走到发射工位下，将检查情况记录在清单上。他曾经这样记录："在 240 英尺（73.2 m）标高处有一个垃圾桶没有人负责"。

　　我们在调试摄像机边上的探照灯时遇到了难题。当打开探照灯和摄像机进行测试时，密封区内温度开始上升，升高到一定温度时防爆玻璃就会破裂，密封环境就被破坏，外面的气体就会泄漏进来。洛克知道了这个问题。我们在测试时就已经向他进行了简短汇报，我们告诉他我们会解决好这个问题。我忘记了具体解决措施，但是我们确实采取了一些措施以保证防爆玻璃不会破裂。

　　为了在推进剂加注前的审查会上向洛克汇报准备情况，我打算下去检查一次，确保一切准备就绪，其中一项检查就是这些探照灯。在我准备前往发射工位时,我告诉工作电视系统的同事们:"打开探照灯。让温度上升。我到那里去检查一下。"我让工作电视系统的同事们跟我一块去检查。

为了检查摄像机,你不得不在导流槽对面去察看,然后再绕到另一面去看对面的摄像机。你趴在导流槽边使劲往下探,刚好能够到防爆玻璃面板。于是我趴在导流槽边,此时导流槽已经打扫干净等待发射。我使劲往下够,四下感受那里的温度。防爆玻璃有点热,但不是很烫。我觉得它没有问题了。我把两边的摄像机都检查了。我对自己说:"这套系统要接受考验了"。

大概 2 h 后,我们来到 4 号发射控制室参加推进剂加注前审查会。我在会议桌边坐下。我和负责航天器的那些同事坐在试验指挥员两边。那些同事汇报了航天器的准备情况。然后我们开始汇报,我汇报了运载火箭及其地面设备准备情况。我的汇报包括所有的技术状态、所有的临时偏差报告 (IDR)、约束条件、团队人员的资质、加注方案、加注窗口时长、加注需要的时间、液氧推进剂库存量等,汇报内容都是洛克想掌握的情况。当我们结束汇报时,洛克盯着我,我有一种不好的感觉,因为洛克没有笑。如果洛克认为你完成的工作很出色,他会马上表露出来让你知道。但是这次,他没有一丝笑容。实际上,他像是用眼睛把我看穿了。

我汇报完问是否还有什么问题。洛克说:"嗯,那套监测液氧泄漏的摄像机和探照灯系统状态怎么样?"我回答说:"洛克,我亲自去检查了。问题已经解决。探照灯正常工作;防爆玻璃完好无损。摄像机也检查过了;摄像机镜头对准目标。我认为一切就绪。"洛克举起了他的手指,他的手指上缠着一条该死的邦迪创可贴。他说:"那么 1 h 前我去检查时怎么会被防爆玻璃割破了手指?"哦,上帝。我恨不得钻到地下。随后洛克站起身准备离开。洛克的离开仿佛是在说:"你们这些人不认真对待这项工作!我不能再相信你们!你们是在编些该死的故事给我听!"洛克转过身对汉斯·格伦博士 (Dr. Hans Gruene) 和其他同事说:"我不知道为什么你们不能把问题处理好!"我脸色苍白地坐在那里,浑身乏力。我在想:"我可以躲到桌子下面去吗?"每个人都盯着我,他们一定认为我像个傻瓜。洛克站起身,转了几圈,然后走了出去。

格伦博士和其他同事们说:"说说这事。这是怎么回事?"我告诉他们我的检查情况。我说:"2 h 前我去检查过。我还趴下去用手去摸过防爆玻璃。有两个同事和我一块儿去的。我们都检查过。两小时前摄像机系统确实没有任何问题!"

我们随后返回发射工位,千真万确,该死的防爆玻璃破裂了。很明显,热量的积累导致玻璃再次破裂。我们赶紧对防爆玻璃进行了修复。我带着修复人员去了洛克的办公室,我说:"我们已经修复了防爆玻璃。因此不会发生问题了。请您再去检查。对不起,我向您保证……"他说:"好吧,你们今后要更加努力些。"

图 7-17　导流槽内设置的摄像机拍摄的 "阿波罗"-11 F-1 主发动机

7.4.10　发射工位消防系统

消防设施要向发射工位喷射大量的水,从而实现灭火、降温冷却的目的。消防用水是从 3 口井中抽取出来并存储在一个容积约为万加仑(380 万 L) 的水槽里。

在推进剂泄漏时,导流槽和发射工位喷水系统会向发射工位和导流槽喷射大量的水。废水和推进剂排到发射工位主体部分北部的两个航天煤油 RP-1 排放池中。

喷淋系统用于发射时为钢制导流器和发射平台/脐带塔冷却降温。喷淋系统由时序触发的电子设备控制。一个容积为 14000 加仑 (53000 L) 的水罐为导流器冷却降温提供水源。发射平台甲板冷却降温由一个容积为 30000 加仑 (113560 L) 水罐和地面水槽共同提供水源,水通过 44 个冷却喷嘴和带孔的管道向发射平台甲板喷洒。最后,还有一套水雾系统用于给脐带塔和摆臂降温,该系统布设在脐带塔标高 30 英尺 (9.1 m)、120 英尺 (36.6 m)、160 英尺 (48.8 m) 和 200 英尺 (61.0 m) 处,从脐带塔四角的喷嘴喷射水雾。所有消防设施都可以在发射控制中心进行远程监控 (图 7–18)。

图 7–18 发射平台/脐带塔喷淋系统试验,时间大约在 1966 年。试验时发射平台/脐带塔还没有安装摆臂

消防系统靠高压氮气驱动水流, 在短时间内向发射工位喷射大量的水。由于使用的是高压氮气, 因此消防系统具有一定的危险性。史提夫·克斯特尔 (Steve Coester) 回忆中提到几次事故, 事故都是工作人员在处理消防系统高压部分时, 因没有采取有效防护措施而发生的:

> 消防冷却水是通过一条 36 英寸 (91 cm) 口径的巨大管道输送到发射工位, 然后用高压输送到 "土星" 火箭的顶部。有一天我正在液氢管路连接塔上进行测试, 我注意到技术人员正在调试消防系统。他们在 91 cm 口径的法兰上连接了一个减压器, 将管路口径降到 12 英寸 (30 cm)。然后连接上一条约 40 英尺 (12 m) 长的管道, 管道通到导流槽内。很明显, 他们正在准备进行消防系统某项喷水试验。
>
> 他们清空了试验区, 按下按钮开始喷水。巨大的压力冲击 30 cm 的管道时, 如同发动机在咆哮, 高压把整个 12 m 长的管道从 91 cm 口径的法兰上撕裂下来。当时迅速出现两个场景。第一个场景是 91 cm 粗的水柱喷射到几百英尺的天空中。第二个场景, 对站在导流槽边的我尤其重要, 就是那 12 m 长的管道飞到了几百英尺高, 缓慢地翻滚着似乎在寻找降落地点。我们站在 30 英尺 (9 m) 高的塔架上无处可躲, 只能干看着。谢天谢地, 管道掉到了导流槽里, 没有砸中我们以及我们的塔架。
>
> "阿波罗" 时期还发生了一次事故, 一名技术人员准备拆卸消防系统上的一个法兰, 但是他不知道消防系统处于加压状态。结果拆到还剩几颗螺丝时, 法兰被高压冲断, 重重地打到了他的胸部, 那名技术人员当场丧命。

7.5 发射工位支持区域

发射工位周边布设了各种各样为发射任务服务的设施设备。这些设施设备包括燃料系统、液氧系统、氢气系统、发射工位消防系统、摄影摄像系统以及其他各种设施。发射工位周边还有一些承包商的拖车和 NASA 的办公用房。

7.6 燃料系统设施

液氢 (LH₂)、氢气 (GH₂) 和航天煤油 RP-1 燃料系统位于发射工位东北方向。RP-1 是一种精炼的煤油,用做 "土星"-V 火箭 S-IC 级燃料。液氢用做火箭 S-II 和 S-IVB 级燃料。

波音公司的燃料小组负责操作 "土星"-V 火箭推进剂设施。史提夫·克斯特尔说: "我们在垂直总装厂房有办公室,但是我们几乎所有时间都待在 39A 和 39B 发射工位液氢球罐下的拖车里。靠近液氢球罐的是用于 '土星'-V 一级的航天煤油 RP-1 燃料库。我们中的大多数人只在航天煤油 RP-1 或者液氢系统工作,但也有一些人需要参与两边的工作。波音公司负责的另一个液氧小组,在发射工位另一边的液氧罐处工作。"

液氢系统的一个特色设施是容积为 850000 加仑 (320 万 L) 的球形储罐。由槽罐车把液氢输送到球罐内,加满球罐需要槽罐车运输 80 次。运输和卸载液氢是有危险的。李·斯达瑞克回忆道:

> 他们把液氢槽罐车从新奥尔良州的制氢厂开出。有一辆槽罐车出了事故。它从 10 号州级公路冲到了路边沟里。他们希望我们派出一辆大型救援车去支援,但是我们的救援车不能跑那么远。我们通过无线电告诉事故现场的人员该怎么做以及应当注意什么。

> 这些槽罐车在尾部有一个通风竖管。当他们到达事故现场,也许是因为夏季的雷电或者静电,通风竖管着火了。他们最后取来一个氮气筒。他们打开阀门,把氮气喷了上去,最终把火灭掉。

球罐附近的电控室里有一个汽化器,可以把液氢汽化为氢气。液氢加注系统不需要用泵输送,因为液氢非常轻,只要将汽化器产生的氢气输送到液氢球罐中加压,液氢就可以通过管道输送。液氢通过一根口径 10 英寸 (25 cm) 的管道以最大 10000 加仑/分钟 (37850 L/min) 的流速输送到发射工位。还有几十个用于氮气吹除的小阀门。燃料系统到处都是仪器设备、阀位指示器,并在所有可能发生泄漏的地方对危险气体进行检测。

克斯特尔在下面的故事中讲述了与液氢球罐有关的一件事情 (图 7–19):

　　在 LC-39 发射区修建时, 液氢球罐按照政府规范涂成上半部白色、下半部黄褐色。球罐上写着标语: "*Liquid Hydrogen, No Smoking*" (液体氢气, 禁止吸烟)。

　　有一天, 我们收到了一份通知, 说我们的氢气罐与美国职业安全与卫生条例管理局 (OSHA) 的规范不符。根据该管理局规范, 球罐的颜色应该是全白的, 并且标语要写成 "*liquified hydrogen, flammable gas*" (*liquified* 氢气, 易燃气体)。我质疑 "*liquified*" 这个词的拼法, 因为正确的拼写应该是 "*liquefied*" (液化的), 但是该管理局只认可那种拼法。

　　我们被告知必须重新涂装以符合新的规范。我们认为这太荒谬了, 要知道球罐直径有 80 英尺 (24 m)。你可以想象需要涂多大面积。我们拖延着, 直到最后受到罚款威胁, 不得不按照新规范组织人员对球罐重新涂装。显然这是一项繁重的工作, 涂装工人需要穿好防护面具, 使用大号喷枪干活, 这项工作耗费了几个星期的时间。

(a)　　　　　　　　　　　　(b)

图 7-19　发射工位 A 液氢球罐重新涂装前后对比照片

　　有两个排放池用于排放加注过程中泄漏的航天煤油 RP-1。一个排放池在发射工位北边, 另一个在发射工位西北。排放池面积为 250 英尺 ×150 英尺 (76 m×46 m), 池中水深 2 英尺 (61 cm)。在发射工位上溢出或泄漏的航天煤油 RP-1 流入导流槽内。航天煤油 RP-1 被水流稀释, 通过混凝土涵洞流入排放池。在排放池中, 一个套索将浮在表面的航天煤油 RP-1 吸附住, 并将余下的废水通过排水沟排出。

在液氢球罐和发射工位之间有一个 100 英尺 ×100 英尺 (30 m×30 m) 的燃烧池。当 "土星"-V 运载火箭加注后, 贮箱内的液氢持续蒸发。这些氢气通过发射平台/脐带塔的回收管路输送到燃烧池。有一套管路系统将这些废氢气从燃烧池中的起泡器喷出, 通过高温点火线圈将氢气烧掉。如何调整好 1500 个起泡器的泄出压力是一个挑战 (图 7–20)。

图 7–20　氢气燃烧池中的起泡器

7.7 液氧系统设施

液氧系统设施完成液氧存储和将液氧用泵输送到发射工位的任务。液氧系统设施主要位于发射工位西北部,靠近周边的道路。

液氧系统设施包括一个容积为 900000 加仑 (350 万 L) 的球罐、一个电控间、一个蒸发器、泵组以及两套抽真空的输送管道等。管路输送液氧至发射工位的流速高达 10000 加仑/分钟 (37850 L/min)。

加满液氧球罐大概需要 89 辆轨道槽罐车。液氧由米姆斯 (Mims)东部的 3 家大型工厂生产,就在肯尼迪航天中心北边。槽罐车以 5 辆为一个编组输送液氧。液氧球罐尽量罐满,以防止受到外界空气污染。

在 LC-39 发射区早期测试中, S-II 级开始加注液氧时,液氧系统和连接发射平台/脐带塔的输送管道没有采用冷却措施。液氧刚一进入管道,其温度开始升高就会产生气态氧气,当打开阀门时气压会骤然释放。这种气压骤然释放的现象被称为间歇泉,类似把温度很高的散热器上的盖子掀开时发生的现象。液氧系统的间歇泉现象会向 S-II 级的液氧贮箱内喷射出液氧和氧气的混合物,这种混合物的力量足以毁坏贮箱内的液位传感器和防晃板。

肯尼迪航天中心的工程师需要重新设计液氧加注系统以防止在后续任务中出现类似事故。厄比·摩尔 (Irby Moore) 说:"我们向冯·布劳恩做了一次事故现象演示。为了确保这种事故现象不再发生,我们在输送液氧的管道上安装了一个回流管,让升温的液氧回流一段时间,以确保只有 '冷' 的液氧输送到 S-II 级。"

比尔·海因克 (Bill Heink) 回忆道:

设计小组 (厄比就是其中一员) 提出了一项新的技术措施来为液氧降温。他们设计了一个新的回流管。管道与加注控制阀门安装在发射平台/脐带塔120 英尺 (36.6 m) 标高位置。打开旁路阀门实施降温时,液氧会输送到 140 英尺 (42.7 m) 处,然后进入回流管流到发射平台/脐带塔下方。管道内的液氧和氧气最终排放到地面上的一个储罐中,储罐位于发射工位斜坡西北方向。储罐大约占地 15 平方英尺 ($5\,m^2$),高 6 英尺 (2 m),四周有土质护坡。处理思路是把管路内的废氧回流到储罐中,让废氧蒸发掉,这样问题就解决了。一旦发射平台/脐带塔上的加注管道已经冷却下来,就可以关闭旁路阀门,开始向 S-II

贮箱加注液氧。

储罐边缘的通风管口径为 8 英寸 (20 cm), 通风管弯曲 90°, 直接伸进储罐内。液氧降温时流速为 5000 加仑/分钟 (18900 L/min)。加注管路是口径为 14 英寸 (36 cm) 的绝缘管。需要回流很多的液氧来为管道冷却降温, 这样管道内才不会产生氧气。

这套新系统的测试在发射控制室进行远程控制。海因克就站在液氧球罐附近, 距离新建的储罐大约 1000 英尺 (305 m)。如同预期的一样, 从回流管进入储罐的介质是液氧与氧气的混合物。海因克说: "流到储罐中的是漂亮的淡蓝色液氧。然后管道中输出巨大的气泡, 气泡把储罐里的液氧全部吹了出去。看上去就像在空中刮起了蓝色龙卷风。液氧掉落地面, 迅速从淡蓝色变成白色的氧气。然后发出巨响! 每次管道里输出气泡时, 就会发出这种可怕的 "咔 — 轰隆" 响声! 我能感觉到脚下的地在震动。非常震撼。"

新系统测试成功了。后来 S-II 液氧贮箱在推进剂加注时再没有发生过事故。

7.8 全系统合练: AS-500F 合练火箭

LC-39 发射区另外一个非常关键的硬件设施是名为 AS-500F 的合练火箭。AS-500F 也被称为合练箭、试验箭、SA-500F 或者简称为 500F。它是一个全尺寸 "土星"-V 火箭的模型, 这样当 "土星"-V 火箭还在生产制造时, 就可以对 LC-39 发射区地面设施设备的功能和匹配性进行测试。AS-500F 与 "土星"-V 飞行箭的重要设计参数完全一致。它也设有贮箱以及与脐带塔的接口, 这样地面推进剂加注系统就可以进行加注试验。指令/服务舱是一个模型, 没有登月舱。各级的发动机采用模型代替。

从照片上可以很容易地区分合练箭与 "土星"-V 飞行箭。AS-500F 分别在火箭一级、S-IVB 级的尾部和服务舱基座处涂有水平条纹。S-IVB 级的前端涂装也与飞行箭有所区别 (图 7–21)。

AS-500F 的功能是让发射场测试人员模拟演练运载火箭测试、组装以及发射工位地面各项操作。肯尼迪航天中心发射场是与 "土星"-V 运载火箭 (马休航天飞行中心设计制造)、"阿波罗" 航天器 (载人航天器中心设计制造) 同时开始建设的。技术人员希望能够有办法解决运载

(a) (b)

图 7-21 AS-500F 合练箭 (图左) 与 "阿波罗"-14 对比照片。S-IC 级、S-IVB 级和仪器舱的涂装差异非常明显

火箭与地面系统之间的接口匹配问题, 合练箭就是用于这个目的。例如, 服务塔的密封舱段会与脐带塔的摆臂相互干涉, 这个问题让洛克·佩特龙与肯尼迪航天中心的设计师巴克·布坎南犯难不已。

AS-500F 第一次从垂直总装厂房转运到发射工位是在 1966 年 5 月 25 日, 距离肯尼迪总统宣布要将美国人发射到月球刚刚过去了 5 年时间。无法想象这个庞大计划进展如此迅速。如今在 5 年时间里完成土地获批、LC-39 发射场设计几乎是不可能完成的任务。(图 7-22 和图 7-23)

1966 年 6 月上旬 "阿尔玛" (Alma) 飓风袭击了卡纳维拉尔角。AS-500F 合练箭在 6 月 8 日运回了垂直总装厂房, 看来设计师库尔特·德布斯 (Kurt Debus) 提出的发射场应该具备让运载火箭临时从发射工位转运到安全区的想法是非常明智的。合练箭 6 月 10 日重新转运回发射工位。

湿态测试是 AS-500F 合练箭最重要的测试项目之一, 该测试用来检查与推进剂加注相关的所有操作和设施设备, 包括贮箱、加注管道、

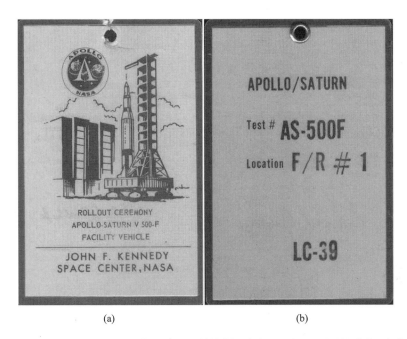

(a)　　　　　　　　　　　(b)

图 7-22 AS-500F 转运的徽章和 1 号发射控制室参加 AS-500F 测试的徽章 (本书作者收集)

图 7-23 1966 年 12 月 12 日 "双子星"-11 航天器从卡纳维拉尔角空军基地 LC-19 发射工位发射。远处可以看到矗立在 LC-39 A 发射工位的 AS-500F 合练箭

阀门、传感器、继电器、压力开关、断路器、泵、马达、风扇、蒸发器、通风器以及氢气燃烧池等。设计人员从未设计过像 LC-39 发射场如此大规模的加注系统，因此希望在正式任务开始前通过测试及时发现和改正缺陷。事实上，在 AS-500F 的湿态测试中发生的一次大事故差点影响"阿波罗/土星"计划的进展。

提到液氧球罐时，比尔·海因克说道 (图 7-24):

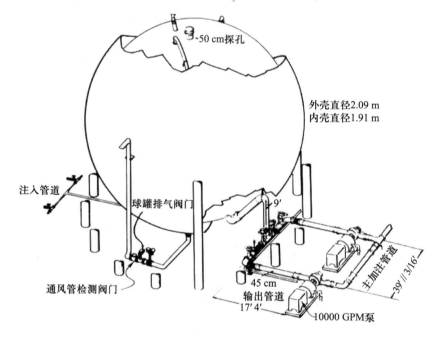

图 7-24　AS-500F 液氧加注事故前发射工位 A 液氧球罐管道线路图

双层的液氧球罐有一个明显的问题。液氧存放在罐体内层，两层弧形罐体之间的距离大约是 3 英尺 (1 m)，中间用一种叫做珍珠岩的绝缘粉末填充。主管道从下方通到泵，罐体下面有一个曲形管。当液氧流过曲形管，如果停止加注，管道内的残余液氧吸收外界热量就会蒸发。这会把曲形管顶到两层罐体中间。但在球罐外没有安装冷却管道。

最初，在我们泄出球罐内的液氧时，没有对那些曲形管安装任何专门的冷却设施。当你打开阀门，液氧就会流出。液氧流动时产生可怕的噪声，就像大炮在发射。1500 加仑/分钟 (5677 L/min) 的泵运转时声响更大。

　　我曾经回想, 在那次事故前, 我参加了多次试验, 那次的声响是最大的, 我不知道是什么原因导致的。

1966 年 8 月, 波音公司的推进剂加注小组为了检验加注系统, 第一次实施向 AS-500F 合练箭各级加注液氧试验。在试验时, 海因克就坐在发射控制室的控制台前, 他回忆道:

　　8 月 19 日, S-IC 级加注试验时, 很幸运我们在加注现场只有很少的人。负责加注的工程师叫阿尔·托马斯 (Al Thomas)。阿尔带着耳麦, 他在电控间里连上长长的线缆。他们从发射控制室远程打开阀门, 氧气从管道喷射出来, 当它流到球罐外面时, 气体把管道冲断了。我们在电视上监控。阿尔在话筒里大喊: "管道爆裂!" 现场除了大量的氧蒸汽外, 不见一物。和阿尔在一起的还有几名技术人员, 大概有 90 s 时间我们没有听到他们的声音。我们不知道他们是死在了液氧里, 还是发生了别的什么事情。

托马斯跑到液氧球罐东边的厂房里, 他找到一处地方插上耳麦。他汇报说主管道爆裂, 液氧倾泻出来了。发射控制室的人员商讨应急措施。在管道上有一个手动关闭阀门, 但是爆裂处在关闭阀门上游, 因此这个关闭阀门不起任何作用 (图 7-25 和图 7-26)。

人们只能在电视监视系统中无助地看着。大概 3 h 后, 球罐里的液氧排空了。大约 85 万加仑 (320 万升) 的液氧流到了碎石路基上, 这会带来爆炸的风险。海因克继续说道:

　　真正挽救了我们的是我们还有一套巨大的消防系统。他们马上打开水龙头, 让水漫灌入泄漏区。水把液氧与路基分隔开来。发射场安装有一个百万加仑的储水罐, 在通往发射工位 B 的路上设置了一个泵站, 事后我听说这次事故几乎把储水罐中的水用光了。

　　消防人员驾驶着前端装着喷水枪的大型机场救援车赶过来。在液氧停止泄漏 15 min 后, 所有的氧气蒸汽消失了, 消防员将救援车绕过球罐来到沥青路上。幸运的是, 液氧没有流到沥青路上, 否则液氧引发的爆炸会把救援车炸成碎片。

　　假如没有放水漫灌, 我们想液氧一定会漫流到球罐的碳钢支架。碳钢支架在低温下会发生结晶现象, 支架也许会断裂,

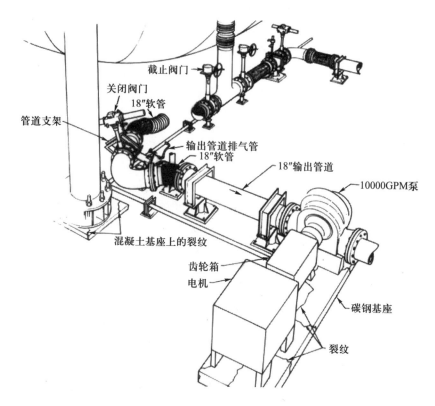

图 7-25　液氧管道事故部分结构图

图 7-26　液氧管道爆裂处照片

上面巨大的球罐就会倾覆下来。那样绝对会延误 "阿波罗" 计划, 因为液氧球罐没有备份替换。

NASA 的工程师厄比·摩尔 (Irby Moore) 在事故后检查了液氧球罐。他说 (图 7-27):

图 7-27　液氧球罐内部照片, 照片显示球罐出现了部分塌陷

我猜测液氧泄出产生的真空可能会损坏球罐内壁。液氧球罐至少 60 英尺 (18 m) 高, 且没法补充进空气。出于安全的原因, 我们不打算使用蒸发器。我知道有一个安全阀从内壁顶部直通到外壁。安全阀通过一个膨胀波纹管连接到外壁。

在泄漏区清理完毕后, 我爬上扶梯, 心里期望不要有事, 但是当我爬到球罐顶部时, 发现波纹管掉在下方, 这预示着我最担心的事发生了 —— 内壁顶部发生塌陷, 把安全阀管路扯下来了。随后的时间, 我带着吊索和气瓶下到内壁和外壁间, 那里间距 3 英尺 (1 m), 充满了珍珠岩绝缘材料。尽管我什么也看不到, 我凭感觉确信球罐发生了一定程度的塌陷。

球罐以高达 18000 加仑/分钟 (68100 L/min) 的速率泄出液氧, 但是仍然有液氧残留在罐中, 因此我们打开了排气管以排出剩余液氧。然后我们向球罐内通入暖风准备进入。这个过程持续了 24 h。

我们把珍珠岩粉去除掉, 用水注满, 连接上消防车的抽水泵, 开始对罐体进行修复。随着水流不断排出, 修理工程师和我在罐中划着橡皮艇 (从帕特里克空军基地借用), 检查罐体的受损情况。

设计师斯蒂文·哈里斯 (Steve Harris) 负责管理修复小组工作。波音公司的加注小组和催化制造公司 (Catalytic Construction, 球罐生产制造商) 没日没夜双班倒工作了 3 个星期, 最终完成修复工作。液氧球罐在不到一个月后即再次投入使用。

AS-500F 在发射工位进行设施检测时, NASA 安排了一次断电试验, 以检验发射控制室人员在供电系统故障的情况下对加注后 "土星"-V 火箭的操控能力。如果在倒计时验证测试或者发射倒计时时, 发射控制室对推进剂管理流程失去控制, 低温推进剂 (液氧和液氢) 可能会发射爆炸。因此必须对紧急情况下的应对能力进行检验。

罗克韦尔公司的弗莱德·科迪亚 (Fred Cordia) 介绍了 LC-39 发射场的供电系统:

火箭和地面设备多数使用从 110 V 交流电转换过来的 28 V 直流电, 通过本地的直流电源为设备供电。110 V 交流电源由本地电力公司 (佛罗里达电力照明公司, 肯尼迪航天中心的人们亲切地称之为 "佛罗里达闪光") 和应急备份发电机提供。在进行重要测试时, 应急备份发电机也同时工作。通常情况下由这些电力设施为发射场提供电力保障。

应急直流电源由一个 28 V 直流电池组提供, 安全起见, 电池组设置在远离发射工位的发射控制中心。应急直流电源在电力设施发生故障的情况下, 为诸多电磁阀、阀门、继电器等提供电源, 以保障火箭安全。这对所有运载火箭发射设施来说是必要的配置。但是, 对 LC-39 发射场来说, 必须串联两组 28 V 直流电池组以提供 56 V 直流电源, 因为从发射控制中心到发射工位的距离超过 3 英里 (5 km)。这么远距离产生的压降需要额外增加 28 V 电压, 这样才能确保在 5 km 外的发射工位有足够的电压为各种设备提供电源。断电试验目的就是在发生意外情况时检验应急直流电源保障运载火箭安全的能力。

比尔·海因克回忆中提到因为一个微小的疏忽, 差点导致断电试验

发生差错, 多亏及时发现并采取非常规手段解决了这个问题:

在断电试验前几天, NASA 电力系统的比尔·惠勒 (Bill Wheeler) 和我正在发射控制室里, 突然我们都想到了一个问题: "哦, 上帝! 发射控制室周边的工作平台都安装了应急照明, 但是在发射控制室里却没有一盏应急灯。"他看着我说: "我知道在哪能拿几盏应急灯。给我 10 min 时间。你开你的皮卡与我在发射控制中心会合。"我按照他说的做了。他开始在一张字条上写字: "这盏应急灯被用于 LC-39 发射场断电试验。试验后归还。"下面是他的签名"比尔·惠勒"以及他的联系电话。他写了一沓这样的纸条。

我们认为大概需要 10 盏这样的应急灯。比尔不知道从哪里征用了一辆拖车, 我们把它接在皮卡的后面, 开到了肯尼迪航天中心总部大楼前停下。我们穿过大厅去偷拿一些应急灯。我们拔掉电源, 从架子上把灯取下, 比尔在每个架子上都留了字条。我们把偷来的应急灯运到了发射控制中心。但是没办法把应急灯放到架子上 —— 架子太高了 —— 因此我们只好把应急灯放在地板上。这样当断电试验时, 就有照明了。也确实如此, 一切工作都按照预期进行。

弗莱德·科迪亚也在发射控制室参加断电试验:

这是一个非同寻常的经历。运载火箭在正常测试和照明条件下加注推进剂。加注完后, 发出切断电源的指令。马上, 除了应急照明系统外, 灯光都熄灭了。当然还可以看到控制面板上的指示灯发出微弱的光线。所有控制台一直工作到火箭推进剂安全泄出后。证明 56 V 直流应急电源系统可以保障火箭供电安全。

我在"宇宙神"洲级弹道导弹任务中担任过试验指挥员, 并多次遇到这样的紧急情况, 我理解这对指挥员意味着什么。这是"紧急时刻"! 试验按照计划进行, 所有参试人员能够胜任工作岗位, 特别是波音公司推进剂加注小组 (他们负责火箭推进剂加注及泄出工作)。我相信这样的情况会让一些参试人员和 NASA 的火箭试验指挥员们心情紧张。

在检验了 LC-39 发射区设施设备的设计和操作性能后, AS-500F 合练箭在 1966 年 10 月 14 日最后一次转运回垂直总装厂房, 并在 10 月 21 日进行了分解。肯尼迪航天中心在 1966 年夏天完成的 AS-500F 合练箭试验, 为来年 LC-39 发射区的正式发射打下了坚实基础。

第 8 章

发射工位的日子

　　LC-39 发射场是太空竞赛时期美国技术实力的巅峰之作。短短几年时间, 肯尼迪航天中心拥有了国家最先进的计算机系统、远程控制设备 (可以完成数百万加仑低温推进剂加注) 以及无数规模庞大、技术复杂的设施设备。美国人可以在彩色电视机上看到闪光灯下的 "土星"-V 火箭, 他们见证了 "土星"-V 火箭载着 3 名英雄航天员发射升空的传奇。

　　让我们看看在令人激动的发射场面背后 —— 绝大多数观众在电视中看到的场面 —— 是什么样的工作才使发射升空成为可能。那绝不仅仅是你在电视里看到的发射控制室内几百号穿着工作服的男同胞 (也有一些女同胞) 完成的那点工作。在 "土星"-V 发射前的两个月, 发射场工作人员克服了无数困难和各种不利工作状况, 才保证了火箭能够成功发射。

　　本章将向读者展示发射工位上完成的工作。许多内容是参加任务的试验人员的亲身经历, 对他们来说, "发射工位上的老鼠" ("Pad Rats", 发射工位工作人员的戏称) 是一种荣誉称号。

8.1　安全

　　安全是肯尼迪航天中心常抓不懈的一件事。一方面, 为了人员安全, 必须让人员远离危险区。许多兴奋的贵宾、参观人员, 甚至肯尼迪航天中心其他工作区的员工都想尽可能离发射工位上的 "土星"-V 火箭再近些, 而他们可能没有意识到发射场存在的潜在危险。安全就是要确保人员平安。

美国 20 世纪 60 年代末期的国内动荡有时也会影响肯尼迪航天中心。乔安·摩根 (JoAnn Morgan) 回忆到有一次游行群众聚集在中心南门口，呼喊口号："我们不要月球上的石头，我们要能吃的食物。" 杰克·金 (Jack King) 也记得有一次就在发射前，一个民权组织在中心门外组织抗议活动。金回忆道："他们驾着一辆牛车来到大门口，抗议 NASA 花了太多纳税人的钱。我们的局长当时正在中心吃午餐，他走到大门外和他们对话。他说：'在这件事上如果我可以采取任何方式来帮助你们，我将中止发射任务。' 他倾听他们的诉求，并且表达了他的观点，他们最终接受了他的意见。"

8.1.1　通行证

肯尼迪航天中心的工作人员在执行任务时至少会佩戴一个通行证。所有人都有一个 NASA 颁发的带照片的身份识别证。工作人员要进入各限制区需要佩戴数不清的各种通行证。这些通行证没有照片，但是根据不同任务会以不同的颜色加以区分。有时通行证上会印上数字或者字母，用以表示可以进入发射区的某些区域、活动发射平台、运载火箭或者航天器。有时通行证上也会用各种彩色条纹表示证件持有者可以通行的区域。

有时也会为一些特别活动颁发通行证，例如运载火箭转运仪式、政要参观、审查会或任务发射等 (图 8–1)。

查理·巴克利 (Charlie Buckley) 领导的肯尼迪航天中心安全办公室负责通行证管理。有时，一组通行证会颁发给一个团队，由团队分发给所属人员。例如，试验主管办公室负责管理任务中可以进入发射控制室的人员。他们的通行证全部按照连续的数字序列编号。巴克利幽默地每次把编号为 007 的通行证留给自己。

在发射工位进行具有一定危险性的测试时，需要在外边的检查站交换通行证。当工作人员需要开展一项危险作业，他在检查站把他的通行证留下，换成特殊通行证进入作业区。这样，如果在发射工位发生灾难事故，安全人员就可以知道谁在灾难现场，如同恩尔尼·雷耶斯 (Ernie Reyes) 所说："调查人员至少可以知道你在哪个区。"

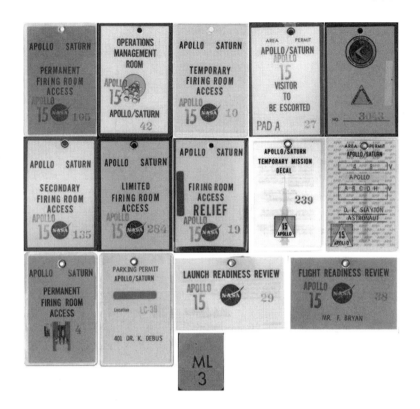

图 8–1　肯尼迪航天中心在 "阿波罗"-15 任务中使用的一些通行证 (本书作者收集)

8.1.2　苏联的侦察

肯尼迪航天中心在冷战时期处于一线前沿。来自苏联的威胁一直存在。对苏联来说阻碍美国人登月显然比苏联人自己实施登月要容易得多。苏联的空间计划非常保密, 因此美国不得不认为苏联可能会竭尽所能阻止美国完成首次登月的壮举。

美国空间计划的一个显著特征是许多计划对媒体和公众是透明的。许多曾参加美国陆军弹道导弹局 (后来也成为 NASA 的一部分) 工作的人感到, 相比导弹局工作,"阿波罗/土星" 计划很少有保密内容。为数不多的保密内容包括安控密码 (用于解码无线电信号以炸毁火箭) 以及ST-124M 制导平台 (它采用了一些 "潘兴" 制导导弹使用的技术) 等。

透明的代价就是苏联经常在附近进行侦察活动。在 "阿波罗" 计划时期, 麦道公司的肯 · 奥耶 (Ken Oyer) 负责执行空中防护。他驾驶改装的超级星座号飞机,在空中监测苏联的入侵。他说:"苏联人对我们在卡纳维拉尔角干什么很感兴趣。他们会在公海驾驶飞机,试图通过遥测信号偷听和发现些什么。我们会发现这些情况,有时会出动战机驱赶他们。通过雷达,我们还发现过一艘上浮的潜艇。潜艇出了问题,它没法下潜。我们得以拍了很多不错的照片,并掌握了那时他们潜艇的很多技术。"

最后一次事故与下面这件事情可能相关也可能不相关,事情发生在20 世纪 60 年代晚期,乔安·摩根和她的丈夫正驾船沿着卡纳维拉尔角海岸线进行一次深海钓鱼:"一艘潜艇离我们船很近的地方浮出水面!我们经常听说他们在那里出没,但是真的亲眼看见一艘浮出水面的潜艇确实很罕见。我正半睡半醒着,突然之间发现了潜艇,我大喊:'洛瑞!那是什么? 那是一艘油轮吗?' 他看了看潜艇说:'亲爱的,那是艘潜艇!让我们拍几张照片。' 他拿出照相机,随后潜艇上的人冲上甲板,他们拿着枪,大喊着:'Nyet!Nyet!' (注: Nyet 为俄语 "不" 的意思) 他们是不想让我们拍照。我们马上掉转船头离开了那里!"

8.1.3 "阿波罗" 工作人员考察程序

"阿波罗" 工作人员考察程序 (APIP) 与政府其他安全考察程序不同,它不需要对访问机密信息之类的权限进行审查。相反,它的目的是考察哪些人有可能进入运载火箭或航天器搞破坏。艾克·雷杰尔 (Ike Rigell) 认为最关键的人员是射前进行航天器收尾工作的人员。雷杰尔说:"他们会调查两件事。首先你是否债台高筑,或者你发了大财买了100 英尺长的游艇,钱是怎么得来的? 其次你是否是同性恋,这是 20 世纪 60 年代的文化观念。它不是一种基于宗教或者道德的考察,它是当时社会风气的烙印,那时有人会据此来敲诈勒索你:'如果你不把火箭上的电缆剪断我就给你曝光……'" (图 8–2)。

肯尼迪航天中心的一个管理小组审查 APIP 考察的结果。雷杰尔说:"如果有问题,你也不会被解雇,但是你可能从敏感岗位临时或永久调离。我们知道一个家伙是同性恋,就把他调到其他中心去了。"

在任务流程特别关键时期,对个人进入航天器或者其他系统有严格限制。程序要求: APIP 有效。需要结伴工作。在此期间,工作人员必须采取双人制开展航天器或运载火箭收尾工作。

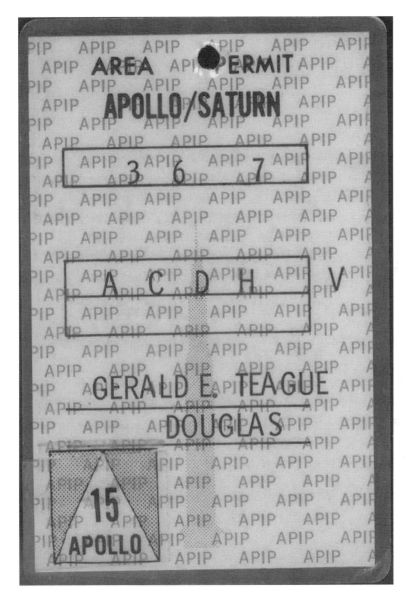

图 8-2　APIP 颁发的通行证 (本书作者收集)

　　也有一些偶发危险需要应对。在 "阿波罗"-14 任务期间,一个匿名电话打进肯尼迪航天中心,威胁要炸掉发射控制中心。雷杰尔说: "我们对发射控制室夹层地板下面展开了秘密搜查,寻找潜藏的炸弹。我们没有声张,但是扒开了一些面板,因为有人声称面板下面有炸弹。"

8.2 发射工位终端连接室内的工作

航天器、运载火箭和其他辅助设备的工作人员一起在发射工位终端连接室狭小的空间里工作。波音公司的环境控制系统人员在 216 房间工作。比尔·海因克 (Bill Heink) 和推进剂电控人员在发射工位终端连接室的 215 房间 (推进剂电控设备就在对面 210 房间) 工作了将近 10 年。

海因克讲述了发射工位工作人员的一项娱乐活动: "在 '阿波罗' 时期,天花板上喷覆着厚厚的绝缘材料。我们常拿根橡皮筋把铅笔射到天花板上,铅笔就会钉在上面。我们经常在发射前这样干。每个人都想知道发射产生的震动是否会把铅笔震下来,结果没有一根铅笔掉下来。在后来航天飞机时期,我重返故地。所有的喷覆绝缘材料都不见了。我问一名好友,他说:'你们用的都是石棉材料。'" 如今肯尼迪航天中心在不断地减少石棉的使用 (注: 由于石棉纤维能引起石棉肺、胸膜间皮瘤等疾病,许多国家开始禁止使用这种危险性物质)。

早期在靠近发射工位终端连接室的入口安装了一台自动售烟机,但是发射区却没有安装售卖食品的设备。工作人员要么自带午餐,要么回到总部去吃午餐。恩尔尼·雷耶斯回忆道,在 "阿波罗"-9 任务时,发射工位终端连接室安装了第一台自动食品售货机,直到 "阿波罗" 计划结束,这是发射区唯一的一台正式 "用餐设备"。雷耶斯说当感恩节期间人们在发射区工作时,缺少美食的感觉愈发强烈,他说: "有一次午餐时间到了,一些同事和我来到售卖三明治的机器前。售货机里只有一块三明治了。蚂蚁排成长队从地面爬上机器,进入售货机内,爬上那块三明治。那种感觉真不好。待在家里的人正在享用火鸡,而你在那儿工作了12 h,只有售货机中的一块三明治,而且你还没法改变什么。但无所谓了,反正三明治已经归蚂蚁了!"

8.3 发射工位上的女士们

发射工位终端连接室第二层的男厕所是整个发射工位唯一的厕所。当需要方便时,男同胞们通常在发射平台/脐带塔边上或场地什么地方解决。在 "阿波罗" 时期发射工位周边没有女厕所。发射工位区域没有

(有些人认为是不允许) 女性进入, 因此没为女同胞修建厕所。最终在 1970 年才把一个废弃的电池实验室改造成一个女厕所。

安·蒙哥马利 (Ann Montgomery, 她向雷耶斯汇报工作) 是因工作关系需要定期进入发射工位的少数女性之一。她是飞行机组设备工程师, 负责管理 "阿波罗" 航天器所有装船物品。她负责收集管理清单, 上面记录着所有装船物品和设备的安放位置。雷耶斯说:

> 发射工位有一条不成文规定: "妇女禁止进入发射工位。" 当她第一次去时, 我接到门岗保安打来的电话, 他说: "对不起, 雷耶斯先生, 我们不能让女士进入发射工位。" 我告诉他: "仔细看看你面前的人。网球鞋、牛仔裤、宽松的运动衫、安全帽, 还有通行证。她开着卡车, 还有 3 名协助她的同事。她不是普通的女士; 她是 NASA 的工程师。放她进去。" 从那时起, 没有人对女性进入发射工位再说什么了。

> 她需要换上兔子服 (洁净室工作服) 才能进入舱室。感谢上帝她不是一个扭捏的人! 我们挂起几张床单当作她的更衣室。

8.4　拖车

临时办公拖车是早期发射任务中卡纳维拉尔角的一大景观。"双子星" 航天员就在一处发射工位边停放的拖车上更换航天服。然而, 随着 "阿波罗/土星" 计划的开展, 使用拖车的工作人员数量远远超过 NASA 的预期。

一名工程师推测, NASA 之所以采用一些临时拖车而不是修建永久性的办公场所, 是因为对 "阿波罗/土星" 计划的误解。NASA 原设想航天器可以良好的技术状态运到肯尼迪航天中心, 因此发射场只需要提供很少的一些地面设施, 经过几周的准备就可以发射。这样肯尼迪航天中心就不必为工作人员修建永久性的办公场所, 工作人员只是从亨茨维尔离开几个星期, 发射完火箭后就可以返回。不幸的是, 这个设想不切实际。随着 NASA 和各承包商在发射场需要更多的办公场所, 拖车就大量出现了。

拖车有效地充当了测试检查记录站 (存放状态管理记录), 也可以作为后勤物资、零配件、工作服、纸张、工具和其他发射工位需要使用物品的存放仓库。拖车还可以在液氢加注操作时充当穿着 SCAPE 防护服操作人员的集结区。SCAPE 防护服相关操作在本章后面会详细介绍。

拖车提供了相对便宜的办公场所，但是拖车也给后勤运输提出了挑战：在每次发射前需要把拖车拖离发射区。倒计时验证测试刚一结束，这些拖车就要拖到服务塔停放处，距离发射工位大约 1 英里 (1.6 km)。发射后，这些拖车又要被拖回原处。

来回拖拉加上海边潮湿的环境影响，导致很多拖车出现破损。康尼·佩雷斯 (Connie Perez) 说他的办公拖车骨架变形严重，以至于门和窗户没法关严。每到刮风下雨时，雨水就会从门框飘进来，拖车里的人不得不赶紧找东西来保护文件资料。

拖车充其量只是为工作人员提供了一个最低限度的庇护所。约翰·特赖布 (John Tribe) 说："1969 年我安排一名同事去发射工位工作，让他在一间拖车里办公。因为他进去后大惊失色，我据此还画了一幅漫画 (图8-3)。他进去时衣冠楚楚，却发现拖车里到处是蟑螂，环境非常糟糕。"

图 8-3　讽刺漫画，讽刺一名指令/服务舱工程师还没有做好当一名 "发射工位上的老鼠" 的准备 (约翰·特赖布画)

迪克·卡洛拉维奇 (Dick Koralewicz) 回忆起一名格鲁曼公司的工作人员想办法让大家在拖车中生活的方便些："他自己开设了一个类似小商店的东西。他经常买些类似汽水、饼干之类的东西向大家出售。他不是为了自己谋利。当卖了足够的钱数，他会叫所有买过他东西的人去梅里特岛消防站享受一顿牛排大餐，在消防站里吃牛排喝啤酒。这对鼓舞士气真的不错。"

8.5 活动发射平台内部

弗莱德·科迪亚 (Fred Cordia) 回忆, 在正常工作期间会有几十人在活动发射平台内工作。发射平台内部空间相对外部环境为正压。空气入口远离发射工位污染源。这样可以避免各种有害气体在发射平台内部聚集。

为了保持发射平台内部的气压, 在出口处安装了一套气闸舱。如果不按照正确的流程开关气闸舱有可能会导致人身伤害。凯莉·菲奥伦蒂诺 (Kelly Fiorentino) 记得有一次一名年轻技术人员的手被气闸舱吸住, 导致他失去了一根手指。

发射平台内部的计算机和电子设备间都安装有空调, 但是其他房间就没有了。基恩·斯皮尔格 (Gene Spilger) 这样描述发射平台内的工作环境: "当发射平台转运到发射工位时, 每级火箭承包商在发射平台内都有一块工作区。我们在 6AB 室, 夏天时室内温度会达到 49°C (120°F)。就是那样, 我们老板还是坚持要我们穿衬衣打领带。我知道其他承包商也面临同样的问题。那真令人痛苦。没人想待在那里! 我们都想出去。"

航天器测试人员一般不会进入发射平台; 发射平台是火箭测试人员的领地。雷耶斯作为一名航天器工程师总结了他对发射平台内环境的印象: "我去过发射平台里面几次, 每次我都对自己说:'感谢上帝, 我可不用在那儿工作!' 我无法忍受那里的环境。那里就像你在装卸弹药一样难受。"

8.6 穿越摆臂

脐带塔结构需要尽可能开孔, 这样可以便于雨水或者灭火剂流到地面去。同时这样的构造使得风刮过时不会产生过大位移, 从而避免碰撞"土星"-V 火箭。因此, 弗莱德·科迪亚说道: "脐带塔每一英寸都布满栅格。如果站在平台中间位置往下看, 你会看穿下面的那一层。你往下走3 到 4 个台阶, 转过一个弯, 再往下走一段台阶, 就来到摆臂前。一旦离开脐带塔走上摆臂, 你会发现摆臂全是格栅结构。如果你站在摆臂上往下看, 可以直接看到地面。我会迫不及待地想赶紧进入火箭里。"

当火箭矗立在发射工位时, 对有些人来说穿越摆臂是一项挑战, 特别是当他们第一次尝试时。约翰·康威 (John Conway) 清晰地记得他第

一次到发射工位参观火箭时的情形 (图 8-4):

图 8-4　钢铁般的意志: 波音公司的工作人员站在黏性阻尼器的末端, 就在 "天空实验室" 轨道器鼻锥处。他们离地面大约 400 英尺 (122 m), 下面没有安全网

　　我刚开始跟着鲁道夫·布伦斯博士 (Dr. Rudolf Bruns) 工作。他有一天对我说: "我们去发射工位上看看航天器。你还没有去过吧?" 我说: "是的, 没去过。" 他说: "好吧, 你今天去吧!" 我一点不知道接下来会发生什么。

　　我们来到发射工位, 发射工位的基座就有 7 层楼高。沿着斜坡来到发射工位, 这里就已经很高了。然后我们进入封闭的电梯内, 开始向上提升。我感觉还挺好。我在想: "这也没什么嘛!"

　　当电梯门打开时, 我们正好对着 "阿波罗" 航天器上面的逃逸火箭。电梯里的人都走出来, 来到一块踏板上, 踏板不是焊接的, 它靠几个螺钉固定着。当你踩上去时会来回晃动。想想一个人站在 400 多英尺的空中, 在你和地面间只有一根 2 英寸 (5.1 cm) 粗的管子 —— 我告诉你: 我的膝盖开始发抖了。我在想: "我的上帝!" 我慢慢挪过去抓住扶手, 一下子坐在向下的楼梯处。一个同事对我说: "兄弟, 康威很喜欢待在那儿! 我们要走到那个小的工作平台上去检查一些设备, 你怎么不跟我们一块走

啊?"他们说的小工作平台大约 18 英寸 (45.7 cm) 宽,直接通到
火箭处。我结巴着说:"不了,我还是坐在这吧,谢谢。"于是他
们走过去进行检查测试,一个个幸灾乐祸地看着我坐在那儿。

查克·麦凯克伦 (Chuck McEachern) 说穿越摆臂的一大困难是摆臂
不是很稳定:"摆臂实际上是随风晃动的。它们绕着脐带塔旋转,但是摆
臂并不像加注管道、电缆那样固定在火箭上,在摆臂与火箭之间有空
隙。当风刮过时,摆臂就会来回晃动 (图 8–5)。因为站在摆臂上不是很
稳定,有些人会拒绝穿越摆臂。他们实际上是不敢走过去。"

图 8–5   "阿波罗"-17 航天员在执行任务前夕站在 9 号摆臂上合影

甚至航天员也会有恐高症, 他们穿越 70 英尺 (21 m) 长的 9 号摆臂前往 "白房子" 和指令舱时也会犹豫不决。当尼尔·阿姆斯特朗 (Neil Armstrong) 被问到在 "阿波罗"-11 任务中, 他认为最危险的地方是哪里时, 他告诉大家穿越摆臂进入航天器有时感觉非常危险。迪克·里昂 (Dick Lyon) 有一次在测试期间带着航天员皮特·康拉德 (Pete Conrad) 去参观发射平台/脐带塔。他说: "皮特在摆臂上走到一半, 四下一看后说: '这就是要走的路吗? 我们不能把它密封起来建成一个通道吗? 大家都不敢向下看。这太可怕了!' 我告诉他: '摆臂密封起来就会像帆一样在风中飘摆, 因此我们不能把它密封起来。必须给风留出穿过的空间, 否则风就会绕着航天器吹。' 皮特明白了这个道理, 但是他很不喜欢站在摆臂上, 这让他觉得非常不舒服。"

罗素·劳埃德 (Russell Lloyd) 说看风景最好的地方是站在脐带塔上面的塔吊上。他说: "那是发射工位最高的地方, 那里地板是格栅式的。你可以往下一直看到导流槽。"

8.7 "土星"-V 火箭内部

穿过摆臂后, 工作人员可以进入 "土星"-V 火箭各级间段或仪器舱。在各级间段安装有各种仪器单元, 以及发动机和附属管路。S-II 级在前后两端各有一个工作平台。工作人员使用挂在内壁上的便携式灯具, 为火箭内部工作区提供照明。约翰·普洛登 (John Plowden) 说:

> 我在 S-II 级尾段 (S-IC 级和 S-II 级之间) 工作过多次。那里有好多仪器设备。包括 5 台 J-2 发动机及其附属系统。我们安装好工作平台, 这样就可以围着发动机工作。在外部 4 台发动机之间还有称为 "跳板" 的工作平台, 通过它可以接近中央发动机。每台发动机都配置有液压伺服机构, 可以控制发动机推力矢量。蓄电池及其组件安装在舱段下方的舱壁上, 发动机就安装在舱段下方。许多人会同时在舱段中工作——发动机系统、伺服机构、推进系统以及燃料系统的人员。在火箭转运到发射工位后有很多工作需要在那完成。

查克·麦凯克伦认为 S-II 级与 S-IVB 级之间的舱段是个很不错的工作地点: "S-IVB 级只有一台大发动机, 它没有占据舱段太多的空间。尤其还有环境控制系统, 因此在那儿工作, 实在是一个让人感到很舒服的地方。那儿冬暖夏凉，外面环境再不好，舱段里面的环境都很不错。"
比尔·海因克说他还曾看见工作人员利用午餐休息时间，聚在 S-IVB 级
尾段的小平台上玩纸牌 (图 8–6)。

图 8–6　"阿波罗"-17 航天器指令舱飞行员罗恩·伊万斯 (Ron Evans, 左) 与麦道公司
的莱恩·布莱斯克夫斯基 (Len Blaskowski) 和乔·希尔 (Joe Hill) 正在交谈。他们蹲在
"土星"-V 火箭的 S-II/S-IVB 级之间的舱段内，右边是 S-IVB 级的 J-2 发动机。他们
所处的工作平台在发射倒计时前要撤收掉

　　在 S-IVB 级前端，舱段内空间就变得非常拥挤。沿着仪器舱内壁分
布着各种仪器设备，而登月舱就在舱段上方。麦道公司、IBM 和格鲁曼
公司的工作人员都要穿过 7 号摆臂进入仪器舱来工作。麦道公司的基
恩·斯皮尔格说："登月舱就在我们上方。站的地方都是折叠式的，舱段
中央被占满了。我们和 IBM 的同事工作时不得不小心翼翼，我们可不
想碰着那些精密的设备。"S-IVB 级和仪器舱的上面就是运载火箭与航
天器的分界面，在分界面处双方不时会发生冲突。火箭测试指挥基恩·

塞斯戴尔 (Gene Sestile) 说:"航天器的人经常会把东西掉到我们 S-IVB
级贮箱与火箭蒙皮之间,我们就不得不去把东西清理出来。登月舱的人
不理解为什么我们要严格限制他们可以携带什么物品进入火箭。"格
鲁曼公司的沃特·德莫迪 (Walt Dermody) 回忆说,有一次有人站在登
月舱下面的工作平台上,不小心把零钱掉到了 S-IVB 级的前端,这种事
情当然会引发争议,把零钱清理出来是一个不小的麻烦。

随着上面的适配器直径缩小,工作空间愈发局促。德莫迪回忆
道:"如果合理安排,适配器里面的工作平台最多容纳 8~9 个人。"在适
配器上面,只能从外部的"白房子"通道进入航天器。

8.8 发射工位安全性

即使"土星"-V 火箭没有加注燃料,发射工位区域也是一个非常危
险的工作场所。进入发射工位必须时刻佩戴安全帽。你可以设想一下,
从 40 层楼高的平台上坠落的物体会对下面的人造成多大的伤害。

在工作人员进入发射工位工作前,必须对他们进行安全培训。培训
的内容包括安全淋浴/洗眼液、斯科特空气呼吸器、安全带的放置地点和
如何使用,如何应对有害气体,发射工位的紧急出口位置,消防等内容。

即使经过了安全培训,有时为了方便也会忽视安全措施。史提夫·
克斯特尔 (Steve Coester) 就说:"我经常要翻过脐带塔 240 英尺 (73.2 m)
高处的栏杆,爬过通风管去检查管道或接头状况。我从来没有想到要系
安全带!"

8.9 天气

天气情况是肯尼迪航天中心经常需要关注的一个问题。飓风是需
要及时做出应对方案的一种气象灾害,虽然飓风不是经常发生。1966 年
6 月,为了躲避"阿尔玛" (Alma) 飓风,AS-500F 合练箭转运回了垂直
总装厂房。1968 年 10 月,"格拉迪斯"(Gladys) 飓风差点袭击了"阿波
罗"-8。航天员万斯·布兰德 (Vance Brand) 回忆中提到一次会议,在会
上,发射指挥员洛克·佩特龙 (Rocco Petrone) 做出了一个大胆的决定,
他决定相信气象预报,航天器不撤收而是留在发射工位上。

风和雨虽然会带来麻烦,但是可以设法减轻由此带来的灾害。如果风速超过限制,就要安排工作人员撤收服务塔和发射平台/脐带塔。发射平台/脐带塔连接 "土星"-V 火箭的阻尼系统可以减少箭体的晃动。迪克·里昂回忆道: "休斯顿和亨茨维尔要求,考虑到航天器和火箭受风影响产生晃动,必须为 9 号摆臂预留 24~48 英寸 (61~122 cm) 的间隙。实际情况表明没有那么严重; 这项要求比实际情况要严苛很多。我们不得不把许多设备安装在远离航天器的地方,然后使用折叠工作平台。如果遇到大风天气,就要把所有东西收起来,以给火箭留出晃动空间。"

雷电一直是肯尼迪航天中心的一大威胁。佛罗里达中部 ("闪电走廊") 在美国以异常频繁的雷电天气而闻名。发射场几英里内地势平坦,因此高大的发射工位和发射塔架就成了雷电袭击的目标。1965 年 8 月 3 日,阿尔伯特·J·特瑞布 (Albert J.Treib) 在发射工位 B 工作时不幸被闪电击中。

1966 年 5 月,AS-500F 合练箭转运到发射工位后 2 天,发射平台/脐带塔被闪电击中。脐带塔顶部的塔吊吊钩自由下坠并砸到了 S-II 级的外壳。分析表明,事故原因是闪电电流融化了塔吊的制动鼓电磁线圈。

随后,脐带塔的顶端安装了一个可折叠的避雷柱。在发射平台/脐带塔从垂直总装厂房转运出来后,避雷柱 —— 与 "红石" 火箭一样长 —— 就展开成垂直形状。到达发射工位后,通过 6 个支撑结构上的连接线和埋设的铜线地网将发射平台/脐带塔接地。避雷柱和接地网构成一个 45° 的圆锥体,将 "土星"-V 火箭和发射平台/脐带塔有效保护起来。从理论上来说,雷电不会直接击中 "土星"-V 火箭。从上到下覆盖脐带塔线缆的电缆槽可以有效防护塔架上的电气支持设备 (ESE) 和地面支持设备 (GSE)。

弗兰克·布莱恩 (Frank Bryan) 说: "尽管多次遇到雷电困扰,但是'土星'-V 火箭从没受到雷电的破坏。但是,为了应对雷电感应潜在的危害,我们针对'土星'-V 火箭制定了一套雷电再测试程序。程序中规定:如果雷电击中脐带塔,就重新进行一遍测试工作。每当发射平台/脐带塔上发生闪电,我们就会通知波音公司、罗克韦尔公司、麦道公司和IBM 的人员,告诉他们我们要组织一次雷电再测试了。"

乔安·摩根补充道: "如果受到雷电袭击,我们需要查看什么东西受损了,什么东西需要修复或替换,需要重新进行哪些测试等。这些工作有时要花费几天时间。"

在 1969 年全年,虽然先后有 5 枚 "土星"-V 火箭曾矗立在发射工位上, 但是无一受到雷电袭扰。但自从 "阿波罗"-12 发射后受到雷电袭击, 布莱恩就注意到情况发生了变化: "'阿波罗'-12 似乎预示着一系列雷电的开始。在接下来的几个月里, 每次发射任务, 在射前的 2 周至 1 个月时间内, 无论是倒计时、测试准备还是测试期间, 总是遇到该死的雷电。午后, 当风暴开始向梅里特岛漂移过来时, 发射场上空的雷电就不断出现。有几天晚上, 我在发射控制室看到风暴 (图 8-7) 向发射场逼近, 雷电击中了塔架。摄像机和避雷柱上的测量仪器记录下了这些雷电。"

图 8-7   通过工作电视系统监视器, 可以看到一道闪电正好击中发射平台/脐带塔避雷柱

从 "阿波罗"-8 任务起, 磁塞系统 (Magnetic Slugs, 也称为磁环, 用于记录闪电的峰值电流) 被安装在发射平台/脐带塔的设备上。布莱恩介绍磁塞系统时说: "它是周围环绕着线圈的一种磁性材料, 线圈可以传导闪电。当闪电击中避雷柱, 电流从线圈流过时, 内部的磁性材料就会受到磁化。把磁性材料带回实验室就可以分析计算出闪电电流大小。闪电电流通常用单位 kA 衡量 —— kA 表示 1 千安培。大多闪电量级为 5 kA 或者 10 kA, 这样的闪电电流很小。我们也曾遇到一个量级为 150 kA 的大闪电! 闪电磁化效果取决于闪电的量级。"

服务塔通风管的几根避雷针上也安装了磁塞。但是,因为那些地方很难接近,所以这些磁塞好几年没有检查过。

1971 年 "阿波罗"-15 在发射工位上时,先后在 6 天时间里受到多次雷击。第一次闪电的量级是 98 kA,闪电将脐带塔避雷柱上端约 3 英尺 (1 m) 的部分烧化了。在雷电肆虐发射场,一度影响任务发射窗口时,罗伊·撒普 (Roy Tharpe) 回忆中提到的一件事挽救了 "阿波罗"-15 发射任务:

> 在倒计时测试期间发生一次闪电,我们不得不把环绕的线圈拆下,把里面的磁塞送到中央仪器设备处理中心 (CIF) 进行分析。我们安排邦迪克斯公司的人去把避雷柱降下来,让联邦电力的员工去把避雷柱上的环形线圈拆下。四周不时有雷电,发射控制室的人说:"如果不能得到线圈里的雷电数据,我们将不能实施发射。"
>
> 我给气象室的恩尔尼·阿蒙 (Ernie Amon) 打电话说:"恩尔尼,我要安排人去工作,需要 30 min 时间,你要确保这 30 min 内人员不会被雷电袭击。"他随后打电话告诉我:"现在就可以。"我指挥人员上去将避雷柱降下。随后联邦电力的员工说:"兄弟,大气中充满电荷!如果我们出去拆线圈,会被闪电击中的!"我告诉他们:"听着,你们必须出去把磁塞拿回来。我们要对它进行分析。"我不得不打电话告诉他们的老板,让他命令他们去完成任务,因为发射计划已经迫在眉睫。
>
> 他们把磁塞拆卸下来,在警察的护送下,我们把磁塞送到中央仪器设备处理中心。处理中心已经做好了分析准备工作。我们把分析数据交到发射控制室。他们认为没有问题,随后我们准时实施了发射。

在 "天空实验室"-3 和 "天空实验室"-4 矗立在发射工位期间,发射平台/脐带塔受到数次强大闪电袭击。虽然闪电没有直接击中火箭,但是闪电感应产生的电流损坏了火箭内部的一些敏感设备。因此工作人员及时更换了这些受损设备,以避免延误发射。

不管火箭或者服务塔是否受到雷电袭击,当风暴来临时,发射工位工作人员必须撤离。有线广播会播报风暴预警。弗莱德·科迪亚说:

> 在佛罗里达每天下午似乎都有雷暴,你甚至可以用它来校对时间。发射场有一套天气预报设备,用于监测发射场上空的雷电。一旦在 5 英里 (8 km) 范围监测到雷电,有线广播系统就

会播报风暴预警。如果你正在火箭里,那你就待在那;如果你在发射平台/脐带塔上,做好隐蔽后也待在那。在雷电发生时千万不能在发射平台/脐带塔和火箭之间来回走动。如果你来回走动时发生雷电,可能会被电流击倒,因为那时火箭与发射平台/脐带塔之间的电位差相当大。

我和一些同事聊过,他们都曾在发生雷电时不得不待在S-II 级尾舱中。他们告诉我,一定要知道那时你所处的位置非常高。如果有雷电,一定会击中你所处的地方。但只要待在火箭里,就会被屏蔽,从而不会被雷电袭击,那种感觉很刺激。

8.10 消防安全

在 "阿波罗"-1 发生火灾事故之前,消防安全就是发射场一直关注的一个问题。卫康和 (Wackenhut) 公司是 LC-39 发射场前期建设的消防承包商,在 "阿波罗" 任务后期消防业务先后由环球航空公司和波音公司承包。随着承包商的改变,许多消防员从上一家公司跳槽到了下一家公司 (图 8-8)。

消防员在上岗前要接受严格的训练。发射场消防的基本原则是:"把自己从火场救出来。" 靠一个人或一支小消防队来扑灭发射工位上一场大火的可能性微乎其微,因此逃离火场是最现实的选择。

J · I · 丹尼尔 (J.I.Daniel) 介绍了他参加过的逃离火场培训:"这种培训是针对撤离人员为期 8~10 天的速成培训,由海军消防员进行授课。他们教我们如何使用 CO_2 扑灭汽油引起的火灾。他们训练我们穿过火坑。我们中的一些人拿的灭火器是空的。教官告诉我们,如果发现拿的灭火器不能工作,而别人的灭火器正常,就尽量躲到别人的背后。灭火器只要放在两腿之间并把它打开,你就可以穿过火坑。"

氢气着火会带来很大问题,因为在白天氢气着火时肉眼看不到火焰或浓烟。消防员李 · 斯达瑞克 (Lee Starrick) 介绍了一种简单的方法来发现氢气着火: "他们说如果有地方氢气着火了,因为你看不见火焰,可以拿个扫帚在前面试探。相信我,你根本不用拿着扫帚去试探,因为氢气着火会非常热。氢气燃烧会释放出大量的热,因此不管白天还是夜晚,你都会看见热浪。在晚上,大气中很多颗粒物会燃烧产生火星,这样你也能知道着火了。"

图 8-8　肯尼迪航天中心身着 "银色消防服" 的消防员。背景是 "阿波罗 – 联盟" 计
划航天器矗立在发射工位 B 上

史提夫 · 克斯特尔回忆起一次闯进氢气中的经过:

　　我们发现球罐的 12 英寸 (30 cm) 通气阀门有泄漏。那时
候, 采用氦气进行惰化处理还很少见, 而且价格不菲, 一般使用
氮气, 但是使用前准备工作就要花几个月时间。因此, 我们决
定在球罐还存放着不少液氢的情况下就把通气阀门拆下来。
我们穿上防静电服, 并且事先用风扇对周围的氢气进行吹除。

法兰刚一松开，一股氢气的烟雾就把我们包围了。我清楚知道
随后可能会发生氢气爆炸，但是我们别无选择只能继续完成工
作。最终我们没有出事逃过一劫。

液氧也会带来火灾和爆炸的危险。丹尼尔回忆道："你踩到液氧上
就会导致液氧爆炸，如果不注意防护就可能带来伤害。沃洛普斯岛的一
个家伙就是踩到了液氧，结果他的脚趾被炸掉了。"比尔·海因克回忆
中提到一件与鲍伯·布希纳 (Bob Bucina，波音公司液氧系统首席机械
工程师) 有关的事情："布希纳有着钢铁般的意志。有一次我和他去打开
液氧泄出阀门。马上就被一团烟雾包围起来，什么也看不见。你下意识
反应是赶紧跑开。我记得鲍伯高声喊叫：'站在原地别动! 看着脚下!' 你
不能踩着液氧。如果有任何灰尘或其他什么东西和液氧混合成胶状物，
引发的爆炸会把你的脚炸飞。"

诺姆·卡尔森 (Norm Carlson) 说："液氧蒸汽会进入你的衣服。在亨
茨维尔的试验台，你需要穿着白色工作服。我曾看见一个家伙在接触液氧
后去点火吸烟，他的衬衫呼的一下着了! 他的外套迅速冒出了蓝色火苗。"

8.11　与自燃推进剂打交道

自燃推进剂 (火箭工作人员称之为 "hypers") 由燃料和氧化剂组成，
两者一接触就会迅速发生燃烧。"阿波罗" 航天器使用四氧化二氮
(N_2O_4) 作为氧化剂，燃料有甲基肼 (MMH)、偏二甲肼 (UDMH)，或者其
他改进品种，例如肼 50(A50)。

自燃推进剂具有强烈的腐蚀性和毒性，即使接触少量的推进剂也会导
致人员受到伤害。四氧化二氮遇水受潮就会转化成浓硝酸，如果吸入就
会导致肺炎或肺水肿。偏二甲肼具有致癌性，它可以通过皮肤进入人体。

斯达瑞克感到与自燃推进剂打交道很不自在，但是他的岗位是消防
员，这就要求他具备处理相关问题的第一手经验：

四氧化二氮还算好的，它在排放时你会看到桔黄色的烟，
这样至少你知道那里有四氧化二氮。但是肼类蒸汽是无色的，
根本就看不见。问题就是当你闻到肼的气味时，也许已经超过
中毒的警戒线了。因此闻到味时就已经太晚了!

我们在准备 "阿波罗"-16 任务时，开展了自燃推进剂消防
培训。我还记得上培训课的一名教官，他是个英国人，名叫罗

伊·泰瑞 (Roy Terry)。培训课准备了一个坑,坑中倒入自燃推进剂混合燃烧。罗伊使用一个 20 磅的干粉灭火器进行灭火,然后就爆炸了。爆炸声在泰特斯维尔都可以听到。爆炸时,他正站在那里用灭火器灭火。爆炸产生的大火球让他后退了好几步。万幸他没有受伤。

就在那次培训课中,我们还试验了芳纶材料,这是杜邦公司研发的可以编织到防火服中的一种材料。他们送给我们一件芳纶防火服进行试验。罗伊差不多立刻又返回到了燃烧坑。他就站在燃烧坑边,他简直无法呼吸。燃烧坑里噼噼啪啪地燃烧。当燃料和氧化剂一接触,就会着火爆燃,这噼噼啪啪声实际上是些小型爆炸。

斯达瑞克谈到,到了 1990 年,罗伊·泰瑞得了癌症并且扩散到全身。泰瑞认为癌症是因为他在与自燃推进剂打交道时没有做好防护所致。

8.12　自主式大气防护服

当航天器和 S-IVB 级准备自燃推进剂加注时,在为期一周的加注时间里,发射工位无关人员需要撤离。加注期间在火箭附近工作的人员需要穿着自主式大气防护服 (SCAPE),简称为 SCAPE 防护服。如同其名称,SCAPE 防护服是完全密封的,以保护穿着者在接触各种有害气体或液体时免受伤害 (图 8-9)。

约翰·特赖布在罗克韦尔公司负责自燃推进剂加注系统,他在 "阿波罗" 时期多次穿着 SCAPE 防护服工作。他生动详细地介绍了任务中如何穿着 SCAPE 防护服进行加注工作 (图 8-10):

在 "阿波罗" 任务早期,加注工作是 24 h 作业,每 12 h 换一次班。穿着 SCAPE 防护服的持续工作时间取决于氧气余量和穿着者的耐受力。通常穿着 SCAPE 工作服工作 1 h,休息 1 h,然后再穿上工作 1 h,这样循环工作 12 个小时。我们所有健康的工程师都要穿着 SCAPE 防护服轮流工作,我们都很钦佩那些技术人员和质量控制人员能够如此坚强。

穿着 SCAPE 防护服是在发射工位边的几辆拖车中进行。在一辆拖车中,工作人员脱掉衣服穿上黄色棉质的长裤和上衣,并用胶带把腕口和脚踝绑住,以防止在穿上 SCAPE 防护

图 8-9　1967 年用于加注自燃推进剂的 SCAPE 防护服 (约翰·特赖布提供)

服后上衣和裤子卷动。穿上长裤后，工作人员来到第二辆拖车，
在这里，SCAPE 技术人员会帮助他们穿上一体式橡胶服的裤
子，然后是沉重的胶鞋，并把胶鞋与橡胶服连在一起。在穿橡
胶服上半部分时，技术人员会帮他们背好压缩空气包。压缩空
气包提供呼吸用的空气，同时通过软管向橡胶服四肢处提供冷
气。然后橡胶服套着空气包穿上。头盔也是橡胶服的一部分，
头盔有着巨大的超强性能面罩。头盔并不在这里穿戴。工作人

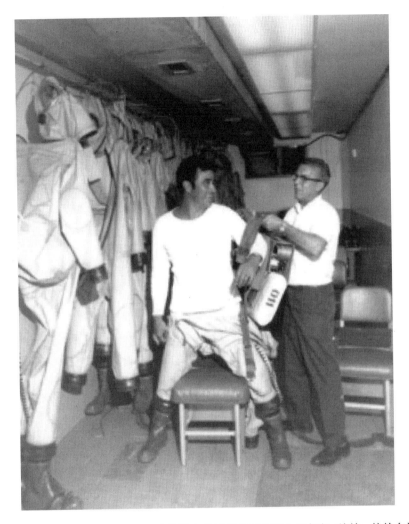

图 8–10　穿着人员在 SCAPE 防护服穿着过程中正在背上空气包 (约翰·特赖布提供)

员随后进入待命状态。

　　当得到工作命令时,SCAPE 技术人员就会打开空气包,调节流量,然后帮着佩戴上头盔。一切调整好后,拉上橡胶服拉链,并佩戴好手套。内置的耳机开始工作。穿着者现在可以独立去工作了。

　　为了减少步行,使用特种卡车将工作人员送到工作区。穿着

SCAPE 防护服活动非常容易疲劳; 移动受限, 弯腰或展体很困难。一些体质较弱的人工作到后期经常出现呼吸困难等症状。

每一班需要工作 12 h, 随着时间流逝, SCAPE 防护服逐渐变得非常不舒服 —— 关节处挤压, 手套摩擦皮肤, 面罩内的湿气, 以及从来不舒适的温度 (温度不是太高就是太低)。有一次, 一名叫乔尔·罗宾森 (Joel Robinson) 工程师的空气包出现故障, 液态空气流到了冷却分支管中。导致分支管受冷碎裂。液态空气灼伤了他的背部, 导致他赶紧离开任务现场把工作服脱下来。

休息时间我们可以脱下工作服上半身、头盔和手套。在我们穿着工作服下半身坐着休息时, 空气包被解下来进行充填。虽然这样也不是太舒服, 但是比穿着全套工作服好多了。换班是最受大家欢迎的时间。

我的老朋友宫特·文特 (Guenter Wendt) 曾经在航天飞机任务中接触到肼泄漏, 在他生命晚期, 饱受腓总神经病变 (丧失对脚的控制功能) 折磨, 他认为就是因为接触了肼才导致这种病。但直到他去世, 医生们仍然不认可这种可能性。

8.13 发射工位自燃推进剂泄漏事故防范

在自燃推进剂加注过程中如果发生泄漏, NASA 需要设法保护登月舱适配器内工作人员的安全。迪克·里昂介绍了最初的设想: "如果发生泄漏怎么办? 如果管道某个接头松动怎么办? 工作人员就会困在四处流动的肼中。我们提出设计一个系统, 系统要用大量的水对 S-IVB 级内外进行冲洗, 然后向登月舱适配器内喷洒。随后我们否决了向适配器内喷洒, 因为登月舱非常脆弱。我们最终决定用大量的水围绕 S-IVB 级的圆顶进行冲洗, 把泄漏的推进剂冲下去。我们需要大量的水来稀释推进剂。"

NASA 也设计了一些 "圆饼形切孔", 就是在适配器周围切出圆孔, 以便于在发生紧急情况时工作人员可以通过它们快速撤离。迪克·里昂介绍说: "这些圆饼形切孔就在适配器内部靠近走道的地方。如果工作人员遇到危险情况或推进剂泄漏, 发射控制室会命令他们打开切孔。切孔由爆炸螺栓打开, 正好穿透适配器切出一个大的圆孔。切下来的部分掉到下面的平台上, 这样工作人员就可以迅速撤离。"

阿兰·康提沙 (Alan Contessa) 回忆起他学到的关于圆饼形切孔的

注意事项: "我们先要去'适配器学校'接受培训。我们在正式进入适配器工作前要学习紧急处理程序, 培训老师告诉我们: '在你按下按钮前, 最好确认你的生命正在受到威胁!' 如果那些按钮按下去了, 就要拆解火箭并重新安装一个新的适配器 (图 8–11)。因此他们不想让我们碰那些按钮。我们那时还很年轻, 他们总觉得我们做事可能会粗心大意。"

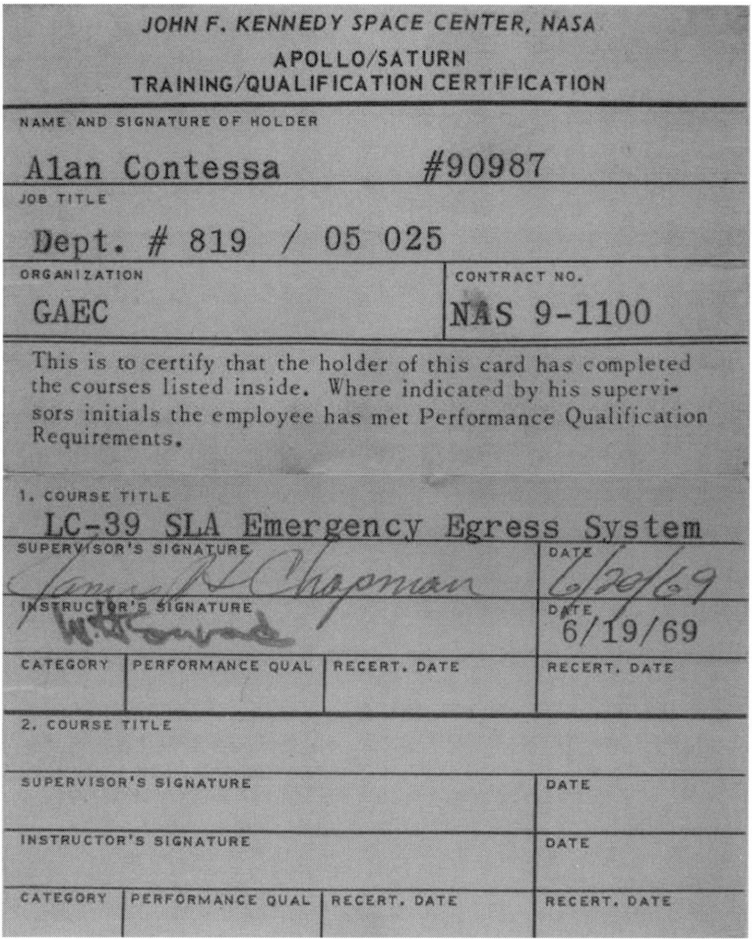

JOHN F. KENNEDY SPACE CENTER, NASA

APOLLO/SATURN
TRAINING/QUALIFICATION CERTIFICATION

NAME AND SIGNATURE OF HOLDER

Alan Contessa   #90987

JOB TITLE

Dept. # 819 / 05 025

ORGANIZATION	CONTRACT NO.
GAEC	NAS 9-1100

This is to certify that the holder of this card has completed the courses listed inside. Where indicated by his supervisors initials the employee has met Performance Qualification Requirements.

1. COURSE TITLE

LC-39 SLA Emergency Egress System

SUPERVISOR'S SIGNATURE			DATE
James R. Chapman			6/20/69
INSTRUCTOR'S SIGNATURE			DATE
W. Conrad			6/19/69
CATEGORY	PERFORMANCE QUAL	RECERT. DATE	RECERT. DATE

2. COURSE TITLE

SUPERVISOR'S SIGNATURE			DATE
INSTRUCTOR'S SIGNATURE			DATE
CATEGORY	PERFORMANCE QUAL	RECERT. DATE	RECERT. DATE

图 8–11　适配器紧急撤离培训资格证。此证表明该工作人员已受过圆饼形切孔使用培训。在登月舱加注自燃推进剂后, 持证人员可以在适配器内工作 (阿兰·康提沙提供)

　　在"阿波罗"时期, 适配器内部从来没有发生过推进剂泄漏事故。但是, 在"阿波罗"-7 任务时, "土星"-IB 火箭在 LC-34 发射工位进行自燃推进剂加注试验期间, 指令/服务舱部位发生了一次严重事故。约翰·特赖布、泰德·萨森 (Ted Sasseen)、贺瑞斯·兰伯思 (Horace Lamberth)、弗兰克·布莱恩、提普·泰龙 (Tip Talone)、基恩·赛斯戴尔 (Gene Sestile) 和艾克·雷杰尔都提到过这次事故。

1968 年 4 月 21 日星期天早上, 因为 "阿波罗"-7 指令/服务舱和适配器还没有运到发射工位, 运载火箭上面安装的是模样航天器。此时正在按照真实的流程实施自燃推进剂加注试验, 试验使用的是测试贮箱。服务舱贮箱是垂直安装状态, 可以正常加注。但是指令舱贮箱为水平安装状态, 因此在加注前需要对贮箱内的皮囊进行抽真空处理。

加注试验由载人航天器操作厂房 ACE 控制室进行操控。系统工程师在 ACE 控制室可以操控加注系统每一个阀门和泵, 并进行温度控制。加注过程全部是手动操作。在工作平台加注区安排了两名穿着 SCAPE 防护服的技术人员进行保障。

服务舱贮箱加注完毕后, 加注人员准备加注指令舱。罗克韦尔的工程师想当然地认为指令舱测试贮箱内的推进剂已经泄出。但是, 由于未发现连接器有一处被堵塞, 贮箱的一个皮囊还装满着四氧化二氮。当进行加注准备工作时, 开始对贮箱抽真空。瞬间, 真空泵将贮箱内的推进剂吸了出来, 从真空泵油槽排气口喷射出一股四氧化二氮液体, 足有几英尺高。

穿着 SCAPE 防护服的技术人员马上报告发生了泄漏, 他们发现可以用手指堵住喷射孔。当指挥人员试图明白发生了什么问题时, 推进剂正在四处流淌。技术人员对地板上流淌的推进剂按照标准操作程序进行了处理, 即用大量的水进行稀释。

推进剂喷射很快停止了。技术人员从服务塔上层用消防水管进行冲洗, 将已经转化成稀硝酸的泄漏推进剂冲掉。事后估计泄漏量约有 400 加仑 (1500 L)。稀硝酸混合着真空泵润滑油, 从舱板上众多开口流过, 沿着服务舱和适配器边沿往下流去。混合液流入了各舱门、控制面板和许多缝隙中。最终流过仪器舱、S-IVB 级和 S-IB 级, 溅射到火箭与发射平台连接面, 流到发射平台上。

提普·泰龙回忆道: "他们开始用软管冲洗。那时仪器舱还加着电, 所有计算机、电子设备都加着电。他们又用消防水管冲洗。水把泄漏的推进剂稀释成弱酸, 它们流过仪器舱排水孔, 沿着 S-IVB 级外壁往下流, 酸水把外壁的图案都剥蚀掉了。"

S-IVB 级工作人员在事故发生几小时后赶到现场。所有东西都湿漉漉的。工作人员迅速用 1% 含量的碳酸氢钠溶液进行擦拭清理。并使用吊椅对火箭箭体外壳进行清洗 (图 8-12)。

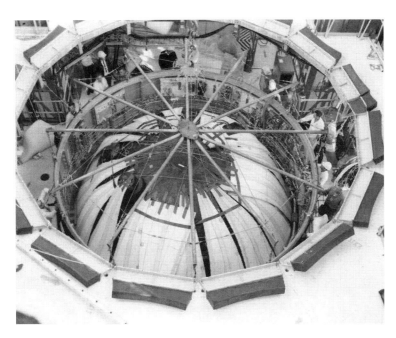

图 8-12　AS-205 任务自燃推进剂泄漏事故后, 从上往下看 S-IVB 级前端状况。左上角穿西装的是弗兰克·布莱恩

　　星期一早晨开会, 试验人员向发射指挥员洛克·佩特龙汇报事故经过。约翰·特赖布描述了当时的场景: "事故相关人员都来了, 从基层主管人员到与 NASA 合作的 IBM、麦道、克莱斯勒、北美航空等公司的相关负责人。洛克是个大人物, 他主持会场。整个早上他都在问责。我坐在灯光下, 这是我第一次被洛克批评。我学会倾听。我们只能申辩。我们不够尽责。这种事故下次再不会发生了。"

　　一些混合液流入了仪器舱。仪器舱被送回厂房修理。麦道公司将 S-IVB 级前端级间段拆下, 送到垂直总装厂房。其他接口部件进行了仔细清洗。实验室从火箭内外采集了数百份清洗样本进行分析。整个过程花费了几个星期时间。

　　弗兰克·布莱恩回忆道: "我受命去分析推进剂在仪器舱内会溅射到什么地方。我让试验人员在仪器舱每个地方都贴上石蕊试纸。由此我们得到了推进剂溅射位置的方位图, 这样亨茨维尔可以知道什么地方需要替换。从图中看, 仪器舱里到处都有痕迹。那些家伙用 4 英寸 (10.2 cm) 的消防水管使劲冲洗泄漏的推进剂。结果把推进剂溅的到处都是。"

马休航天飞行中心主要担心泄漏的推进剂会带来长期的腐蚀。他们开展试验以对火箭及其各组件状况进行评估。仪器舱的电缆被取下进行擦拭处理。并更换了 4 根电缆, 重新封装了 5 个连接器。所有的电子仪器箱体没有发生问题。更换了 3 根外置天线。S-IVB 级只需要进行大面积清洗就可以了。在 S-IB 级, 4 号尾鳍和液氧贮箱 3 号隔间处的舱门因腐蚀褪色, 进行了更换。其余部件都进行了清洗 (图 8–13)。

图 8–13   泄漏事故后一些仪器舱设备需要更换并检查

特赖布说: "虽然这次意外事故付出很多代价, 但是它使航天器和火箭试验人员在与自燃推进剂打交道时更加谨慎小心。" 事故后, 罗克韦尔公司重新修订了加注流程。除事故报告外, 事故所有处理工作在 1968 年 5 月 10 日完成, 而事故报告直到 6 月中旬才写完, 事故报告厚达 1.5 英寸 (4 cm)。

罗克韦尔公司的材料工程师研发了一种聚烯烃 (Velostat) 面料, 这种材料用石墨浸渍, 有聚四氟乙烯涂层, 并且性能非常稳定。罗克韦尔公司用这种面料将每层塔架包覆起来, 在连接处设置排水口。罗克韦尔公司还研发了一种抽吸器 (特赖布将它描述成 "一个插在锅里的小型文氏管"), 通过输送加压氮气就可以把泄漏的推进剂吸上来。加注人员现在可以不必使用消防水管就可以处理小型泄漏, 对于较大规模泄漏, 推进剂冲下去时不会渗漏进箭体。

流程的另一项修改内容是, 每一个连接器在使用后都必须进行分解清理。最后, 在后续的自燃推进剂试验中, 使用无害的替代物进行试验, 例如氟利昂或酒精。

火箭系统人员也提出了一些应对推进剂泄漏的措施。他们做了一些特殊的防护帘, 并制定了绑扎所有接口和渗漏通道的流程。在推进剂加注时使用这些措施, 射前撤除。同样, 事故应急处理流程也相应地进行了修改。

后来在 "阿波罗 – 联盟" 对接任务中 (那也是 "阿波罗/土星" 航天器最后一次飞行任务), 又发生了一次较小规模的自燃推进剂泄漏事故。恩尔尼 · 雷耶斯说: "有一天自燃推进剂发生了一点小泄漏。一组工作人员很快就把泄漏的推进剂擦洗清理了。我们聊天时就顺手在图纸上画了一幅漫画。这幅漫画是由约翰 · 特赖布画的。画 (图 8–14) 中史努比正抱着一个大桶样东西, 看上去就像一个圆顶针, 因为约翰被问到泄漏量时, 他是这么说的: '泄漏量只有一个圆顶针那么多。' 史努比的鼻子上夹着夹子。如果我们汇报说泄漏量有 2 加仑, 上级一定会说: '马上中止工作。'"

图 8–14　在 "阿波罗 – 联盟" 计划中泄漏的自燃推进剂只有 "一个圆顶针那么多"
(约翰 · 特赖布提供)

8.14　逃逸和救援

肯尼迪航天中心消防员和 "白房子" 工作人员需要接受救援训练, 以便在出现紧急情况时, 将航天员从指令舱中救出来。最初救援流程禁止救援人员进入指令舱。在这种情况下，救援人员把坐在中间的航天员拉拽出舱相对容易，但是拉拽其他航天员出舱就非常困难。救援队需要花费 3.5~5 min 时间才能把一名行动不便的航天员拉拽出舱，并穿过摆臂撤离到安全区。

有一名救援队员对禁止救援人员进入指令舱的规定提出了质疑。他提出新的救援方案，救援人员先救出中间的航天员，然后进入舱里跨过中间的座椅，将其他航天员挪到中间，再将他们拉拽出舱。李·斯达瑞克介绍了新的救援方案带来的惊人效果：

> 救援队进行了试验，第一次时，救航天员出舱花了大概 1 min 20 s。经过训练，我们将救援时间缩短到 1 min 内。我们沿摆臂跑到"白房子"，把航天员们拉拽出舱，把他们放到轮椅上，再沿摆臂返回，整个过程不足 1 min。这成绩非常惊人。
>
> 我们因此修改了救援流程。发射工位领导宫特·文特是看过我们新的救援方案的专家之一。他以前看过救援航天员，整个流程需要差不多 10 min。当我们告诉他，我们可以在 1 min 内完成救援时，他说："不可能。你们不可能这么快。"
>
> 他站在摆臂前用秒表计时，我们大概用了 58 s 完成了救援。他说："你们显然没把航天员放到舱里。"我们说："好吧，你跟我们来看看。"我们让他站到"白房子"里。我们告诉他："你站在这里看着。"这次我们用了 57 s。宫特摇着头说："要不是亲眼所见，真不敢相信。"
>
> 我们还有意将面罩遮挡起来进行训练，模拟救援时浓烟弥漫看不见的情况。我们是"阿波罗"任务中第一支这样训练的救援队。

8.15　红色应急小组

在射前进行有一定危险性的测试时，"红色应急小组"成员就会在集结区待命 (图 8–15 和图 8–16)。红色应急小组时刻准备进入危险区处理异常问题。应急小组成员包括机械、推进、电子仪器等多个领域的专家。需要对异常问题进行评估时测试工程师也会加入红色应急小组。只有那些能够解决异常问题的人员才允许进入危险区域。红色应急小组与试验指挥员时刻保持通话联系，他们在危险区的一举一动通过电视系统密切监视。

图 8–15　红色应急小组集结区通行证 (本书作者提供)

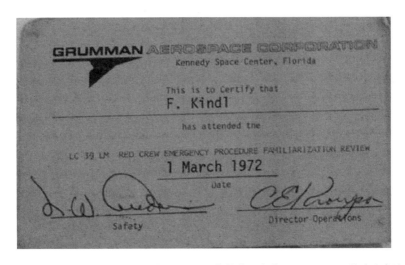

图 8–16　红色应急小组成员，格鲁曼公司的弗莱德·肯德 (Fred Kindl) 的应急任务资
　　　　　格证 (本书作者收集)

罗素·劳埃德说：

　　我们有一个应急小组，他们基本上都是箭上或地面各系统
的工程师，他们就在靠近垂直总装厂房的采访区边的拖车中待

命。如果射前发生异常情况, 我们通过遥测系统迅速进行分析处理。必要时, 我们就会派出红色应急小组。我们在尽量保证安全的情况下才派出应急小组。应急小组解决完问题后要返回集结区。我希望问题不要太严重。

红色应急小组很少有机会去发射工位排除问题, 因此为数不多的几次就成为值得纪念的经历。比尔·海因克说:

> 我曾 3 次作为应急小组成员进入发射工位, 每次火箭都已加注完毕, 我会听到火箭发出的各种奇怪的声音: 嘎吱声、呻吟声, 偶然发出的嘶嘶声! 有时听上去就像一群女鬼在吼叫。最形象的比喻是仿佛一台整装待发的蒸汽火车。它真像一个活着的会喘气的野兽。
>
> 有一次是去 120 英尺 (36.6 m) 标高处修理发生严重泄漏的液氧阀门。我们用婴儿的尿不湿把泄漏处包扎起来, 尿不湿会被冻住, 这样泄漏就停止了, 或者泄漏量降低到可以接受的水平。这样处理还真管用!
>
> 我记得在发射工位排除问题时未曾感到害怕, 也许那时我还太年轻。的确, 在那时我们都认为自己不会死! 虽然知道在出发前自己都安排了后事。
>
> 加注完毕的 "土星"-V 火箭让人感到非常震撼。无法用言语描述走到那个大家伙面前的感觉, 你知道马上要发射了, 几小时后, 这个庞然大物将飞向太空。

8.15.1 "阿波罗"-4/AS-501 继电器失效

在 "阿波罗"-4 任务 (AS-501) 中电子系统发现了一个问题, 当时比尔·摩尔 (Bill Moore) 是红色应急小组成员。问题发生时火箭的低温推进剂已经加注完毕, 他在事故经过中说道:

> 我们 5 名火箭专家在待命处准备着, 通过广播和耳机收听 "阿波罗"-4 的测试情况。我们是红色应急小组成员, 是发射控制室与火箭硬件接口电子系统方面的专家。我们注意到一个问题。一个在飞行中控制 S-II 级与 S-IC 级分离的电路没有收到响应。
>
> 这个电路由一连串继电器控制, 继电器位置就在火箭正下

方。我们查看了图纸,认为问题的症结就是继电器。我们建议在测试程序进行到那一刻时,由我们通过控制面板开关继电器,看看继电器能否动作。结果没有反应。现在问题变得严重了。

应对方案包括中止发射、进入发射工位进行维修等。待命处的红色电话响了。罗克韦尔公司的阿尔伯特·C·马丁 (Albert C Martin) 问摩尔能否确定是继电器的问题。摩尔回答说:"值得一试。信号没有到达火箭,而继电器模块是发射控制室与火箭之间唯一的动作部件。把坏的继电器模块换下,换上新的继电器模块,很短时间就可以知道是不是继电器的问题。"

摩尔说,大概半小时后他和另外 4 名同事 (罗克韦尔公司的技术员鲍伯·卡尔索 (Bob Kelso)、一名质量管理代表,一名安全工程师和 NASA 的发射工位主管) 被通知进入发射工位去更换继电器模块。这时是晚上 11 点 30 分 (图 8–17)。

图 8–17　继电器模块,在发射控制室与火箭之间的电子设备中有几百个这样的元器件 (本书作者收集)

车刚一停,应急小组成员就爬上了发射平台的第一层。摩尔说:

就在那时,我脑中突然想起,培训中曾听说在沙漠中引爆过一个装满推进剂的模样火箭。试验结果表明离发射工位至少 3 英里 (4.8 km) 的建筑物才安全，而现在我们离这个 363 英尺 (111 m) 高的大炸弹只有 25 英尺 (8 m)，听上去这个炸弹似乎已经点着了，而我们过一会儿还要更靠近它。

"土星"-V 火箭这时比以往显得更加危险。当排气阀门突然打开时，在释放出烟雾的同时发出巨大的噪声。此时很容易让感官影响你的判断。这地方很危险，所有东西似乎都在浓雾中晃动。没法与其他人交谈。我们彼此之间几乎看不见。我们像幼儿园小朋友过马路一样，抓住前面人的黄色防护服前进。我们都戴着头盔，但是它并没有让你感到安全。

我们来到通往发射平台第二层的密封门前，那种密封门就像潜艇上使用的一样。我们慢慢地打开密封门。这就像要进入一条巨龙的嘴巴里。迷雾和第一层平台应急灯发出的昏暗的红色灯光，使得这里看上去像好莱坞电影场景。我们开始在这 21 个舱室中寻找那个继电器架。巨大的噪声在墙壁间来回游荡。

空气中有股煤油味，参杂着轻微的油漆和橡胶燃烧后的气味。我庆幸航天员们不用从这条道登上航天器，我紧张得汗毛直竖。看到情况这么恶劣，应急小组迅速来到继电器架前。我们更换了继电器，打电话让他们在发射控制室里接通继电器。我们观察到继电器吸合上了，信号送到了火箭上。我们把舱门重新密封，在所有文书上签下字，马上头也不回地撤离了。

一路平静、迅速地返回到待命处。我们 5 个人都静静地待着，回想我们刚干了些什么，接下来会发生什么情况。我们都没意识到这一次我们距离 "土星"-V 如此的近。

另一名小组成员回忆道: "我对那次经历印象深刻。比尔的介绍非常真实，还有一点他没有提到，当时我们都听到了一个怪声，好像是冰从上面掉下来发出巨大的敲鼓声。我是自愿去的，因为我是个单身汉，出事没有什么可担心的。我在发射工位下的橡胶室待了差不多 24 h，那是我一生难忘的经历。"

8.16 橡胶室和防爆室

如果运载火箭正在加注或加注完毕，发射控制室对火箭的控制功能出现故障, 那么推进剂有可能出现泄露、混合或者毁坏贮箱等现象, 从而引发火灾或者爆炸。因此在加注时如果发射控制室控制功能丧失, 发射工位工作人员需要尽快撤离到安全区。

在发射平台/脐带塔、服务塔和火箭上工作的人员有两条撤离路线。较好的路线是乘坐发射平台/脐带塔的高速电梯下降到第一层平台内, 通过发射平台的气闸舱, 再乘坐 2 号电梯下降到发射工位底部, 从那里乘坐 M-113 型装甲车转移到安全区 (图 8–18)。

图 8–18　用于人员撤离的两辆 M-113 型装甲车, 1972 年 10 月 "阿波罗"-17 任务时, 装甲车正停在发射工位下

如果时间紧急无法采取上述撤离路线, 还可以撤离到发射工位下面的防爆室中。在发射平台第一层电梯前有一条撤离滑道, 经过发射平台北边, 连接到一条通往发射工位下面的滑道。滑道很快转向到西边。滑道末端经过一段略向上倾斜的胶衬减速坡道进入橡胶室, 设置减速坡道的目的是保证撤离人员安全。这个橡胶室深埋在发射工位下面, 与环

境控制室在同一水平面 (图 8–19 和图 8–20)。

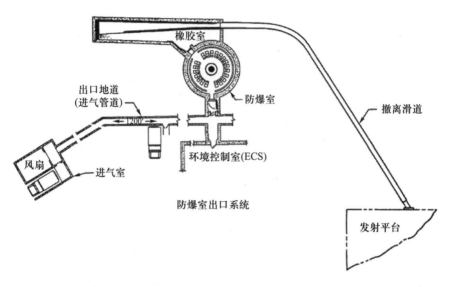

图 8–19 撤离滑道、橡胶室、防爆室和环境控制室结构示意图。这些设施位于发射工位西北角

图 8–20 双箭头所指处分别是撤离滑道发射平台出口和通往橡胶室入口。当履带车将 "阿波罗"-15 运至发射工位后, 这两处将连接在一起

为了使撤离人员尽快安全撤离滑道, 安全主管诺里斯·格雷 (Norris

Gray) 试验了好几种方法。首先, 滑道表面打上蜡, 工作人员用麻袋将蜡抛光。随后,NASA 又为撤离滑道中增加一套喷水系统。李·斯达瑞克介绍了撤离滑道测试情况 (图 8-21 和图 8-22):

> 高速电梯直降到发射平台第一层。当你走出电梯, 就能看到滑道入口, 你扳动控制杆打开喷水系统, 系统就会向滑道内喷水。一旦发射平台着火时, 这样可以用来防火。
>
> 我第一次使用滑道时, 穿的是一套连体工作服。我不得不使劲往前挪。几乎很难滑动。第二次时, 我穿着消防服, 这次滑道速度快了些。第三次时, 他们打开了喷水系统, 一起使用滑道的有 3 个人, 我排在最前面, 我们都抓着根绳子。在我紧紧抓住绳子时, 穿航天服的同事挤在我后面, 把他的脚抬起放在我前面, 然后第三个人进来。他们拍了我的头盔一下, 我就松开了绳子。几乎在一瞬间我们就撞到了橡胶室的终点处。这次滑得太快了, 我几乎没反应过来。在滑道顶上嵌着 5 盏灯。第一次滑时, 我可以看清每一盏灯。第二次滑时, 我还可以数数它们的数量。第三次滑时, 我根本看不清灯光。它们都一闪而过。
>
> 我们撞到滑道终端的墙上, 幸运的是, 按照他们教的方法, 我把腿抬着以便于缓冲下降速度。但是撞击还是很猛烈。我担心后面的 3 个人马上要滑下来了。因此为了不发生碰撞, 我们赶紧离开了滑道。在滑道终端有一段向上倾斜段, 原本有一名工作人员负责将滑道凹陷处的积水排除。那天那位工作人员没有来, 结果下一组最前面的同事滑到积水上就飞了过去。他重重地撞到了墙上, 那天他穿着一双防火靴, 撞击把防火靴侧边撕裂了, 导致他脚上 9 根骨头骨折。

从滑道出来, 撤离人员穿过橡胶室, 经过一道厚重的铁门 (类似导弹发射井中使用的铁门), 就进入一个圆形的混凝土砌成的防爆室, 防爆室环形的墙壁上安放着 20 把略微倾斜的座椅。房间的地板安装在减震弹簧上, 即使头顶上的 "土星"-V 发生爆炸, 减震弹簧也可以将震动降低到 $2 \sim 3g$ 以内。座椅数量足够航天员、收尾人员及救援人员使用。防爆室存储有氧气蜡烛, 可以为人员提供氧气, 房间中央的笼子中存储有食物等补给物资。还设置有无线电, 可以与外界保持联系。防爆室能保证撤离人员生存 24 h。

如今已成为发射工位测试管理人员的史提夫·布洛克 (Steve

图 8-21   撤离滑道的出口。右边的墙壁是防爆室外墙 (本书作者拍摄于 2013 年 8 月)

图 8-22   撤离滑道在橡胶室前的减速段。减速段稍向上倾斜以降低下滑人员的速度,
           但是仍然具有一定的危险 (本书作者拍摄于 2013 年 8 月)

Bulloch) 说: "除非发生大爆炸, 你在防爆室里听不到上面的一点动静。
即使发生大的地震, 你在防爆室里也安然无恙。你可以待在防爆室直到
外边安全为止。如果因为某些原因, 你不能在防爆室等待下去, 还可
以炸开 (爆炸威力不大) 出口, 从防爆室进入出口地道 (图 8-23 ~ 图

8–25)。救援人员会在出口地道尽头接应你。"

图 8–23   发射工位 A 通往防爆室的铁门，与导弹发射井使用的铁门类似 (本书作者拍摄于 2013 年 8 月)

图 8–24   发射工位 A 防爆室内部。中央的笼子存放着食物等补给物资。地板安装在减震弹簧上，以缓冲发射工位上方的爆炸冲击 (本书作者拍摄于 2013 年 8 月)

图 8–25　进气管道连接防爆室和发射工位外围的进气室 (本书作者拍摄于 2013 年 8 月)

从防爆室安全撤离时, 撤离人员可以选择进入环境控制室或者进入进气管道 (管道直通发射工位西侧的进气室), 布洛克认为进气管道那地方特别适宜毒蛇居住。

在发射工位进行危险性测试期间, 任何需要进入发射工位工作的人员都要经过橡胶室使用培训。培训内容包括至少使用一次滑道进入橡胶室。

橡胶室和防爆室在整个 "阿波罗" 任务时期一直作为红色应急小组和其他发射平台工作人员的安全庇护所。在 "阿波罗" 任务后, 两处发射工位的防爆室和撤离滑道都废弃了。发射工位进入撤离滑道的入口已用钢制螺栓彻底封死。

8.17 滑索撤离系统

"阿波罗"-1 火灾事故发生在 LC-39 发射区橡胶室和防爆室建成后。经过对火灾事故的反思，专家认为航天员从橡胶室撤离不太现实。在发生火灾或推进剂泄漏等危险情况下，航天员乘坐高速电梯下降到发射平台，再进入橡胶室，整个过程可能会遇到很多潜在的危险。正如布洛克指出的："火箭一般是从底部着火。那为什么航天员还要乘坐电梯下降到火场里去?"

因此需要为航天员和收尾人员提供另外一种紧急撤离方式，NASA 最终选择了滑索撤离系统。相比"土星"-V 逃逸火箭系统，滑索撤离系统能够更快地将航天员撤离发射工位。

波音公司燃料工程师史提夫·克斯特尔介绍了"阿波罗"任务早期设计的一种滑索系统，这种设计方案最终被否决了："早期的设计方案是让航天员佩戴上一种吊具。有一天，我正路过发射工位液氧连接塔，我听到一声尖锐的啸叫声。那是他们用假人在试验吊具系统。假人从 320 英尺 (98 m) 高处的吊索上掉了下来。假人撞到液氧连接塔上，撞的粉碎，碎片就落在我附近。"

比尔·海因克正好负责液氧连接塔上的工作。他说："我们有一个电子箱，控制着所有连接分离动作。那个该死的假人正好击中电子箱! 把电子箱撞烂了。而"阿波罗"-8 任务马上就要转运。幸好我们把电子箱拿到帕尼科斯威尔 (Panicsville) 及时修好了。"

因为海因克需要具备使用滑索撤离系统的资格，所以他很关注滑索系统的进展。海因克谈到他接受早期设计的滑索撤离系统使用培训的经历:

> 最初他们在滑索上安装了 9 个单人滑车。最大的问题是滑到终点时怎么减速，因为滑索终端是一个架子。因为每个人体重不一样，他们试验了几个不同重量的假人。当使用一个较重的假人时，减速系统没有将假人速度完全减下来，可怜的假人啪的一声冲进了架子里。如果是个真人，他就死定了。当他们使用较轻的假人时，又减速太快了。你可以看到假人吊在滑索下，随着一个急停，假人惯性冲起，裆部撞到了滑索上。最终他们认为单人滑车方案不可行。
>
> 接着他们又制造了一种 9 人滑车。滑车上安装着一个巨大的工字钢梁，梁的两端装着滑轮，梁上设置了 9 个挂钩。塔

架上每一名撤离人员需要佩戴一个吊具,用吊具上的一个 D 形环钩住钢梁的挂钩。

NASA 安全人员疯狂地进行工作。他们安装好了滑索系统,现在他们要对红色应急小组人员进行使用培训。时间已经到了 1968 年 12 月初,"阿波罗"-8 任务就要开始,因此他们加班加点工作。

我被安排在一个星期天早上 10 点进行使用培训。我们在发射工位终端连接室接受了 45 min 地面培训。然后他们让我们 9 个人上到塔架。我们中有两个邦迪克斯公司人员,他们一路在说着:"我们这些人真走运! 我们是第一批使用滑索系统的人。"我们都非常紧张。

在塔架边沿,他们焊着一块巨大的钢板,钢板上有防滑波纹,钢板用上面的缆绳固定。因为钢梁以一定的角度挂在滑索上,因此钢板上设有爬梯。爬梯是由大概 2 cm 直径的钢筋焊接而成的栅格,面积约 1 平方英尺 (0.3 m²)。你可以走过工作平台,来到塔架边 —— 不要往下看 —— 抓住栅格,爬上去把你的挂钩钩住钢梁。

滑车最下面是 1 号位,当 9 号位人员上来钩好后,8 号和 9 号位人员一起推动一对 D 形环,就可以松开滑车,这样就可以沿滑索撤离了。如果从侧面观察,滑索看上去坡度不大,但是当你坐在滑车里往下看时,感觉滑索就像直接连到了地面上。没人不感到紧张。

我在第 3 号位。我边上 5 号位是一名罗克韦尔公司的技术人员。我们所有 9 个人都到位了。两名负责安全的人员说:"8 号 9 号! 推动 D 形环! 准备撤离!" 5 号位的同事说:"先生,请不要推动 D 形环!" 刚说完,就听到 9 声咔咔声。我们 9 个人都解开了挂钩。我们返回塔架,我看到在滑索上钢梁前面有两个巨大的锁扣。如果锁扣松开,我们就掉下去了,但是那时我们并不知道!

8.17.1 吊篮

滑索撤离系统的最终方案是在发射平台/脐带塔 9 号摆臂入口处设置了一个吊篮。一根 3 cm 粗的钢缆从发射平台/脐带塔向西延伸到

2200 英尺 (670 m) 外的一个架子上。吊篮的空间足够乘坐 9 个人——3
名航天员加上其他 6 名 "白房子" 内或脐带塔顶部工作人员。

出现紧急情况时,航天员和工作人员通过摆臂从 "白房子" 中撤离,
然后沿着东北侧的小道来到标高 320 英尺 (98 m) 的撤离平台。在这里
进入吊篮,松开里面的操作杆,就可以沿着滑索下降到地面,在地面处
通过一个阻挡装置让吊篮减速停止。救援人员在地面降落处待命准备
救援。救援人员使用装甲车或直升飞机将撤离人员运往安全区。

NASA 有一次安排航天员斯图·鲁萨 (Stu Roosa)、NASA 设计师阿特
·波彻 (Art Porcher) 和 NASA 安全工程师查克·比林斯 (Chuck Billings)
对吊篮系统进行撤离试验。他们报告说撤离过程非常可怕,因为他们在
吊篮中面朝后,只能看到滑索一路从头顶滑过 (图 8–26 ~ 图 8–28)。

图 8–26　1969 年 1 月 25 日,"阿波罗" 时期唯一一次滑索系统载人试验。安全工程
师查克·比林斯、航天员斯图·鲁萨、NASA 设计师阿特·波彻充当试验人员

李·斯达瑞克是救援小组成员,他多次参加航天员和收尾人员撤离
演练。他说:"我们把航天员放在轮椅上,穿过 '白房子',转过一个弯,到
达一个斜坡处,那里有通往滑索或电梯的标记。我非常不愿意进入吊
篮。你从吊篮往下看,大约有 480 英尺 (146 m) 高,就靠这么一根细细的
缆绳吊着吊篮。吊篮中人越多,它就越往下坠。我个人认为:'乘坐吊篮
撤离不是什么好玩的事。'"

NASA 后来在航天飞机任务中也将吊篮和滑索系统作为一种撤离

图 8–27 吊篮正在沿滑索下降

图 8–28 为了降低吊篮最后的下降速度,支撑系统将滑索降低后又轻微抬高。在航天飞机时期,使用拦阻绳降低吊篮速度,吊篮最终撞到一张拦阻网上

模式。NASA 执行官、前航天员查理·博尔登 (Charlie Bolden) 曾在航天飞机任务中使用过吊篮滑索系统。虽然这套系统在终点的位置几乎没变,但是需要指出的是,"阿波罗" 任务使用的吊篮滑索系统的起点要比航天飞机任务中的高出近 130 英尺 (40 m)。

8.18 发射工位防爆

加注后的 "土星"-V 火箭如同一枚威力巨大的炸弹矗立在发射工位

上。贝尔科姆公司 (Bellcomm) 计算得出, "土星"-V 火箭的最大爆炸威力相当于 0.5 kt[①] 当量的原子弹 —— 比轰炸广岛的那枚原子弹当量略小, 但是威力仍然巨大。

贝尔科姆公司的研究质疑所有的推进剂都会在爆炸中燃烧完。他们认为火箭一级的航天煤油 RP-1 很大一部分会通过发动机流到导流槽里, 而不是发生爆炸。S-II 级的液氢和液氧实际上是最大的爆炸源头。即使只有 60% 的推进剂爆炸, "土星"-V 火箭也会在发射工位制造出巨大的火灾。发射平台/脐带塔和发射工位大部分设施会被爆炸完全摧毁, 大火会扩散到数英里之外。如果指令舱中的航天员收到危险警报, 他们可以点燃逃逸火箭, 将指令舱带到远处, 以躲避危险。

发射控制室距离发射工位 3.5 英里 (6 km), 所有窗户都进行了加固, 并且加装百叶窗进行保护 (如果发生爆炸, 可以用百叶窗遮住窗户)。发射时, 洛克·佩特龙会命令把百叶窗立刻关上。佩特龙说他只是不想亲眼看到任何灾难发生。

8.19 钚和洗车台

从 "阿波罗"-12 任务开始, 登月舱搭载了一桶钚-238 颗粒, 用作放射性同位素热发生器 (RTG) 的燃料。RTG 为部署月面上的试验包提供能源。一桶钚放在 610 万磅 (280 万 kg) 的大炸弹上, 一想到这种危险场景就会让人寝食难安 (图 8-29)。

迪克·里昂在 "阿波罗"-11 任务后担任 "阿波罗" 月面试验主管, 他负责协调处理钚的安全问题。他说: "人们纷纷传说航天器搭载的钚数量足够杀死地球上所有的人; 如果火箭在空中爆炸, 并把所有的钚蒸发到云层中, 将带来巨大的灾难。你不得不去消除类似这样的各种流言。"

钚被压缩成圆盘状的小球, 装在坚固的罐子里。里昂介绍说, NASA特意进行了试验, 将罐子从 20000 英尺 (6 km) 高处抛下, 掉在坚硬的岩石上。罐子在试验中没有破裂, 因此 NASA 认为安全性不存在问题。即使钚泄漏了, 也只有在钚碎成粉末并被人吸入时才会带来危险。

科学家为钚争论不已, 有些人认为 NASA 采用的球状钚是非常安全的, 而另外一些人则认为把钚发射到太空无法保证安全。原子能管理委员会 (AEC) 与 NASA 在安全条款上发生了争议。AEC 有一条要求是

---

① 作者原书有误, 应该是 5 kt

图 8–29   安装在 "阿波罗"-17 登月舱外的钚桶 (图中带有白色圆圈的罐子)。照片是
在发射前从适配器处拍摄

NASA 除了留下必要的人外, 其余人员都要撤离到发射工位 20 英里
(32 km) 以外区域。这条要求明显不现实, 库尔特·德布斯进行了反驳,
最终他赢了。

作为折中, NASA 设计了一套有趣的系统来降低钚的污染。里昂解
释说: "我们假定火箭会爆炸, 爆炸会把罐子炸开并把钚粉喷到人群中。
为此我们修建了一整套洗车设备。如果爆炸发生, 人们会被告知待在他
们的汽车里, 然后安全人员会指导他们进入洗车台清洗车辆。我们设
计、修建了一整套洗车台。"

8.20   简单方法有时也很管用

在发射工位上测试经常需要工作人员耐心地精细操作。有时, 简单
的方法也能解决大问题。

以处理液氧球罐冰塞问题为例。如果球罐进入了潮湿空气, 空气中

的水分遇冷会凝结成冰块, 冰块就会堵塞住竖管, 形成冰塞。波音公司的工程师比尔·海因克回忆起有一次处理冰塞问题采用的简单方法, 这个方法不很优雅, 而且也带有一定的危险性:

> 球罐上面的歧管有一个 4 英寸 (10 cm) 直径的大法兰, 并有两个排放阀门。排放阀门被拆下送到实验室检测。因为没有了排放阀门, 外部的空气进入到球罐。空气中的水分冻结了, 在通往球罐的竖管中形成一个巨大的冰塞。

> 我们制定出一个去除冰塞的方案。用 1 英寸 (2.5 cm) 的不锈钢管制作成一个巨大的丁字形'冰抓', 冰抓上面的横把手可以防止冰抓掉到球罐里。如果掉下去就真的麻烦了, 因为你需要泄出球罐中的液氧, 才能把它取出来。

> 那是个星期六, 我们没有在发射控制室操控液氧设备。在球罐附近的电子设备间里, 我们有一个控制箱。我受命在电子设备间中操作控制箱给球罐加压。我们加压到大概 5 ~ 6 psi (34 ~ 41 kPa), 然后控制汽化器阀门保持这个压力。这个压力不是液氧输送时常用的 10 psi (69 kPa), 但是这个压力足以把敲碎的冰块从管道中吹出来。

> 机械工程师迪克·基托 (Dick Kitto) 不走运地抽中去完成这项苦力活。迪克爬到球罐的顶层工作平台, 把冰抓使劲往下捅, 把冰打碎, 大块的冰就从他边上飞了出去。如果飞出去的冰击中他的脑袋, 一定会要他的命。那天早上刮的是西北风。我在电子设备间里, 听到巨大的冰块砸到房顶上。我们把所有的冰塞都清除了。一切都很顺利, 我们又可以继续工作了。

8.21　发射工位上更换火箭尾翼

当 "阿波罗/土星" 矗立在发射工位上时, NASA 有时需要对航天器或火箭的设备进行修复处理。从更换 "阿波罗"-14 服务舱液氧贮箱, 到修复 AS-500F 的 S-II 级液氧贮箱内的防晃板, 修复任务的规模和复杂程度差异很大。最不同寻常的一次修复任务是, 在 "天空实验室"-4 射前 1 周时, 对 "土星"-IB 火箭一级 8 个尾翼进行更换。

"土星"-IB 火箭在前 7 次飞行任务中没有发生问题。"土星"-IB 火箭开始执行最后一次载人飞行任务 —— "天空实验室"-4, 火箭于 1973

年 8 月 14 日转运到发射工位 B, 并计划于 1973 年 11 月 16 日发射。火箭在发射工位上通过了常规测试, 没有出现任何问题。

发射日期临近, 马休航天飞行中心的工程师担心 S-IB 级 8 个稳定尾翼会出现应力腐蚀裂纹。当金属材料暴露在腐蚀性环境中, 并且被施加持续的巨大应力时, 应力腐蚀就可能产生。S-IB 级已经制造出来 6 年了, 这 6 年它基本上被存放着。当它竖起之后, 在海边的发射工位上要停留几个月时间。尾翼竖立在发射工位支撑臂上, 负担着火箭的重量。加上海边的潮湿和盐雾, 应力腐蚀的条件都具备了。

通过检查, 证实了马休航天飞行中心的担忧: 尾翼发现裂纹。在发射或飞行过程中, S-IB 级尾翼故障可能会导致火箭失控或者中止飞行。问题是如何更换尾翼, 亨茨维尔的工程师提出了一个保守方案, 就是把火箭运回垂直总装厂房, 分解后更换尾翼。

肯尼迪航天中心的工程师提出了另外一个方案, 他们的方案是直接在发射工位上更换尾翼, 这样不需要将火箭转运回去, 可以节省经费和时间。这是一个从未有过的大胆设想。1973 年 11 月 2 日, "天空实验室"-4 开始倒计时验证测试。进度的压力要求尽快制定批准尾翼更换方案。

更换尾翼工作安排在射前 1 周的 11 月 9 日进行。预计更换尾翼需要 3 天时间, 工作人员开始全天加班工作。更换工作充满了危险, 危险因素包括人员在高空作业、S-IB 火箭发动机支撑平台空间狭小以及使用塔吊起吊重物等。

整个流程如下。将装箱的替换尾翼运到发射工位, 使用吊车将替换尾翼吊到发射平台上层。对替换尾翼进行开箱, 并用荧光剂检查裂纹情况。同时, 在发射平台 120 英尺 (37 m) 标高的支撑平台上, 工作人员将某个尾翼的支撑臂收回, 在尾翼上连接处理装置, 将尾翼从火箭上拆卸下来。塔吊将尾翼放置在发射平台上, 再将替换的尾翼吊到支撑平台处。工作人员将尾翼对齐并固定在火箭上。支撑臂重新伸出。按照以上流程, 在 8 个尾翼上轮流实施一次。因为尾翼支撑着火箭的重量, 一次只能更换一个尾翼。

更换尾翼工作需要一个庞大的工作组 ——20 名机械技术员, 10 名机械工程师, 6 名辅助技术员, 6 名辅助工程师, 火箭各方面的主管人员、安全人员、吊车手、卡车司机等 (图 8-30 和图 8-31)。

提普·泰龙负责监督尾翼的更换工作。他回忆说:

> 工作组那些人都是英雄, 他们对工作非常内行。他们爬上

图 8-30　1973 年 11 月 9 日, 工作人员在支撑臂上更换 "天空实验室"-4 火箭 S-IB 级
　　　　尾翼

爬下, 忙碌地处理着各项工作。他们都是在凭着本能干活。看
他们工作真是一大乐趣。

有一个家伙叫 "Tiny" (注: 微小的意思), 实际上他是个大
个子。他手长腿长, 身体强壮, 身高有 6 英尺 5 英寸 (1.95 m)。
别人用吊车才能移动的东西, 他用手就能搬动。他们在起吊尾
翼时, 就安排他来稳住尾翼。别人要紧紧抓住标记线才能稳住
尾翼, 他徒手就帮着把尾翼安放到位。真是了不起。

更换工作按时完成, "天空实验室"-4 按计划实施发射。这是 1 年半
以来 LC-39 发射区最后一次发射任务。

查克·麦凯克伦对完成这样非同寻常的任务感到非常骄傲: "这样
的工作很有趣。有趣的一点是那些搞设计规划的人不会跑来告诉你怎
么干, 因为他们也不知道怎么干。这样的任务充满乐趣。有时给你的指
示越少, 越容易去完成。"

图 8-31　1973 年 11 月 10 日, 更换尾翼工作正在进行中, 图中 6 号尾翼正被拆解下来

8.22　对发射工位上工作的思考

航天器和火箭都有试验团队为任务服务。航天器测试在 ACE 控制室和载人航天器操作厂房进行控制。整个飞行器测试在发射控制室控制。尽管航天器和火箭试验团队人员都在发射工位工作, 但是他们很少碰面。火箭试验团队人员一般使用发射平台/脐带塔进入火箭, 而航天器试验团队人员一般使用服务塔进行工作。

康妮·佩雷斯说在发射工位工作不会总是那么美好:

在发射工位工作经常意味着要在雨中干活。我们要把车停在大门外我们称之为 "Bulter building" 处。从停车处到达240 号拖车工作点, 要走很长一段路, 而且经常在傍晚时候去, 这时蚊子非常猖獗。遇到下雨天我就得快速跑步前进。我们要用日志记录所有的工作, 要把日志带到载人航天器操作厂房的办公室。我把车停在载人航天器操作厂房停车处, 再驾驶货车返回到发射工位。在雨中乘坐服务塔电梯上去, 然后再下来。

如果有时风速超过限值, 我就要通知大家: "赶紧下来! 为了安全不能在上面工作!" 这就是我在发射工位上的工作场景。

查克·麦凯克伦记得, 冬天时脐带塔上非常寒冷: "我离开德国后遇到的最冷天气就是在发射场的冬天。当你在火箭上工作, 海面吹来刺骨的寒风, 真是太冷了, 工作人员都裹着大衣。你根本不想冬天在发射场工作, 尤其是晚上。" (图 8-32)

图 8-32   冬日夜晚, 工作人员在 "白房子" 顶上。这张照片拍摄于 1971 年 1 月 30 日, 从 "阿波罗"-14 任务射前倒计时撤收的服务塔上拍摄

虽然在发射工位上工作充满了挑战、危险和各种不适, 但是 "阿波罗/土星" 计划的壮观场景常常会激发人们的自豪与骄傲。杰瑞·特拉赫特曼 (Jerry Trachtman) 说即使在最寒冷的晚上, 他也总是会想起: "我是世界上最幸运的人! 我在 '阿波罗' 航天器上工作!" 参与 "阿波罗" 任务的人员都忘不了在发射工位看日出时的美景, 或者晚上泛光灯照射下 "土星"-V 火箭壮观的场景。

乘坐发射工位电梯或垂直总装厂房的电梯时, 可以让人们有时间去想象。尽管在火箭上工作已经很习惯了, 但是当乘坐电梯看到如此巨大的箭体, 总是让人浮想联翩。特拉赫特曼说: "乘坐电梯看着火箭从你眼前飞过, 似乎它将一直飞下去。无论你乘坐垂直总装厂房带玻璃门的电梯, 还是乘坐服务塔上开放式电梯, 看见的火箭个头真是太大了。你禁不住去想, 这个家伙将要点火起飞, 而且它要飞向太空, 登陆月球! 我每次看见它都会感到震惊。"

基恩·斯皮尔格补充道: "前裙位于 230 英尺 (70.1 m) 标高处。从那里往下看 (图 8–33), 你就会想: '这个大家伙怎么能飞起来!' 尽管你知道一切都安排好了, 你还禁不住那样去想。" 阿兰·康提沙当时是一名 22 岁的小伙子, 他回忆起在发射工位上工作时的心情: "你从地面乘坐开放式电梯, 随着高度上升, 温度会下降。白色的火箭就在面前飞过, 这种感觉不像是真实的。然后, 电梯门打开, 你走到过道上。这种经历太酷了!"

图 8–33　从塔吊的过道上拍摄的 "阿波罗"-13, 在服务塔密封舱内可以看见部分航天器

8.23　观察发射

肯尼迪航天中心的工作人员无论从事什么岗位工作, 他们看到 "土星"-V 火箭发射时的心情与普通人完全不同。无论他们多么了解 "土星"-V 火箭和 "阿波罗" 航天器, 经历过多少次发射任务, 在火箭发射那一时刻, 即使最坚强的人也会激动不已。

8.23.1　"阿波罗"-4

"阿波罗"-4 (AS-501) 任务是 "土星"-V 火箭首次发射。首次任务给人留下印象非常深刻。因此, 许多 "阿波罗/土星" 工作人员对 "阿波罗"-4 的印象要比 "阿波罗"-11 还要深刻。下面是他们对 AS-501 任务的一些访谈资料。

里奇·罗比泰勒 (Rich Robitaille) 首飞时在 1 号发射控制室工作:

在 6～9 个月时间里, 我们总是听到如果火箭爆炸了, 我们都会死掉。毕竟我们离火箭只有 4 英里 (6.4 km)。没人能证实这些。虽然我们知道有安全保障, 但总是能听到这样的谣言。

在 AS-501 任务中, 当 S-IC 级发动机点火时, 几乎发射控制室的所有人都跑到窗户前去看。火箭在发射工位上停留了约 10 s 没有起飞, 然后人们感到窗户开始明显震动起来。难以置信, 我们在发射控制室观看 "土星"-V 火箭首飞, 世界上最大的运载火箭首飞!

无数天才们一起设计制造了它, 他们知道火箭一定会飞起来。但在看到火箭起飞那一时刻, 我们都流泪了。你一生都不会忘记那一时刻。

杰克·金和诺姆·卡尔森在发射控制室 A 区工作:

金: 1967 年 11 月, 我们执行 "阿波罗"-4 任务, 这是 "土星"-V 火箭首飞。我总是被问及 "阿波罗"-11 任务, 但是我印象最深的还是 "阿波罗"-4 任务。

我们给采访区记者发放了耳塞。我们进行了各种声学试验, 我想他们预期发射噪声就像坐在摇滚音乐会第一排时听到的那样。他们进行了多种距离、爆炸效果和噪声的测试。

那时我记得最清楚是听诺姆和斯基普·邵文的声音。我们从倒计时 3 min 10 s 开始计数, 直到 10,9, 点火发射。火箭开始起飞了。发射声音传来时, 所有窗户开始嘎吱作响。发射控制中心是个新建的大楼。所有的灰尘从天花板上震落下来。我觉得这个屋顶都要塌了。

卡尔森: 是的。那些窗户都在晃。那些 2 英寸 (5.1 cm) 厚的玻璃可以明显看到在晃动。

乔·威廉姆斯 (Joe Williams) 在发射控制中心外面观看发射:

真是非常可怕。我第一次看 "土星"-V 火箭发射。我站在发射控制中心东南侧的楼梯上看发射。差不多有 500 人站在那看。当冲击波传来时, 吓得我灵魂出窍。我只想尽快离开楼梯, 这么大的声波一定会震垮楼梯。如果楼梯垮了, 一定会有很多人死伤。

迪克·里昂在垂直总装厂房附近看发射, 他回忆说: "我印象最深的一件事是, 看到垂直总装厂房的墙壁在发生可怕的震动 —— 墙壁来回晃动。"

恩尔尼·雷耶斯和航天器工程师约翰·赫德 (John Heard) 也在垂直总装厂房附近看发射:

> 我清楚记得那一次发射。许多工作人员都哭了, 眼泪流淌在他们脸上。约翰·赫德也是其中之一。他 19 岁时, 曾参加过第二次世界大战, 驾驶 B-17 轰炸机执行过轰炸德国的任务。如今他作为航天器工程师为我工作。他说: "恩尔尼, 我想在我人生中不会有比在这工作更刺激的事情了。"

> 你听到火箭轰隆隆的声音, 感到口袋里的零钱在跳动, 然后感到胸膛受到压力, 这时你就看见火箭腾空而起!

> 真不敢相信这么大的家伙在飞, 我们乘坐电梯都要花很久才能上来的大家伙。当你乘坐电梯时, 可以看到箭体上巨大的 "USA" 标记。你站到最高处, 海边景色一览无余。往下看, 你会说: "火箭已经加注了, 马上 …… 加注了多少燃料?" 不可想象, 从在沙漠里试验小小的 V-2 火箭, 到如今的这个大家伙。如果你从来没有看过一次发射, 你就错过了生命中最美好的一个场景。

李·肖雷德 (Lee Solid) 是洛克达因公司的管理人员, 洛克达因公司负责制造 "土星"-V 火箭的发动机系统。肖雷德在 4 号发射控制室 (该发射控制室在发射日留给承包商使用) 观看了发射。作为 "土星"-V 火箭一级 5 台 F-1 发动机系统的负责人, 肖雷德在看到火箭起飞时的想法与别人稍有不同: "没有什么比 '土星'-V 火箭起飞更壮观的场景。但我只会去想如果一台发动机出现故障怎么办, 我们可以有什么措施。我不得不这样想。"

约翰·特赖布发射时在载人航天器操作厂房指令/服务舱 ACE 控制室内, 离发射工位大约 7 英里 (11 km):

> 我们在黑白电视机上看到 5 台 F-1 发动机点火。火焰像瀑布一样穿过发射平台, 冲进导流槽内, 在平坦的地面上激起

的尘土覆盖了方圆 2 英里 (3.2 km) 大小的地方。重量超过
3000 t，长度超过一艘驱逐舰的巨大火箭，缓慢升起，尾部喷出
巨大的火焰，把发射平台/脐带塔上的金属栏杆、绞车、电梯门
冲击的粉碎，吹散到发射工位周边。冲击波到达采访区，几乎
摧毁了电视转播拖车，记者们也被震得够呛。声音也穿透载人
航天器操作厂房，传入我们的耳中。

总而言之，比尔·海因克说，AS-501 给人们的一大惊喜就是火箭终于
从地面飞起来了。经过 17 天地狱般倒计时验证测试，几乎没人有把握
"土星"-V 火箭能够首飞成功。他说几小时后庆祝发射成功活动就开始
了，整个庆祝活动持续到了晚上。数千名参观者也都加入了庆祝活动。

8.23.2 "阿波罗"-11

鲍伯·西克 (Bob Sieck) 在 "阿波罗"-11 任务时在 ACE 控制室参加
预备任务，他因此可以像观众一样观看 "阿波罗"-11 发射。在近百万名到
卡纳维拉尔角观看 "阿波罗"-11 发射的参观者中，他的经历具有代表性：

"阿波罗"-11 发射，是我和家人唯一一次共同观看的发射，
因为他们告诉我，为了避免发射日交通拥堵，凡不是发射团队
人员，发射日那天可以放假，不要到肯尼迪航天中心去。我那
时住在泰特斯维尔，我想："好吧，我和妻子、1 岁大的女儿沿着
河去看发射，河离我们住的地方只有几英里。"

我们驾车前往河边。走到半道就走不动了，泰特斯维尔到
处交通拥堵。我们停好车，把孩子放到手推车上，走到了河边，
这时离发射还很早。

到处交通拥堵。双向四车道上停满汽车和卡车。人们坐在
车顶上或车厢里。你往河对面看，"土星"-V 火箭就矗立在那，
绝佳的视野。这里人山人海。

一位女士站在我们旁边，她从道路中间隔离带上拔了一把
草装到塑料袋里。我们问她这是干嘛。她说："所有纪念品都
卖光了。买不到任何纽扣、衬衫、帽子等纪念品，我只好拔点
草当做纪念品！"

我不由得想："我真笨！桌子上就放着足有 5000 页的'阿波
罗'-11 航天器发射流程文件。"如果我头脑灵活些，可以把这

些文件带回家当纪念品卖掉。我一次卖一页赚的钱足以让我
女儿上大学! 那是开玩笑, 明天我就要回去工作, 把用过的流程
文件扔掉, 因为我们又要准备下一次新的任务。就是这样。

8.23.3　其他任务

弗兰克·佩诺维奇 (Frank Penovich) 回忆起他唯一一次在发射控制
室外观看发射的经历:

> "阿波罗"-15 是我唯一现场观看的发射任务。我印象非常
> 深! 发射时我就站在垂直总装厂房前。有两件事: 第一, 火焰的
> 颜色难以置信! 那是一种我从未见过的漂亮的蓝色。另外发动
> 机的声音真大, 就像一连串爆炸。我在想: "天啊! 我以前错过
> 了这么壮观的事情。" 我们在发射控制室是用 8 吋的黑白监视
> 器观看发射。我只有回到家里才可以用彩色电视机看发射。电
> 视显示的颜色与我亲眼看到的大不一样。而且发射现场的震
> 撼, 看电视是无法体会到的!

有人问指令/服务舱测试指挥斯基普·邵文是否看到过 "土星"-V
火箭发射时, 他笑着说: "没有, 我只在 ACE 控制室的黑白电视上看过
发射。我从来没有现场亲眼看过一次发射。"

8.24　回到工作

对肯尼迪航天中心的 24000 名工作人员来说, 无论他们在发射时从
事什么工作, 能够为人类历史上最伟大的一项事业作出贡献, 他们感到
无比骄傲自豪。在 "阿波罗"-11 任务中, 许多工作人员没有时间去品味
发射成功的喜悦。很多人马上又要接着工作, 清理发射现场或者准备下
一次任务, 他们努力工作的最终目的是确保美国实现在 20 世纪 60 年代
末载人登月的宏伟目标。

第 9 章

后记

9.1 "阿波罗" 时代的结束

"阿波罗"-11 任务的成功对许多肯尼迪航天中心的承包商来说是喜忧参半。随着肯尼迪总统提出的载人登月目标的实现, 不再需要每星期 7 天、每天 3 班倒地赶任务进度。肯尼迪航天中心的预算削减超过 10%, 雇员需要裁减 20%。裁减的人员有些被分流, 有些被解雇。肯尼迪航天中心/卡纳维拉尔角空军基地的雇员人数从 "阿波罗"-7 任务时最多 26000 人降低到 20 世纪 70 年代中期的 16235 人。

"阿波罗/土星" 计划在项目后期还取得了许多难以置信的科技成果。尽管受到裁员和未知命运等不利因素影响, 沃尔特·卡普瑞恩 (Walt Kapryan, 他在 "阿波罗"-11 任务后接替洛克·佩特龙成为发射指挥员) 和航天员们还是竭尽所能一如既往地工作。

在 1972 年 12 月 "阿波罗"-17 航天器返回地球后, 肯尼迪航天中心的许多 NASA 雇员开始分流到航天飞机计划研制工作中去。1973 年还要完成 4 艘 "天空实验室" 空间站发射, 它们在载人航天器操作厂房和垂直总装厂房进行装配测试。

在 "天空实验室" 任务后, 肯尼迪航天中心大约有 1 年多时间没有发射任务, 直到 1975 年 7 月 "阿波罗 – 联盟" 试验计划, 这也是 "阿波罗/土星" 航天器最后一次飞行任务。"阿波罗 – 联盟" 计划只保留了一支规模相对较小的人员队伍。约翰·特赖布 (John Tribe) 认为参加 "阿波罗 – 联盟" 计划是他人生中非常快乐的一段经历:

> 1975 年 "阿波罗" 计划的规模已经萎缩, 我被召回参加

"阿波罗－联盟"计划。那时反作用控制系统 (RCS) 只剩两名工程师 (我是其中之一), 服务推进系统 (SPS) 只有 3 名, 我们在 1 名主管的带领下需要完成所有机械和推进系统的试验工作。我们两个工程师完成了流程上反作用控制系统所有工作。我们每天正常上下班工作, 这与过去太不一样了。在过去三班倒时, 你每天要花很多时间进行交接班, 让下一班知道或者了解上一班都干了些什么工作。正常上下班时, 你第二天只需要接着干就行, 因为那是你昨天遗留的工作。

"阿波罗－联盟"计划的优点是所有流程都是清晰、标准化的, 没有任何差错。技术人员都经验丰富。我们保留下来的都是精英。我们士气非常高涨。亨德里克斯先生和我作为反作用控制系统的两名工程师, 大多数时间都是与发射工位其他同事在一起工作。我们有时也比赛看谁跳的更远! 沃伦·拉基 (Warren Lackie) 是跳远冠军。我们也比赛跳高。那是一段快乐的时光, 我们工作得都很出色。"阿波罗－联盟"计划对我来说是所有"阿波罗"任务中最愉快的任务。在那之后, 任务就停止了。

比尔·海因克 (Bill Heink) 说: "我是看着 '阿波罗' 计划走向终点的。在我们第一次登月时, 波音公司在肯尼迪航天中心工作的员工有 5000 人。到了 "阿波罗－联盟" 计划时, 波音公司只剩 125 人了, 而我就是其中之一 (图 9-1)。在最后一次任务结束后, 我们明白 '阿波罗' 时代结束了。"

图 9-1　1975 年 7 月, "阿波罗－联盟" 计划后运载火箭方为承包商举办了一个答谢会。照片中是负责 S-IVB 级的麦道公司人员

　　随后, 肯尼迪航天中心对 "阿波罗" 时期的设施设备进行了改造或报废处理。LC-34 和 LC-37B 发射区在 "阿波罗"-7 任务后进行了封存处理。几年后对公众开放参观时, LC-34 发射区的掩体成了存放 "阿波罗/土星" 任务纪录档案的仓库。提普·泰龙 (Tip Talone) 负责 LC-39A 发射工位改造工程, 以适用于发射航天飞机。1 号发射平台的脐带塔因为它的历史功勋, 被分解成几部分加以保护。但是, 因为缺少维护资金, 随着时间流逝, 塔架的钢制结构在佛罗里达州的盐雾湿气中锈蚀严重, 已经无法保存。该脐带塔最终被废弃了。

　　2 号和 3 号发射平台的脐带塔被拆解下来, 截去部分后, 改造成航天飞机的固定服务塔 (FSS), 安装在发射工位 A 和发射工位 B 上。所有 3 个活动发射平台将被改造成航天飞机的活动发射平台 (MLP)。(图 9-2 和图 9-3)

图 9-2　发射工位 A 被改造用于发射航天飞机。3 号发射平台的脐带塔上面部分已经拆解下来并安装在发射工位左边。发射工位上是 2 号发射平台/脐带塔, 它的脐带塔也将拆解。这两个脐带塔将被改造成航天飞机的回转服务塔 (RSS) 和固定服务塔 (FSS)。活动式发射平台底座将被改造成一个活动发射平台 (MLP)

图 9–3 2013 年 8 月, 发射工位 A 和活动发射平台

"阿波罗" 任务中的服务塔被废弃了。戴维·莫尔 (Dave Mohr , "阿波罗 – 联盟" 计划后加入罗克韦尔公司) 回忆起他站在垂直总装厂房楼顶看到服务塔正在进行改造时的场景: "我看到有人用绳索吊在服务塔下。我问身边的朋友: '那些人在干什么?' 他回答道: '我真不想告诉你, 他们正在分解服务塔。' 我看到那个人用喷枪切下一块东西, 那东西掉到 400 英尺 (122 m) 下的地面上, 发出嘭的声响! 真的很难过。真不想被他们拆解了。"

"阿波罗"-17 任务后, NASA 对 1 号发射控制室进行了改造, 用于航天飞机任务。室内所有的控制台和面板都被扔掉了。约翰·康威 (John Conway, 主管航天飞机发射流程设计) 说, 许多 "阿波罗" 时期的控制台又从回收商那里买回来重新用于航天飞机任务。工程师们把原来的控制台上下翻转, 然后在上面塞进计算机显示器和控制面板。1981 年 1 号发射控制室完成了第一次航天飞机发射任务, NASA 在 2008 年时将 1 号发射控制室 (图 9–4 和图 9–5) 命名为 "杨 – 克里平 (Young-Crippen, 两名航天飞机首飞航天员名字) 发射控制室"。

2 号发射控制室在 "天空实验室" 任务后内部受损。3 号发射控制室是 "阿波罗/土星" 任务使用的最后一个发射控制室, 它也参加了 "天空实验室"·载人任务及 "阿波罗 – 联盟" 计划。在美国建国两百年庆典期间, 3 号发射控制室还临时充当了肯尼迪航天中心的一处观光景点。从参观室出来去 A 区, 参观者可以看见头顶的屏幕上不断重放着 "阿波罗"-11 任务倒计时以及发射画面。3 号发射控制室最终被腾空并进行改造, 用于航天飞机任务。许多私人收藏家手里珍藏的 "阿波罗" 时期

图 9-4 航天飞机任务时 1 号发射控制室场景。控制台面向窗户弧形排列

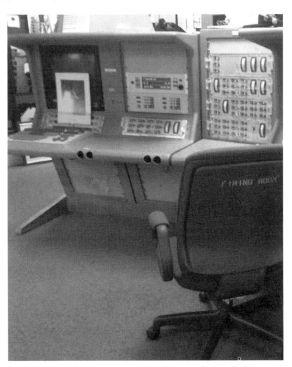

图 9-5 博物馆展出的早期航天飞机发射控制室控制台。照片中可以明显看出这些控制台是"阿波罗"时期的遗物:"阿波罗"时期的控制台上下颠倒放置

的控制面板都是原属于 2 号发射控制室和 3 号发射控制室的设备。

　　所有 4 个发射控制室在航天飞机时期都曾经作为主发射控制室使用过。4 号发射控制室在 "阿波罗" 时期从来没有使用过,它在航天飞机时期参与了最后 21 次航天飞机发射任务 (图 9–6 和图 9–7)。

图 9–6　1966 年 LC-39 发射场的 4 号发射控制室照片。墙壁上挂满了波音公司的各
　　　　种流程图和方案评估审查图表

图 9–7　2012 年航天飞机任务结束后的 4 号发射控制室。航天飞机最后 21 次发射就
　　　　是在此进行控制的

　　MSOB 厂房在 "阿波罗" 任务时期一直被称为载人航天器操作厂房。"阿波罗" 任务后, 该厂房重新配置用于航天飞机计划。第三层的航天员办公室和更衣室还保持原状, 组装和测试区除了两个大房间外, 剩下所有设施都清空了 (图 9–8 和图 9–9)。

图 9–8　1975 年 2 月 10 日, 航天器测试指挥斯基普 · 邵文 (Skip Chauvin) 在 ACE 控制室向 "阿波罗 – 联盟" 试验任务航天员介绍航天器试验情况

　　2013 年载人航天器操作厂房被租借给了洛克希德 · 马丁公司, 用于制造 "猎户座" 航天器。洛克希德 · 马丁公司不是在其他工厂生产航天器运到肯尼迪航天中心来测试, 而是直接就在肯尼迪航天中心组装航天器。

　　2014 年 7 月 21 日, 在庆祝 "阿波罗"-11 航天器登陆月球 45 周年时, 这座厂房被正式命名为 "尼尔 · 阿姆斯特朗操作检测厂房" (图 9–10)。

　　航天飞机计划极大地改变了肯尼迪航天中心原来的任务分工。亨茨维尔负责航天飞机固体助推器、发动机和外贮箱的研制管理。休斯顿牵头负责并承担航天飞机轨道器研制任务。肯尼迪航天中心约 60 名 NASA 骨干, 其中包括诺姆 · 卡尔森 (Norm Carlson)、鲍伯 · 西克 (Bob Sieck)、查理 · 马尔斯 (Charlie Mars) 和罗伊 · 撒普 (Roy Tharpe), 前往加利福尼亚参加为期 2 年的 "企业" 号航天飞机接近和着陆试验 (ALT)。约翰 · 康威协助设计航天飞机地面发射时序计算机系统。以前的航天器任务主管乔治 · 佩奇 (George Page), 现在担任了前 3 次航天飞机发射任务的发射指挥员。许多以前发射任务各分部门和系统的工作人员 (其中包括艾克 · 雷杰尔 (Ike Rigell)、弗兰克 · 布莱恩 (Frank

图9-9 2013年8月拍摄的ACE控制室一个房间，地基和玻璃围着的观察室还保持原样

图9-10 2014年7月21日，"阿波罗"-11指令舱飞行员迈克尔·科林斯(Michael Collins)、替补指令长詹姆斯·洛弗尔(James Lovell)和登月舱飞行员巴兹·奥尔德林(Buzz Aldrin)在新命名的"尼尔·阿姆斯特朗操作检测厂房"中合影。他们身后是一艘"猎户座"航天器

Bryan)、乔安·摩根 (JoAnn Morgan) 和加里·鲍尔斯 (Gary Powers)) 与斯基普·邵文 (Skip Chauvin) 和恩尔尼·雷耶斯 (Ernie Reyes) 一起参与到有效载荷 (例如 "天空实验室" 载荷舱段) 研制试验工作中。对许多人来说, 只是他们在任务中承担的工作发生了变化。

在 "阿波罗" 计划与航天飞机计划之间的间隙期, 一些承包商的雇员仍旧在肯尼迪航天中心工作, 而另外一些雇员被分流到其他地方工作。20 世纪 70 年代末, 各承包商重新召集人员参加肯尼迪航天中心的工作, 但是再也没有达到 "阿波罗" 时期那样的盛况。罗克韦尔公司后来负责轨道器制造工作, 但是格鲁曼公司因为各种原因已不再承担主要研制任务。

9.2 试验任务的影响

本书采访的人物中许多人参加了 "阿波罗/土星" 任务或航天飞机任务。其中一部分人全程参与了这两项任务。令人惊奇的是, 尽管 "阿波罗/土星" 任务已经结束很多年, 但是许多员工对 "阿波罗" 任务中的印象比航天飞机要清晰得多。

本书采访到的许多参与了两项任务的工作人员认为, "阿波罗/土星" 任务是他们一生最棒的工作经历。他们参加 "阿波罗/土星" 任务时还只是一名初级工程师, 到了航天飞机任务时, 他们中许多人都已经成长为高级工程师。

是什么因素使得 "阿波罗/土星" 任务成为一个让人满意的项目? 项目的成功靠的是什么? 在采访中经常听到的因素有:

(1) 为一个重要的、具有挑战性的、共同的目标而奋斗的精神;

(2) 没有个人主义的团队协作;

(3) 注重沟通;

(4) 在困难的情况下坚持讲真话;

(5) 职业道德和愿意付出个人牺牲;

(6) 解决复杂问题带来的挑战;

(7) 纪律和严格的测试;

(8)可靠性设计和故障预案。

"阿波罗/土星" 任务的一项了不起的成就是每次任务运载火箭都成功地将载荷送入太空。期间没有发生火箭在发射工位上爆炸、任务撤销以及中止飞行等情况。当然，任务中也发生过 "阿波罗"-1 航天员在测试时遇难，几次飞行任务差点失控等事故。但是，取得的成就依然辉煌，每一枚 "土星" 火箭都从发射工位点火升空，圆满完成了它的主要任务。尽管很多航天员认为他们在每次任务中有 33% 的死亡概率，但是进入太空的 "阿波罗" 航天员都安全地返回了地面。在 20 世纪 60 年代，这样的成功率是前所未有的，直到今天依然值得敬佩。

本书的目的不是向国内外的人们证明 "阿波罗" 计划有多么重要，而是通过本书试图去了解，那些奋战在肯尼迪航天中心成千上万的工作人员，他们巨大的劳动付出却得不到公众的认可，"阿波罗/土星" 计划对他们意味着什么。本书最后，让我们一起了解一下那些为任务做出巨大贡献的人对 "阿波罗/土星" 计划的反思。

约翰·康威说：

你会意识到你很渺小。你只负责任务中很小一部分，你会担心千万别把自己的那部分搞砸了，如果那样你就拖了整个团队的后腿，要知道团队中许多人比你聪明能干。你得努力去工作以保证你负责的部分绝对不会出现问题，这样你才不会把事情搞砸。

你最敬佩的人应是这样的人，他在问题发生前敢于说："我发现一个潜在的隐患" 或者 "我发现计划中一个潜在的风险"。那些对可能发生的问题不说出来，认为他可以把问题解决掉因此不告诉别人的人，是团队中最危险的人。

因此你为了不让团队失望需要付出双倍的努力去工作。在那些日子里，我们希望每个人把自己的想法、发现的隐患，以及任何你认为有问题的事情说出来。就如 NASA 和各承包商的关系一样，当我们形成团队工作时，能在黑板前分析解决问题的人就是解决这个问题的最佳人选，其他的人都协助他工作。不管你是谁及你来自哪里。只要你能解决问题，其他一切都没有关系。那是一次非常棒的工作经历。

诺姆·卡尔森说：

我一生都努力遵循的一个原则，虽然有时我也会违反，是我妈妈告诉我的："千万别说谎。如果你说了一个谎话，你得清楚记住你昨天说的谎话是什么。如果你不说谎，你可以向 100 个人说同样的话。你就不会遇到下面这样的情况，有人对你说：

'嗯, 你说的与别人告诉我的不一样啊。'" 当你像我们在 '阿波罗' 计划中那样与许多人一起工作时, 这一点尤为重要。你不会得不到那些直接或间接为你工作的人的尊敬。我认为妈妈给我的建议对每个人都非常有益。

我总是认为当你与老板发生问题时, 应该直接告诉老板问题的真相。"我犯了个错误。我按错开关了。对不起, 下次不会再这样了。" 老板听了会怎么说? 他不会去揍你, 因为你已经承认错误了。

李·肖雷德 (Lee Solid) 说: "在那里工作非常有意义, 不是因为巨大的工作压力 —— 是的, 我们面临很大的工作压力 —— 而是挑战。人类需要挑战。在我的人生里, 这段工作经历就是对个人能力的最大挑战。"

乔安·摩根说:

我那时觉得我在巨大的压力下工作非常忙碌, 根本没时间停下来想想项目有什么历史意义或者在技术上有什么突破。我们第一次遇到这么多的问题, 第一次在很多地方使用计算机, 甚至自己造计算机, 因为那时没有现成的计算机能够满足要求, 并且编制各种计算机软件。我们努力把所有东西组装起来。你需要过几年才会反思这些对你的意义。现在, 我回头一看: "上帝啊! 我们究竟怎么做到这一切的?"

这要归功于团队协作。我认为我们成功的原因之一是团队中的每一个人都在努力工作。每个人都专注于最终的使命, 你也不想让自己拖后腿。

杰克·史密斯 (Jackie Smith) 说: "我觉得成功对任何人来说除了努力工作没有别的秘诀。我早就明白, 要取得成功你不必是世界上最聪明的人, 只要你比别人努力一样会成功。这是因为: 所有聪明的人都会变得有些自负, 认为他们不需要努力。但一段时间后, 他们会因此而失败, 而努力工作的人终将成功。只要你智力水平正常, 通过努力工作你可以战胜比你聪明的人。"

罗伊·撒普说:

有天晚上我和别人吃饭, 他们问我: "'阿波罗' 任务你们究竟是怎么实现的?" 我说: "我们从来没有去想它。" 我们知道的唯一一件事情是必须每天去工作, 是的, 我说的是每一天。

每一天你需要在肯尼迪航天中心工作12 h。当你下班回到家，你会打回电话说："我知道我们已经把我在12 h内的工作进行了交接。你对下面12 h的工作还有什么问题吗？"

我的一位同事有一天说："你知道，我1年半时间里没有休息一天，每天工作12 h。我都要爱上那个每天轮换我的同事了，因为每天当他来控制台接替我时，我才可以回家！"

我们身处冷战时期，美国总统命令我们去完成一项前所未有的任务，我们知道这项任务有多么艰巨。直到今天，我回想发生的一切，我们每天努力操作控制各种仪器设备去完成任务。只有少数核心团队成员——因为试验任务核心团队人数不是很多——真正明白任务的艰巨性。"不管遇到什么情况我只能努力去工作。我的工作比任何事情都重要。"

加里·鲍尔斯说："我曾听到很多对政府雇员不敬业的批评。但我在"阿波罗"时期从来没有看到过。我认为我还不曾与这样敬业的团队合作过，其中包括我在发射控制中心的同事诺姆·卡尔森。我们在进行太空竞赛。每个人鼓足干劲努力工作——每个人，甚至是记录员。我们一定会在竞赛中打败苏联。这鼓励着我们。这个团队中的每一个人都非常敬业。"

迪克·里昂 (Dick Lyon) 说：

我对我的工作非常骄傲。我想不到还有什么更好的工作去做。那是一种你可以为之骄傲的工作，是你回到家，可以告诉你的妻儿："猜猜我参加什么任务了！猜猜我们在完成什么任务！"我可以这样去激励下属员工："你是唯一掌握这项工作的人，就是，你，伙计！你的工作非常重要！你在为国家做出贡献。"如果他们感觉自己的工作是一种贡献，即使他们做错了，他们依然对自己的付出感到光荣。他们会竭尽所能去完成自己的工作。

查克·麦凯克伦 (Chuck McEachern) 说："我认为'阿波罗'计划比航天飞机计划更重要的一点是，团队人员对事业的奉献精神。我们的目标是登陆月球。我们也想不到会那样加班工作。在LC-34发射区发生火灾导致航天员牺牲事故后，他们说：'你们这些人不会加班干活。'结果怎么样，人们自觉加班工作，但是从不把加班时间算在时间表里。这真是不可思议。我经常每周工作60~80 h，我也从没说过。"

杰克·金 (Jack King) 说："我很骄傲能参加这项任务。你知道最有趣的是什么吗? 我认为世界上没有比参加任务更快乐的事情, 我是说, 我们从工作中得来的快乐。你总是感觉很棒。有时你都不想离开。这种激情, 或者说奉献精神, 你从来没有遇见过。"

9.3 结束语

如果有人经常加班工作, 我们称为 "工作狂"。当有人说自己一周工作 60~80 h, 人们对他们会感觉既羡慕又有点同情。有人长时间加班工作是为了显示自己工作的重要。但也有些工作狂们忙得毫无意义。

在本书对众多当事人的采访中, 我从来没有听到 "阿波罗" 计划的团队人员称呼自己或者他的同事为 "工作狂"。他们都提到了长时间工作的压力, 但是他们认为加班工作是他们对完成重大任务的承诺, 他们不期望加班来获得什么褒奖。他们从心里认为加班工作是对国家的必尽义务。

我很敬佩那些在唐尼、贝思佩奇, 以及肯尼迪航天中心参与飞行器研制的人员。那些亲自参加载人登月任务的人员语气中充满了自豪与骄傲。

他们设计制造出了近乎完美的火箭与航天器, 并将人类首次送往月球, 这个伟大的成就就是对他们最好的奖励。"阿波罗" 任务是他们永远的传奇 (图 9-11)。

图 9-11 "阿波罗/土星" 任务的里程碑。从左起:"土星" 火箭首飞 (1961 年 9 月 SA-1 任务); "土星"-V 火箭首飞 (1967 年 11 月, AS-501 任务); "阿波罗/土星" 任务最后一次发射 (1975 年, "阿波罗 – 联盟" 任务)

附录 A

缩略词和缩写

缩略词	意义
A&E	建筑和工程 (机构或功能)
A&E	管理和工程 (MSO 厂房内的区域)
A&T	装配和测试
A50	航空肼 50
ABMA	陆军弹道导弹局
ACE	接收检查设备
AEC	原子能委员会
AGCS	自动地面控制系统设备
ALSEP	"阿波罗"月面试验包
ALT	接近和着陆试验 (航天飞机)
APIP	"阿波罗"工作人员考察程序
APS	辅助推进系统
ARFM	机身
ASI	强型点火器
ASTP	"阿波罗 – 联盟"试验计划
ATM	"阿波罗"望远镜底座
ATOLL	接收试验或发射语言

(续)

缩略词	意义
AUX	附属机构
Boeing-TIE	波音技术集成和评估合同
BPC	助推器防护盖
C^2F^2	乘员舱适应性和功能测试
CALIPS	校准压力开关
CAPCOM	太空舱通信机
CCAFS	卡纳维拉尔角空军基地
CCC	综合控制中心
CCR	通信控制室
CD	倒计时
CDDT	倒计时验证测试
CDF	防爆保险丝
CDR	指挥员
CG	重心
CIF	中央仪器设备处理中心
CIL	外观检查记录
CKAFS	肯尼迪角空军基地
CLTC	NASA 火箭测试指挥员
CM	指令舱
CMP	指令舱飞行员
COAS	乘组光学校准景象
CSM	指令/服务舱
CVTS	NASA 测试监督人
DDAS	数字数据采集系统
DE	设计工程师
DLO	发射操作指挥人员
DM	对接舱

(续)

缩略词	意义
DOD	国防部
DTS	数据传输系统
EASEP	早期"阿波罗"科学实验包
EBW	引爆桥丝
ECS	环境控制系统
ECU	环境控制单元
EDS	突发防护系统
EDT	美国东部白昼时间
EMI	电磁干扰
EO	工程指令
EOR	地球轨道交会
ESE	电气支持设备
EST	美国东部标准时间
ETR	东靶场
EVA	舱外活动
FCC	飞行控制计算机
FCDR	飞行乘员指挥代表
FCE	飞行乘员装备
FCTB	飞行乘员培训大楼
FM	频率调制
FRR	飞行准备评审
FRT	飞行准备试验
FRU	现场置换单元
FSRT	飞行系统冗余试验
FWDT	适飞性验证试验
GE	通用电气公司
GETS	地面设备试验装置

(续)

缩略词	意义
GH_2	氢气
GN_2	氮气
GOX	氧气
GSCU	地面支持冷却单元
GSE	地面支持设备
HDA	下垂臂
HGA	高增益天线
HMF	自燃维护厂房
HOSC	亨茨维尔操作支持中心
IBM	国际商用机器公司
IDR	临时偏差报告
IMU	惯性测量单元
ITP	综合测试程序
IU	仪器舱
KSC	肯尼迪航天中心
L/V	发射火箭
LC	发射综合设施
LCC	发射控制中心
LCD	发射倒计时
LCRU	月球通信中继单元
LEM	月球旅行舱, 登月舱的早期名称
LES	发射逃逸系统
LH_2	液氢
LM	登月舱
LMRD	发射任务规则文件
LMP	登月舱飞行员
LMR	发射任务规则

(续)

缩略词	意义
LO$_2$	液氧
LOC	发射操作中心
LOD	发射操作指挥部
LOR	月球轨道交会
LOS	信号丢失
LOX	液氧
LRR	发射就绪评审
LRV	月球车
LSC	直线锥形装药
LSE	发射支持设备
LUT	发射平台/脐带塔
LVDA	火箭数据采集器
LVDC	箭载计算机
LVO	火箭操作指挥 (肯尼迪航天中心)
MAF	米丘德装配厂
Max Q	最大动压
MCC	任务控制中心 (华盛顿)
MCR	主要变化记录
MDAC	麦道飞机公司
MESA	模块化设备装配
MIC	管理信息和控制 (房间)
MILA	梅里特岛发射区
MIP	强制检查点
ML	活动发射平台
MLP	活动发射平台
MMH	甲基肼
MOCR	任务操作控制室

(续)

缩略词	意义
MR	材料评审
MSC	载人航天器中心
MSC-FO	佛罗里达载人航天器中心
MSFC	马休航天飞行中心
MSOB	载人航天器操作厂房
MSS	活动服务塔
MTF	密西西比试验设施
NAA	北美航空公司
NACA	国家航空咨询委员会
NAR	北美罗克韦尔公司
NASA	国家航空航天局
NOAA	美国国家海洋大气局
NPDS	核粒子防护系统
O_2UU	供氧脐带单元
OAT	综合试验
O&C	操作和检测
OIS	调度通信系统
OMR	工作管理房间
OMRSD	工作、维修需求和规格文件
OMSF	载人航天处
OTV	工作电视系统
PA	有线广播
PAO	公共事务官员
PCM	脉冲码调制
PD	推进偏差
PE	项目工程师
PERT	方案评估审查技术

(续)

缩略词	意义
PET	聚乙烯对苯二酸酯
PIB	火工品安装厂房
PLT	飞行员
PTCR	发射工位终端连接室
PTCS	推进剂储存计算机系统
PU	推进剂利用
QC	质量控制
QD	快速断开
QLDS	快速检测数据站
RASPO	"阿波罗"航天器计划常驻办公室
RCA	美国无线电公司
RCS	反作用控制系统
RF	无线频率
RP-1	航天煤油
RSCR	安全管道命令接收装置
RSO	安全管道官员
RSS	回转服务塔
RTG	放射性同位素热发生器
S/C	航天器
S&A	安全和武装
SACTO	萨克拉门托试验工作
SCAPE	自主式大气防护服
SCE	信号调节设备
SCO	航天器操作指挥
SEQ	科学设备
SHe	超临界氦
SIM	科学仪器模块

(续)

缩略词	意义
SIP	监督检查点
SLA	航天器/登月舱适配器或航天器/运载火箭适配器
SM	服务舱
SMDPS	服务舱氮气灭火
SPLT	科学家乘员
SPS	服务推进系统
START	主动随机试验选择 (ACE 系统试验模块)
STDN	航天器跟踪数据网络
STG	航天任务组
STM	航天器测试管理人员 (格鲁曼公司)
SV 或 S/V	航天运载器
TAIR	测试检查记录
TC	测试指挥
TCP	测试检查程序
TCS	终端倒计时时序
TLI	月轨外注入
TPS	测试准备表格
TRD	排除故障记录表格
TSM	尾端服务杆
UDMH	偏二甲肼
USAF	美国空军
USCG	美国海岸警卫队
USN	美国海军
USNS	美国军舰
UTC	协调世界时, 也称为格林威治标准时或祖鲁时
VAB	垂直总装厂房, 后来改称火箭总装厂房
VHF	甚高频
VJ	真空夹层

附录 B

"阿波罗"历次飞行试验任务

B.1 "土星"火箭与"阿波罗"航天器研制试验任务

地点: 佛罗里达州卡纳维拉尔角空军基地

任务代号	SA-1
运载火箭	SA-1("土星"-1 火箭第一组)
载荷	采用了"木星"导弹的头锥, 火箭第二级为配重
发射工位	LC-34 发射工位
发射时间	1961 年 10 月 27 日 15:00:06 UTC (世界标准时, 下同)
备注	第一次从 LC-34 发射区发射; 土星系列火箭第一次发射; 火箭第二级为配重; 最大飞行高度约 84.6 英里 (136.1 km)

任务代号	SA-2
运载火箭	SA-2("土星"-1 火箭第一组)
载荷	采用了"木星"导弹的头锥, 火箭第二级贮箱装满水
发射工位	LC-34 发射工位
发射时间	1962 年 4 月 25 日 14:00:34 UTC
备注	第一次高空水释放任务 —— 在高度约 90 英里 (145 km) 处释放了约 22900 加仑 (86.7 t) 水

（续）

任务代号	SA-3
运载火箭	SA-3("土星"-1 火箭第一组)
载荷	采用了"木星"导弹的头锥, 火箭第二级贮箱装满水
发射工位	LC-34 发射工位
发射时间	1962 年 11 月 16 日 17:45:02 UTC
备注	第二次高空水释放任务 —— 在高度约 103.7 英里 (166.9 km) 处释放了约 22900 加仑 (86.7 t) 水

任务代号	SA-4
运载火箭	SA-4 ("土星"-1 火箭第一组)
载荷	采用了"木星"导弹的头锥, 火箭第二级为配重
发射工位	LC-34 发射工位
发射时间	1963 年 3 月 28 日 20:11:55 UTC
备注	设计提前关闭一台发动机, 以检验火箭是否具备在一台发动机故障情况下完成任务的能力

任务代号	SA-5
运载火箭	SA-5 ("土星"-1 火箭第二组)
载荷	采用了"木星"导弹的头锥, 头锥内用沙子作为配重
发射工位	LC-37B 发射工位
发射时间	1964 年 1 月 29 日 16:25:01 UTC
备注	第一次从 LC-37B 发射工位发射; 火箭 S-IV 级和配置导航平台的仪器舱第一次真实发射;"土星"火箭第一次将一个载荷送入轨道

任务代号	A-101
运载火箭	SA-6 ("土星"-1 火箭第二组)
载荷	"阿波罗"模样指令/服务舱 BP-13
发射工位	LC-37B 发射工位
发射时间	1964 年 5 月 28 日 17:07:00 UTC
备注	S-IV 级、仪器舱和指令/服务舱作为一个整体被送入轨道

(续)

任务代号	A-102
运载火箭	SA-7 ("土星"-1 火箭第二组)
载荷	"阿波罗"模样指令/服务舱 BP-15
发射工位	LC-37B 发射工位
发射时间	1964 年 9 月 18 日 16:22:43 UTC
备注	与 AS-101 任务相同; 导航计算机 (导航计算机在飞行中可以进行编程) 首次飞行任务

任务代号	A-103
运载火箭	SA-9 ("土星"-1 火箭第二组)
载荷	"阿波罗"模样指令/服务舱 BP-16, "飞马座 A"卫星
发射工位	LC-37B 发射工位
发射时间	1965 年 2 月 16 日 14:37:03 UTC
备注	搭载的卫星替代了服务舱, 并在指令舱入轨后仍然与 S-IV 级相连

任务代号	A-104
运载火箭	SA-8 ("土星"-1 火箭第二组)
载荷	"阿波罗"模样指令/服务舱 BP-26, "飞马座 B"卫星
发射工位	LC-37B 发射工位
发射时间	1965 年 3 月 25 日 07:35:01 UTC
备注	"土星"火箭首次夜间发射; 任务与 A-103 任务相似

任务代号	A-105
运载火箭	SA-10 ("土星"-1 火箭第二组)
载荷	"阿波罗"模样指令/服务舱 BP-9A, "飞马座 C"卫星
发射工位	LC-37B 发射工位
发射时间	1965 年 7 月 30 日 13:00:00 UTC
备注	任务与 A-103、A-104 任务相似; "土星"-1 火箭最后一次飞行任务

B.2 "阿波罗"航天器中止试验任务

地点: 新墨西哥州白沙导弹基地

任务代号	发射工位中止试验 1
运载火箭	逃逸系统
载荷	模样指令舱 BP-6
发射时间	1963 年 11 月 7 日 16:00:01 UTC
备注	"阿波罗"模样指令舱首飞

任务代号	A-001
运载火箭	小乔-II
载荷	模样指令/服务舱 BP-12
发射时间	1964 年 5 月 13 日 12:59:59.7 UTC
备注	模样指令/服务舱首飞

任务代号	A-002
运载火箭	小乔-II
载荷	模样指令舱 BP-23
发射时间	1964 年 12 月 8 日 15:00:00 UTC
备注	增加了指令舱防护罩, 回收系统采用了双减速伞

任务代号	A-003
运载火箭	小乔-II
载荷	模样指令舱 BP-22
发射时间	1965 年 5 月 19 日 13:01:04 UTC
备注	在火箭第二级点火前, 故障导致中止飞行; 逃逸系统成功地携带指令/服务舱与火箭分离

(续)

任务代号	发射工位中止试验 2
运载火箭	逃逸系统
载荷	模样指令舱 BP-23A
发射时间	1965 年 1 月 29 日 13:00:01 UTC
备注	成功检验了逃逸系统在发射工位中止飞行能力

任务代号	A-004
运载火箭	小乔-II
载荷	机身 002 (改进的第一组模样指令/服务舱)
发射时间	1966 年 1 月 20 日 15:17:01 UTC
备注	成功检验了逃逸系统稳定控制航天器翻滚能力

B.3 "阿波罗/土星" 正式飞行试验任务

地点: 卡纳维拉尔角空军基地 LC-34/37B 发射工位或肯尼迪航天中心 LC-39 发射工位

任务代号	AS-201
运载火箭	SA-201 ("土星"-IB)
指令/服务舱	CSM-009 (第一组指令/服务舱)
发射工位	LC-34
发射时间	1966 年 2 月 26 日 16:12:01 UTC
试验指挥员	保罗·唐纳利 (Paul Donnelly)
备注	无人状态低轨道飞行试验; "土星"-IB 运载火箭和 "阿波罗" 服务舱首次飞行

任务代号	AS-203
运载火箭	SA-203 ("土星"-IB)
发射工位	LC-37B
发射时间	1966 年 7 月 5 日 14:53:13 UTC
试验指挥员	保罗·唐纳利 (Paul Donnelly)
备注	S-IVB 级再启动能力飞行试验 (无人状态); 没有搭载 "阿波罗" 航天器

（续）

任务代号	AS-202
运载火箭	SA-202 ("土星"-IB)
指令/服务舱	CSM-011 (第一组)
发射工位	LC-34
发射时间	1966 年 8 月 25 日 17:15:32 UTC
试验指挥员	杜恩·菲利普斯 (Don Phillips)
备注	服务舱推进系统和热防护罩高速再入防护能力飞行试验 (无人状态)

任务代号	AS-204/"阿波罗" 204/"阿波罗"-1
运载火箭	SA-204 ("土星"-IB)
指令/服务舱	CSM-012 (第一组)
发射工位	LC-34
发射时间	未发射; 原计划于 1967 年 2 月 21 日发射
乘员组	指令长维吉尔·格里森 (Virgil Grissom)、高级飞行员爱德华·怀特 (Edward White) 及飞行员罗杰·查菲 (Roger Chaffee)
试验指挥员	乔治·佩奇 (George Page)
备注	1967 年 1 月 27 日航天器进行内部供电试验时发生火灾, 导致航天器损毁及三名航天员牺牲

任务代号	"阿波罗"-4/AS-501
运载火箭	SA-501 ("土星"-V)
指令/服务舱	CSM-017 (第一组)
登月舱	LTA-10R (作为配重)
垂直总装厂房工位	1
发射平台/脐带塔	1
发射控制室	1
发射工位	LC-39A
发射时间	1967 年 11 月 9 日 20:37:00 UTC
试验指挥员	查克·亨舍尔 (Chuck Henschel)
备注	无人状态飞行试验; "土星"-V 运载火箭首飞; 环绕地球飞行 3 圈

(续)

任务代号	"阿波罗"-5/AS-204
运载火箭	SA-204 ("土星"-IB)
登月舱	LM-1
发射工位	LC-37B
发射时间	1968 年 1 月 22 日 22:48:09 UTC
试验指挥员	杜恩·菲利普斯 (Don Phillips)
备注	无人状态飞行试验; 登月舱首飞, 未搭载指令/服务舱; SA-204 火箭助推器原本用于"阿波罗"-1 任务, 从 LC-34 发射工位上拆卸下来后, 在 LC-37B 发射工位重新进行组装; LC-37B 发射工位在 1972 年停用, 直到 2001 年改造后用于"德尔塔"4 火箭发射

任务代号	"阿波罗"-6/AS-502
运载火箭	SA-502 ("土星"-V)
指令/服务舱	CSM-020 (第一组)
登月舱	LTA-2R (作为配重)
垂直总装厂房工位	3
发射平台/脐带塔	2
发射控制室	2
发射工位	LC-39A
发射时间	1968 年 4 月 4 日 12:00:01 UTC
试验指挥员	吉姆·哈林顿 (Jim Harrington)
备注	"土星"-V 火箭无人状态飞行试验; 由于 S-IC 助推段 POGO 共振问题, 导致 S-II 级两台发动机过早关机和 S-IVB 级无法重新启动; 第一组指令/服务舱最后一次飞行试验任务

任务代号	"阿波罗"-7/AS-205
运载火箭	SA-205 ("土星"-IB)
指令/服务舱	CSM-101 (第二组)
登月舱	对接段

(续)

发射工位	LC-34
发射时间	1968 年 10 月 11 日 15:02:45 UTC
乘员组	指令长瓦尔特·希拉 (Wally Schirra), 指令舱飞行员多恩·艾西尔 (Donn Eisele), 登月舱飞行员瓦尔特·坎宁安 (Walter Cunningham)
试验指挥员	杜恩·菲利普斯 (Don Phillips)
备注	"阿波罗" 计划首次载人飞行任务; 第二组航天器首飞; SLA 适配器装载对接段; 最后一次从 LC-34 发射工位发射

任务代号	"阿波罗"-8/AS-503
运载火箭	SA-503 ("土星"-V)
指令/服务舱	CSM-103
登月舱	LTA-B (作为配重)
垂直总装厂房工位	1
发射平台/脐带塔	1
发射控制室	1
发射工位	LC-39A
发射时间	1968 年 12 月 21 日 12:51:00 UTC
乘员组	指令长弗兰克·博曼 (Frank Borman), 指令舱飞行员杰姆斯·洛弗尔 (James Lovell), 登月舱飞行员威廉·安德斯 (William Anders)
试验指挥员	比尔·锡克 (Bill Schick)
备注	"土星"-V 火箭首次载人飞行任务; 首次载人绕月飞行; S-IVB 级进入绕日轨道

任务代号	"阿波罗"-9/AS-504
运载火箭	SA-504 ("土星"-V)
指令/服务舱	CSM-104 "水果糖" (Gumdrop)
登月舱	LM-3 "蜘蛛" (Spider)
垂直总装厂房工位	3

(续)

发射平台/脐带塔	2
发射控制室	2
发射工位	LC-39A
发射时间	1969 年 3 月 3 日 16:00:00 UTC
乘员组	指令长詹姆斯·麦克迪维特 (James McDivitt), 指令舱飞行员戴维·斯科特 (David Scott), 登月舱飞行员拉塞尔·施威卡特 (Rusty Schweickart)
试验指挥员	吉姆·哈林顿 (Jim Harrington)
备注	绕地球飞行试验任务, 登月舱首次载人飞行

任务代号	"阿波罗"-10/AS-505
运载火箭	SA-505 ("土星"-V)
指令/服务舱	CSM-106 "查理·布朗" (Charlie Brown)
登月舱	LM-4 "史努比" (Snoopy)
垂直总装厂房工位	2
发射平台/脐带塔	3
发射控制室	3
发射工位	LC-39B
发射时间	1969 年 5 月 18 日 16:49:00 UTC
乘员组	指令长托马斯·斯塔福德 (Thomas Stafford), 指令舱飞行员约翰·杨 (John Young), 登月舱飞行员尤金·塞尔南 (Eugene Cernan)
试验指挥员	杜恩·菲利普斯 (Don Phillips)
备注	首次从 LC-39B 发射工位发射, "阿波罗"任务中唯一一次"土星"-V 火箭从该发射工位发射; 登月舱绕月飞行试验, 模拟登陆月球流程 (至启动减速火箭); S-IVB 级和登月舱上升段进入绕日轨道

任务代号	"阿波罗"-11/AS-506
运载火箭	SA-506 ("土星"-V)

(续)

指令/服务舱	CSM-107 "哥伦比亚" (Columbia)
登月舱	LM-5 "小鹰" (Eagle)
垂直总装厂房工位	1
发射平台/脐带塔	1
发射控制室	1
发射工位	LC-39A
发射时间	1969 年 7 月 16 日 12:32:00 UTC
乘员组	指令长尼尔·阿姆斯特朗 (Neil Armstrong), 指令舱飞行员迈克尔·科林斯 (Michael Collins), 登月舱飞行员埃德温·巴兹·奥尔德林 (Edwin Buzz Aldrin)
试验指挥员	比尔·锡克 (Bill Schick)
备注	首次载人登陆月球, 着陆位置在月球静海; 人类首次踏足地球之外另一个天体; 美国肯尼迪总统的登月目标成功实现; S-IVB 级进入绕日轨道; 1 号发射平台/脐带塔最后一次用于 "土星"-V 火箭 (随后被改造用于 "天空实验室" 任务 "土星"-IB 火箭)

任务代号	"阿波罗"-12/AS-507
运载火箭	SA-507 ("土星"-V)
指令/服务舱	CSM-108 "扬基·快船" (Yankee Clipper)
登月舱	LM-6 "无畏号" (Intrepid)
垂直总装厂房工位	3
发射平台/脐带塔	2
发射控制室	2
发射工位	LC-39A
发射时间	1969 年 11 月 14 日 16:22:00 UTC
乘员组	指令长查尔斯·康拉德 (Charles Conrad), 指令舱飞行员李察·戈登 (Richard Gordon), 登月舱飞行员艾伦·比恩 (Alan Bean)
试验指挥员	吉姆·哈林顿 (Jim Harrington)

(续)

备注	在助推工作段火箭遭到闪电袭击; 首次精确降落在月球风暴洋; "勘测者"-3 探测器采集样品运回地球进行分析;S-IVB 进入绕日轨道

任务代号	"阿波罗"-13/AS-508
运载火箭	SA-508 ("土星"-V)
指令/服务舱	CSM-109 "奥德赛" (Odyssey)
登月舱	LM-7 "水瓶座" (Aquarius)
垂直总装厂房工位	2,1
发射平台/脐带塔	3
发射控制室	1
发射工位	LC-39A
发射时间	1970 年 4 月 11 日 19:13:00 UTC
乘员组	指令长杰姆斯·洛弗尔 (James Lovell), 指令舱飞行员杰克·斯威格特 (Jack Swigert), 登月舱飞行员弗莱德·海斯 (Fred Haise)
试验指挥员	伯特·格伦维尔 (Bert Grenville)
备注	服务舱液氧贮箱爆炸, 导致指令/服务舱受损, 因此不得不中止任务; 此次任务首选指令舱飞行员 T·K·马丁利 (T·K·Mattingly) 因为麻疹由航天员斯威格特代替; 火箭在垂直总装厂房 2 号工位组装, 然后运到 1 号工位对接航天器

任务代号	"阿波罗"-14/AS-509
运载火箭	SA-509 ("土星"-V)
指令/服务舱	CSM-110 "猫鹰" (Kitty Hawk)
登月舱	LM-8 "心宿二" (Antares)
垂直总装厂房工位	3
发射平台/脐带塔	2
发射控制室	2

(续)

发射工位	LC-39A
发射时间	1971 年 1 月 31 日 21:03:02 UTC
乘员组	指令长艾伦·谢泼德 (Alan Shepard), 指令舱飞行员斯图尔特·罗萨 (Stuart Roosa), 登月舱飞行员埃德加·米切尔 (Edgar Mitchell)
试验指挥员	查克·亨舍尔 (Chuck Henschel)
备注	因为天气原因发射时间推迟了 40 min2 s; 由于指令/服务舱对接问题、登月舱错误中止指令以及登月舱着陆雷达等问题几乎导致登月任务取消; 登月位置在弗拉·毛罗区域

任务代号	"阿波罗"-15/AS-510
运载火箭	SA-510 ("土星"-V)
指令/服务舱	CSM-112 "奋进号" (Endeavour)
登月舱	LM-10 "隼" (Falcon)
垂直总装厂房工位	1,3
发射平台/脐带塔	3
发射控制室	1
发射工位	LC-39A
发射时间	1971 年 7 月 26 日 13:34:00.6 UTC
乘员组	指令长戴维·史葛 (David Scott), 指令舱飞行员阿尔弗莱德·沃尔登 (Alfred Worden), 登月舱飞行员杰姆斯·欧文 (James Irwin)
试验指挥员	吉姆·哈林顿 (Jim Harrington)
备注	J 系列航天器首飞, 扩展任务使用科学仪器模块进行科学试验; 首次使用月球车; 首次在月球轨道布设子卫星; 着陆区靠近哈德利峡谷; 指令舱飞行员首次出舱行走, 在从月球返回过程中收集胶卷和科学仪器模块数据; 运载火箭在垂直总装厂房 1 号工位组装, 然后运到 3 号工位对接航天器

任务代号	"阿波罗"-16/AS-511
运载火箭	SA-511 ("土星"-V)

(续)

指令/服务舱	CSM-113 "卡斯帕" (Casper)
登月舱	LM-11 "猎户座" (Orion)
垂直总装厂房工位	3
发射平台/脐带塔	3
发射控制室	1
发射工位	LC-39A
发射时间	1972 年 4 月 16 日 17:54:00 UTC
乘员组	指令长约翰·杨 (John Young), 指令舱飞行员 T·K·马丁利 (T.K.Mattingly), 登月舱飞行员查尔斯·杜克 (Charles Duke)
试验指挥员	戈登·特纳 (Gordon Turner)
备注	因更换指令舱燃料贮箱发射时间推迟了一个月; 月球着陆地点在笛卡尔区, 首次降落在月球高原地区

任务代号	"阿波罗"-17/AS-512
运载火箭	SA-512 ("土星"-V)
指令/服务舱	CSM-114 "美洲" (America)
登月舱	LM-12 "挑战者" (Challenger)
垂直总装厂房工位	3
发射平台/脐带塔	3
发射控制室	1
发射工位	LC-39A
发射时间	1972 年 12 月 7 日 05:33:00 UTC
乘员组	指令长尤金·塞尔南 (Eugene Cernan), 指令舱飞行员罗恩·伊万斯 (Ron Evans), 登月舱飞行员哈里森·施密特 (Harrison Schmitt)
试验指挥员	比尔·锡克 (Bill Schick)
备注	最后一次 "阿波罗" 登月任务; "土星"-V 火箭唯一一次夜间发射, 因时序故障发射时间推迟了 2 h40 min; 3 号发射平台/脐带塔随后被改造, 用于航天飞机任务; 1 号发射控制室被改造用于航天飞机任务; 服务塔此次任务后被改造用于 "天空实验室" 任务

(续)

任务代号	天空轨道空间站 (OWS)/SL-1
运载火箭	SA-513 ("土星"-V)
指令/服务舱	—
垂直总装厂房工位	2
发射平台/脐带塔	2
发射控制室	2
发射工位	LC-39A
发射时间	1973 年 5 月 14 日 17:30:00 UTC
乘员组	—
试验指挥员	查克 · 亨舍尔 (Chuck Henschel)
备注	"土星"-V 火箭最后一次发射任务, 天空轨道空间站代替了原 S-IVB-212; 任务后, LC-39A 发射工位和 2 号发射平台/脐带塔被改造用于航天飞机任务

任务代号	天空实验室 2/SL-2/AS-206
运载火箭	SA-206 ("土星"-IB)
指令/服务舱	CSM-116
垂直总装厂房工位	1
发射平台/脐带塔	1
发射控制室	3
发射工位	LC-39B
发射时间	1973 年 5 月 25 日 13:00:00 UTC
乘员组	指令长皮特 · 康拉德 (Pete Conrad), 飞行员保罗 · 韦茨 (Paul Weitz), 科学家乘员约瑟夫 · 科尔文 (Joseph Kerwin)
试验指挥员	比尔 · 锡克 (Bill Schick)
备注	为天空轨道空间站准备应急元器件导致发射时间推迟了 10 天; SA-206 火箭原本是于 1967 年在 LC-37B 发射工位发射首艘登月舱的火箭, 在 "阿波罗"-1 火灾事故后, SA-206 火箭被存放在米丘德装配厂

(续)

任务代号	天空实验室 3/SL-3/AS-207
运载火箭	SA-207 ("土星"-IB)
指令/服务舱	CSM-117
垂直总装厂房工位	1
发射平台/脐带塔	1
发射控制室	3
发射工位	LC-39B
发射时间	1973 年 7 月 28 日 11:10:50 UTC
乘员组	指令长艾伦·比恩 (Alan Bean), 飞行员杰克·洛斯马 (Jack Lousma), 科学家乘员欧文·加略特 (Owen Garriott)
试验指挥员	查克·亨舍尔 (Chuck Henschel)
备注	反作用控制系统推进器发生燃料泄漏故障, 导致 NASA 准备实施天空实验室救援任务 (未实际发射); 火箭仪器舱原本用于 SA-208 火箭

任务代号	天空实验室 4/SL-4/AS-208
运载火箭	SA-208 ("土星"-IB)
指令/服务舱	CSM-118
垂直总装厂房工位	1
发射平台/脐带塔	1
发射控制室	3
发射工位	LC-39B
发射时间	1973 年 11 月 16 日 14:01:23 UTC
乘员组	指令长杰拉尔德·卡尔 (Gerald Carr), 飞行员威廉·波格 (William Pogue), 科学家乘员爱德华·吉普森 (Edward Gibson)
试验指挥员	比尔·锡克 (Bill Schick)
备注	最后一次天空实验室任务; 火箭仪器舱原本用于 SA-207 火箭

任务代号	天空实验室救援任务/SL-R
运载火箭	SA-208, SA-209 ("土星"-IB)

(续)

指令/服务舱	CSM-119
垂直总装厂房工位	1
发射平台/脐带塔	1
发射控制室	3
发射工位	LC-39B
发射时间	—
乘员组	指令长万斯·布兰德 (Vance Brand), 飞行员杜恩·林德 (Don Lind)
备注	未实际发射; 该任务对指令/服务舱进行了改造, 在执行救援任务时可以同时搭载 5 名航天员

任务代号	"阿波罗 – 联盟" 试验计划/ASTP/AS-210
运载火箭	SA-210
指令/服务舱	CSM-111
对接舱	适配器装载对接段, 用于与 "联盟"-19 航天器对接
垂直总装厂房工位	1
发射平台/脐带塔	1
发射控制室	3
发射工位	LC-39B
发射时间	1975 年 7 月 15 日 12:20:00 UTC
乘员组	指令长托马斯·斯塔福德 (Thomas Stafford), 指令舱飞行员万斯·布兰德 (Vance Brand), 对接舱飞行员唐纳德·斯雷顿 (Donald Slayton)
试验指挥员	比尔·锡克 (Bill Schick)
备注	最后一次 "阿波罗/土星" 飞行试验任务; LC-39B 发射工位和其他 LC-39 发射区的地面设施设备被改造用于航天飞机任务或报废处理 (如服务塔等)

附录 C

美国无线电公司 110A 计算机技术特点

美国无线电公司 (RCA) 110A 计算机的大部分测试程序是用 ATOLL 语言编写的。该语言虽然宣称易于使用, 但是用 ATOLL 语言编程仍然需要具备良好的编程能力。在早期的 "土星" 发射任务中还使用了另外一种名为 HILA 的编程语言, 但最终该语言被 ATOLL 代替了。

控制逻辑是该系统的重要组成部分。紧急任务程序存储在磁芯存贮器中。当测量数据超过阈值时就会触发相应的程序, 程序会迅速对飞行器进行安全处理。预判程序对命令进行过滤, 以确保具备执行命令的各种条件。例如, 如果命令要打开排放管道, 预判程序就会首先检测阀门是否处于开启状态。

RCA 110A 计算机的一些功能如下所示:

(1) 可以监测 2048 路离散输入/输出信号。发射平台/脐带塔中布朗公司的三冗余 (Triple Modular Redundant, TMR) 离散输出系统可以有效控制差错并输出正确数据。即使在发射平台/脐带塔断电的情况下该系统也能够保存输出状态。TMR 系统控制差错的模式如同早期 110 计算机采用的离散输出模式。

(2) 数据缓冲通道可以将离散输入信号直接输入到计算机内存中。当输入信号状态发生变化时, 中断电路会向控制程序输出触发信号。这样系统就不必持续扫描输入状态, 系统可以迅速处理测试程序。

(3) 存储一份所有离散信号时间 – 状态表。

(4) 通过遥测数字数据采集系统 (DDAS) 可以查询所有飞行器测试

数据。

(5) 自动将数据传输到发射控制室显示系统。

(6) 发射控制室 110A 计算机与发射平台的 110A 计算机之间通过自动数据链连接。数据链中传输每一个字节都经过编码处理, 这样即使个别数据位出现错误也可以在接收端正确恢复。研制人员认为发射控制室与发射平台间数据链中断会引发重大故障, 因此又增加了备份数据链。

(7) 用磁带记录测试数据, 当磁带记录满时, 可以自动在两个磁带机中进行切换。

(8) 磁鼓内存容量为 32768 个字节。

(9) 外围数据可以传输到行式打印机、读卡器/穿孔器、纸带读取器/穿孔器、电子打字机等设备上。

(10) 发射平台/脐带塔的 110A 计算机与箭载计算机之间有接口。通过接口 110A 计算机在测试时可以控制箭载计算机的程序运行, 并监测箭载计算机状态。

(11) 与倒计时系统的接口。通过接口 110A 计算机可以启动/停止倒计时流程, 或者在流程中预设时间。

(12) 与接收检查设备 (ACE) 的接口。该接口由软件控制, 但佩诺维奇记得这个功能从来没有使用过。

(13) 发射控制室中的控制台可以控制发射平台/脐带塔的 110A 计算机。当发射平台/脐带塔处于无人状态 (例如, 在进行危险性测试, 如发射倒计时测试) 时, 可以远程控制发射平台/脐带塔的 110A 计算机。这个设想是由比尔·贾菲瑞斯 (Bill Jafferis, 导航控制系统副总工程师) 提出的。这个设想非常重要, 贾菲瑞斯还因此得到了 1 万美元的创新奖金。

计算机控制公司 (CCC) 的 DDP-224 计算机通过 110A 计算机接口向发射控制室的 15 个控制面板输出数据。显示系统由桑德斯公司研发, 在当时该系统具有许多先进的特色:

(1) "Stroke" 图形模式, 即通过控制 CRT 显示器光束来绘制每个字符, 而不是使用点阵来绘制字符。

(2) 幻灯片/数据混合显示模式, 在幻灯片中可以显示实时数据。例如, 推进剂系统工程师可以绘制一张推进剂储罐和阀门的幻灯片, 他可以在需要显示数据的地方留下空白窗口, 将幻灯片扫描到系统内, 在随后测试时, 实时数据就可以显示在幻灯片预留的窗口中。

(3) 视频分配模式, 任何一个显示控制台都可以获得其他 14 个显示控制台屏幕信息。这一点在故障诊断时非常有用。

(4) 数据阈值检测, 当测试数据超出预定范围, 显示计算机可以及时报警。

(5) 帧冻结技术, 通过该技术测试人员可以对屏幕上的数据进行快照, 便于进行后续分析。

附录 D

活动发射平台布局图

本附录介绍发射平台/脐带塔的基本布局及主要设备 (图 D-1)。

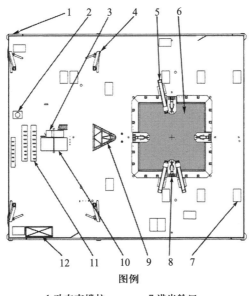

图例

1 动态支撑柱　　　　7 进出舱口
2 冷凝器(AC)　　　　8 火箭牵制释放臂
3 扶梯　　　　　　　9 爆炸防护罩
4 脐带塔柱　　　　　10 电梯
5 尾端服务杆　　　　11 电缆槽
6 火箭发动机区　　　12 环境控制室管道

图 D-1　发射平台第 0 层布局图

D.1 活动发射平台

第 0 层

第 0 层是发射平台的最上层, 脐带塔和 "土星"-V 火箭就安放在这一层上。之所以被称为第 0 层, 是因为发射平台/脐带塔各层高度都以它为基准进行测量。发射平台的南、西、北和东边分别被指定为第 1、第 2、第 3 和第 4 边。

第 0 层主要设施设备包括:

(1) 4 个牵制释放臂, 用于在转运过程中以及在起飞时 "土星"-V 火箭发动机推力建立前将飞行器固定在发射平台上。

(2) 3 个尾端服务杆。

(3) 4 台绞车马达, 在东、西两侧平台中间位置各布置两台。绞车用于升降 F-1 发动机维护工作平台, 该平台放置在第 0 层下面。

(4) 其他一些便携式设施设备, 这些设施设备在火箭转运到发射工位时安放在第 0 层, 在射前移走, 以避免损坏。包括服务工作平台、测试设备推车、发射平台周边的护栏等。

第 A 层

第 A 层就在发射平台第 0 层下面, 该层被分隔成许多房间, 用于安装各种设施设备。可以通过电梯进入第 A 层, 这里也是紧急撤离滑道的入口, 通过滑道可以到达发射工位底部的防爆室 (图 D-2)。

第 A 层安装的部分设施设备如下所示:

(1) 房间 1A —— 摆臂电气设备机柜。

(2) 房间 2A —— 系统检测台; 发动机服务平台中继分配器; 发动机电机控制中心; 发动机液压控制台。

(3) 房间 3AB (发射平台内部两层间联通)。

(4) 房间 4A—— 燃料阀门控制面板; 航天煤油 RP-1 控制系统; 液压管; S - IC 级发动机液压泵及检测设备。

(5) 房间 5A—— 附件控制分配器; 马达控制中心; 液压管; 仪表和控制分配器、功率分配器; 系统检测台。

(6) 房间 6AB (发射平台内部两层间联通)。

(7) 房间 7A——S-IC、S-II、S-IVB 和仪器舱电气支持设备机柜; 数

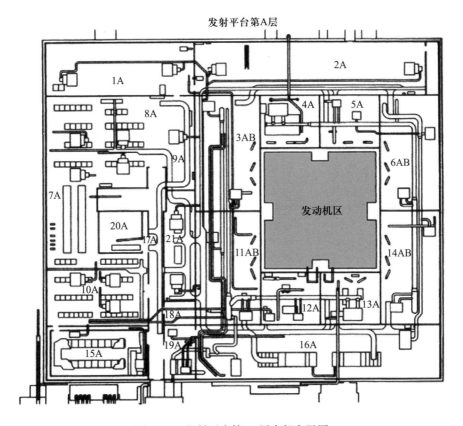

图 D-2 发射平台第 A 层内部布局图

字数据采集系统 (DDAS) 电气设备机柜; 倒计时; 经纬仪安装机柜; 推进剂和气体系统电气支持设备机柜。

(8) 房间 8A —— 经纬仪安装机柜; 仪器舱工作平台机柜; 电源设备机柜; 摆臂和电气设备机柜; 绝缘电缆。

(9) 房间 9A —— 推进剂加注计算机系统机柜; 通信分配器。

(10) 房间 10A —— 倒计时系统机柜; 测试航天器模拟器; 电气支持设备机柜; 地面测量和数字数据采集系统机柜; DEE-6C 机柜; 供水系统控制器。

(11) 房间 11AB (发射平台内部两层间联通)。

(12) 房间 12A —— 清洗控制台; 发射辅助/牵制释放臂控制器; 11 号阀门控制台和控制器; 调度通信系统分配器。

(13) 房间 13A —— 功分器; 仪器控制台; S-IC 级气动控制台和阀门

机柜。

(14) 房间 14AB (发射平台内部两层间联通)。

(15) 房间 15A —— RCA 110A 计算机房间; 穿孔器; 读卡器; 线性打印机; 计算机电子设备机柜; 控制台机柜。

(16) 房间 16A —— 仪器设备变电站 (100 kVA); 动力变电站 (2500 kVA)。

(17) 房间 20A —— 高速电梯入口; 紧急撤离滑道入口。

(18) 房间 21A。

(19) 房间 22A。

第 B 层

第 B 层是发射平台最下面一层, 如同第 A 层, 该层也被分隔成许多房间, 用于安装各种发射设施设备 (图 D–3)。

第 B 层安装的部分设施设备如下所示:

(1) 房间 1B —— 氮气控制台; 氮气蓄压器; 气相色谱分析仪机柜; 高压控制分配器; 氦气控制面板、阀门和管道; 液压充气装置; 安全开关。

(2) 房间 2B —— 电机控制中心; S-IC 级预充填储气装置; S-IC 级预充填检测台; 预充填泵。

(3) 房间 3AB (发射平台内部两层间联通)。

(4) 房间 4B —— 发动机液压伺服机构。

(5) 房间 5B —— 调度通信系统分配器。

(6) 房间 6AB (发射平台内部两层间联通)。

(7) 房间 7B —— 综合测试设备; 各级和辅助电力机架; 遥测扫频仪; 安全开关; 液压充气装置; 28 V 400 Hz 直流电源配电柜; 各种电子设备机柜。

(8) 房间 8B —— 各级和摆臂电力机柜。

(9) 房间 9B —— 电子设备机柜和测量终端分配器; NASA 电子设备机柜和通信设备。

(10) 房间 10B —— 数字数据采集系统测量机柜; 数字数据采集系统数据缓冲区计算机接口。

(11) 房间 11AB (发射平台内部两层间联通)。

(12) 房间 12B。

(13) 房间 13B —— 地面测试机柜; S-IC 级气动检测机柜。

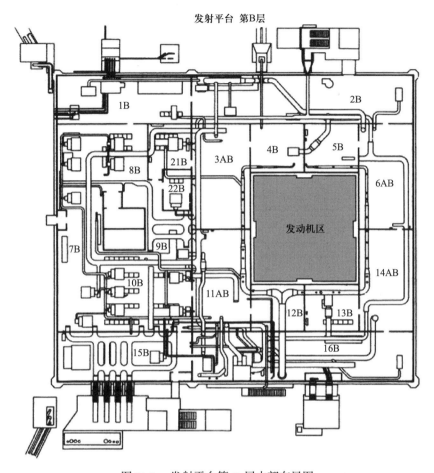

图 D–3　发射平台第 B 层内部布局图

(14) 房间 14AB (发射平台内部两层间联通)。

(15) 房间 15B —— 终端室; 空气处理机组; 数字数据采集系统机柜; 仪器仪表、通信接口和控制分配器。

(16) 房间 16B。

(17) 房间 21B —— 调度通信系统和工作电视系统机柜。

(18) 房间 22B —— 寻呼架。

D.2　摆臂

发射平台/脐带塔各摆臂的主要功能如下所示。有些摆臂在起飞前撤收, 有些摆臂在起飞时开始撤收 (图 D–4)。

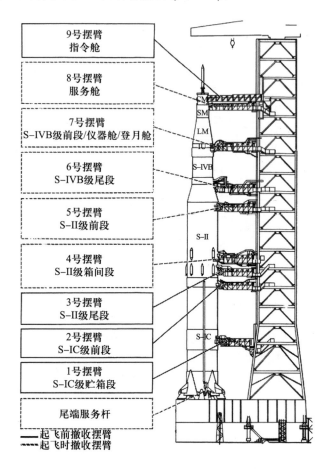

图 D–4 摆臂位置图

(1) 1 号摆臂 —— S-IC 级贮箱段 (起飞前撤收)。位于发射平台/脐带塔 60 英尺 (18.3 m) 与 S-IC 级贮箱之间。液氧加泄通道。可以通过发射控制室控制摆臂摆回。在射前 25 s 撤收。撤收过程时长: 8 s。再次摆回时长: 约 5 min。

(2) 2 号摆臂 —— S-IC 级前段 (起飞前撤收)。连接各种电、气、空调管路。射前 16.2 s 撤收。撤收过程时长: 8 s。

(3) 3 号摆臂 —— S-II 级尾段 (起飞前撤收)。位于发射平台/脐带塔 140 英尺 (42.7 m) 与 S-IC/S-II 级间段之间, 用于 S-II 级 J-2 发动机测试。与脐带塔没有连接管路。射前 12 h 撤收。

(4) 4 号摆臂 —— S-II 级箱间段 (起飞时撤收)。连接液氢液氧管道, 通风管道, 以及各种气、电、空调管路等。撤收过程时长: 6.4 s。

(5) 5 号摆臂 —— S-II 级前段 (起飞时撤收)。连接氢气排风和各种气、电管路。撤收过程时长: 7.4 s。

(6) 6 号摆臂 —— S-IVB 级尾段 (起飞时撤收)。位于发射平台/脐带塔 220 英尺 (67.1 m) 与 S-II/S-IVB 级间段之间, 用于 S-IVB 级 J-2 发动机测试。连接液氢液氧管道, 以及各种气、电、空调管路等。撤收过程时长: 7.7 s。

(7) 7 号摆臂 —— S-IVB 级前段/仪器舱/登月舱 (起飞时撤收)。位于发射平台/脐带塔 260 英尺 (79.2 m) 与 S-IVB 级前端/仪器舱之间。连接贮箱排气管道, 以及各种气、电、空调管路等。撤收过程时长: 8.4 s。

(8) 8 号摆臂 —— 服务舱 (起飞时撤收)。连接空调、排风、冷却剂及各种气、电管路等。撤收过程时长: 9.0 s。

(9) 9 号摆臂 —— 指令舱 (起飞前撤收)。位于发射平台/脐带塔 320 英尺 (97.5 m) 处, 通过环境控制舱 ("白房子") 与指令舱相连。由发射控制中心控制, 射前 4 min 先撤收到 12° 停泊位, 然后再全部撤收。

D.3 尾端服务杆

尾端服务杆 (TSMS) 主要提供以下服务 (图 D–5):

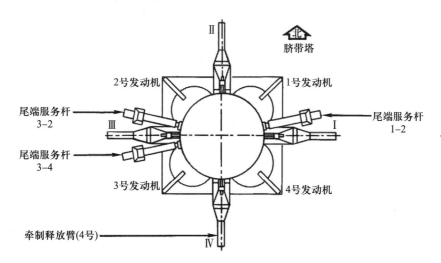

图 D–5 尾端服务杆和牵制释放臂布局图

(1) 尾端服务杆 1-2 —— 航天煤油 RP-1 加注/泄出; 提供 S-IC 贮箱加压氦气; 提供吹除用氮气。

(2) 尾端服务杆 3-2 —— 提供阀门控制、吹除及燃料加压用氮气; 提供液氧加压用氦气。

(3) 尾端服务杆 3-4 —— 提供阀门控制、吹除用氮气; 液氧贮箱加压用氦气; 液氧紧急泄出。

D.4　发射平台/脐带塔针对 "土星"-IB 火箭适应性改造

为了满足 "天空实验室" 任务和 "阿波罗 – 联盟" 任务 "土星"-IB 火箭发射要求,1 号发射平台/脐带塔主要进行了如下适应性改造:

(1) 拆除 1、2、3、4 号摆臂。

(2) 拆除尾端服务杆。

(3) 拆除牵制释放臂。

(4) 修建了开放桁架式配套基座。

(5) 修建了脐带塔与配套平台的连接通道。

(6) 将 5 号摆臂改造成服务 S-IB 级的 1A 号摆臂。

(7) 将 LC-34/37B 发射工位的设施设备拆解后安装到 LC-39 发射工位,包括牵制释放臂、尾端空调管路和推进剂加注管路等。

发射控制室 A/B 区布局

本附录介绍 "阿波罗" 时期发射控制室 A/B 区人员的岗位职责和工作位置。

控制台位置按照区、排和序号进行编号。例如, 控制台 BC13 特指位于 B 区 C 排第 13 个控制台。控制台的位置标注在下图中, 如果下面的表格中控制台编号重复, 则表明该控制台可能有多个控制面板或有多人在该控制台工作 (图 E–1)。

A 区

A 区是 NASA 和主要承包商的试验指挥、项目经理、主管人员工作区。有些岗位 (如火箭测试指挥或者试验指挥) 在各项发射任务中由不同的人承担, 因此这些岗位没有列出具体人员姓名。如果有些人员在多次任务中岗位不变, 那么下表中他们的名字和岗位会同时列出。3 个发射控制室的控制台布局略有区别, 因此在不同任务中一些工作人员的位置也会略有不同。表中人员姓名选自 "阿波罗"-12 和 "阿波罗"-14 任务花名册。

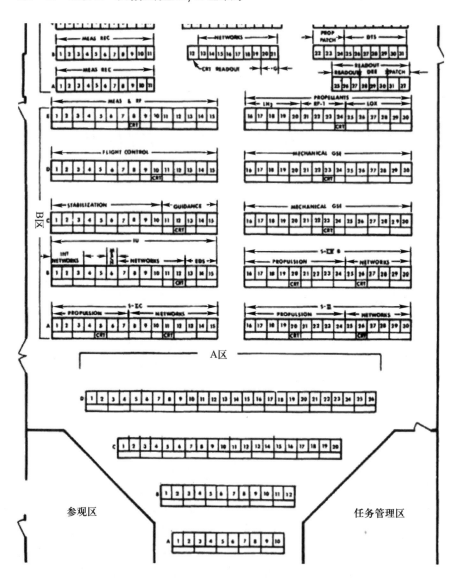

图 E-1 发射控制室 A/B 区示意图, 图中对所有控制台进行了编号

编号	姓名或岗位
AA1	艾瑟姆·A·艾克·雷杰尔, 火箭系统总师, 后任火箭系统副总指挥 (调度通信系统代号 CIAR)
AA2	汉斯·F·格伦博士, 肯尼迪航天中心火箭系统总指挥
AA3	理查德·G·迪克·史密斯, 马休航天飞行中心 "土星"-V 项目经理
AA4	洛克·A·佩特龙, 肯尼迪航天中心发射任务总指挥
AA5	沃尔特·卡皮·卡普瑞恩, 肯尼迪航天中心发射任务副总指挥
AA6	库尔特·德布斯博士, 肯尼迪航天中心总指挥
AA7	罗伯特·鲍伯·格雷博士, 无人发射任务总指挥
AA8	约翰·J·威廉姆斯, 肯尼迪航天中心航天器系统总指挥
AA9	詹姆斯·麦克迪维特, 载人航天中心 "阿波罗" 项目经理
AA10	约翰·W·杰克·金, 肯尼迪航天中心公共事务官员
AB1	火箭测试总指挥 (CLTC)
AB2	火箭测试指挥
AB3	火箭测试指挥
AB4	航天运载器测试监理
AB5	航天运载器测试总监理 (CVTS)
AB6	保罗·唐纳利, 发射指挥
AB7	罗伯特·莫泽, 发射试验计划指挥
AB8	约翰·赫德, 肯尼迪航天中心航天器指令/服务舱测试指挥
AB9	约翰·比森, 肯尼迪航天中心航天器登月舱测试指挥
AB10	罗克韦尔公司指令/服务舱经理
AB11	格鲁曼公司登月舱经理
AB12	波音公司飞行器测试工程师
AC1	波音公司高级测试指挥
AC2	波音公司测试指挥
AC3	波音公司测试工程师
AC4	波音公司测试工程师
AC5	罗克韦尔公司 S-II 级测试指挥
AC6	罗克韦尔公司测试指挥助理
AC7	道格拉斯公司 S-IVB 级测试指挥
AC8	道格拉斯公司测试指挥助理
AC9	埃德·维特, IBM 公司综合设施指挥

(续)

编号	姓名或岗位
AC10	IBM 公司仪器舱测试指挥
AC11	IBM 公司操作工程师
AC12	LC-39 发射工位航天器操作工程师
AC13	航天器 ACE 系统
AC14	航天器 ACE 系统
AC15	德克·斯雷顿, 航天员指挥
AC16	"斯托尼" (Stoney) 控制台 (航天员通话台)
AC17	肯尼迪航天中心医疗服务主任
AC18	载人航天中心发射场医疗保障
AC19	查尔斯·贝里博士, 载人航天中心医疗救援指挥
AC20	
AD1	凯莉·菲奥伦蒂诺和约翰·科纳韦, 仪器仪表; 戴维·摩迦和尼尔斯·罗斯兰, 电子网络
AD2	弗兰克·布莱恩, 工程人员
AD3	罗伊·利尔曼, 电子导航与控制系统
AD4	莱昂内尔·埃德·范宁, 机械与推进系统
AD5	马里恩·爱德华兹, 仪器仪表
AD6	唐纳德·奥斯瓦尔德, 质量员
AD7	戴维·吉艾尼, 技术助理, 质量员
AD8	威廉·赫尔墨斯, 波音公司发射任务经理
AD9	约翰·卡利, 波音公司 "土星"-V 项目经理
AD10	阿尔伯特·马丁, 北美罗克韦尔公司 S-II 级经理
AD11	哈罗德·伊顿, 道格拉斯公司 "阿波罗/土星" 计划主任
AD12	乔治·史密斯, IBM 公司试验任务经理
AD13	弗洛依德·法尔肯贝里, 邦迪克斯公司系统安全员
AD14	亚瑟·威廉姆斯, 邦迪克斯公司系统安全员
AD15	舍曼·伊万斯, 肯尼迪航天中心安全官
AD16	史提夫·泰胜, 肯尼迪航天中心安全官
AD17	罗伯特·伍兹, 肯尼迪航天中心安全官
AD18	空军东靶场安全员
AD19	马克思·泰勒, 仪器仪表主管, 技术支持

(续)

编号	姓名或岗位
AD20	仪器仪表管理员
AD21	约瑟夫·巴法斯, 试验支持管理
AD22	理查德·格拉姆林, 试验支持主管
AD23	扬森·达文波特, 通信控制员
AD24	罗伯特·杨, 显示协调员
AD25	雷蒙德·克拉克, 技术支持主任
AD26	

B 区

下表列出的是 1967 年执行 AS-501 任务 ("阿波罗"-4) 时,1 号发射控制室 B 区控制台布局。这张表综合了 1966 年以来各发射控制室图片信息和历次火箭发射任务调度代号。

发射控制室 B 区大约有 150 个控制台, 分别用于火箭系统、地面设备、电气设备和遥测系统等。虽然 "阿波罗/土星" 任务时期有少量控制台进行过调整, 但 B 区整体布局相对固定。2 号和 3 号发射控制室与 1 号发射控制室布局类似。有些控制台位置没有安装设备,因此表中该位置为空白。

下面两幅照片拍摄于 1966 年年中, 照片清楚地展示出 1 号发射控制室 B 区左、右两侧布局情况。B 区每排编号 1 ~ 15 号的控制台在左侧, 16 ~ 30 号的控制台在右侧 (图 E–2 和图 E–3)。

图 E–2　AS-501 任务 ("阿波罗"-4) 时, 1 号发射控制室 B 区左侧照片。这张照片清楚地展示出 "阿波罗" 时期 B 区控制台布局情况

图 E-3 1 号发射控制室 B 区右侧照片

编号	控制台名称	调度通信代号	主要功能
BA1	S-IC 级预充填系统	C1PU	S-IC 级预充填模拟器; 储气装置和工作状态
BA1	S-IC 级加注	C1HP	S-IC 级加注泵及流量控制
BA2	S-IC 级发动机	C1EN	液氧和燃料控制阀门; 发动机火工品状态; 电磁阀启动; 检测箭/地阀门状态
BA3	S-IC 级发动机加热	C1EN	S-IC 级发动机加热器状态和温度; 加热开关
BA3	S-IC 级控制和吹除	C1PC	氮气 (用于 S-IC 级发动机、液氧贮箱和喷嘴吹除) 加压和状态监测; 发动机预冷
BA4	S-IC 级地面气源	C1GP	提供阀门控制和加压用氦气与氮气
BA5	S-IC 级加注键盘	C1PK	S-IC 级加注系统测试程序输入及监控
BA6	S-IC 级燃料系统	C1RP	燃料液位监控; 氦气流量阀; 氦气加压和温度控制; 校准压力开关测试; 燃料贮箱预加压控制; 气枕压力监控
BA7	S-IC 级液氧系统	C1LO	S-IC 级液氧系统加压; 阀门和通气控制; 液氧起泡; 加注状态显示
BA8	S-IC 级时序	C1SP	时序电源; 摆臂倒计时时序和点火时序; 关机复位
BA8	S-IC 级点火	C1FR	S-IC 级发动机准备; 点火命令; 点火时序状态; 紧急关机
BA9	状态显示	C1EV	S-IC 级离散事件状态
BA10	科学数据系统记录台	C1DE	数据交换引擎计算机打印机

（续）

编号	控制台名称	调度通信代号	主要功能
BA11	S-IC 级网络控制站		S-IC 级网络测试程序输入及监控
BA12	S-IC 级网络	C1NP	S-IC 级电源总线监控; 功率分配; 选择开关; 网络测试功能
BA13	DC 电源控制	C1PS	火箭支持设备辅助电源控制
BA13	电源开关	C1PS	S-IC 级电源总线开关
BA14	S-IC 级截止传感器	C1CS	发动机燃烧状态; 推进剂传感器状态; 打开校准压力开关测试; 耗尽关机
BA15	S-IC 引爆桥丝和火工品	C1OP	脉冲传感器控制; S-IC 级间分离和反推火箭点火器电压
BA15	S-IC 级安控	C1DP	安控指令接收器和爆炸装置电源; 引爆桥丝电压检测
BA16	S-II 级发动机 201 号	C2EC	火花系统部件测试, 电磁阀控制, 发动机点火模拟; 发动机阀门状态
BA16	S-II 级发动机 202 号	C2EC	火花系统部件测试, 电磁阀控制, 发动机点火模拟; 发动机阀门状态
BA17	S-II 级发动机 203 号	C2EC	火花系统部件测试, 电磁阀控制, 发动机点火模拟; 发动机阀门状态
BA17	S-II 级发动机 204 号	C2EC	火花系统部件测试, 电磁阀控制, 发动机点火模拟; 发动机阀门状态
BA18	S-II 级发动机 205 号	C2EC	火花系统部件测试, 电磁阀控制, 发动机点火模拟; 发动机阀门状态
BA18	S-II 级再循环	C2RP	液氢泵状态; 接收器和调节器压力; 气动控制; 再循环控制; 液氧液氢阀门控制; 液氧液氢泄出阀门控制
BA19	S-II 级发动机	C2AE	氦气气瓶压力; 贮箱压力; 涡轮增压器清洗和冷却控制; 推力室和贮箱温度; 部件测试; 发动机起动; 发动机紧急关机
BA20	S-II 级加注键盘	C2PK	S-II 级加注系统测试程序输入及监控
BA21	S-II 级级地面气源	C2GP	气源压力阀门控制; 液氢热交换器; 常规排气; 检测阀门和压力; S7-41 内部排气

(续)

编号	控制台名称	调度通信代号	主要功能
BA22	S-II 级增压	C2SP	液氧液氢接收器温度压力和贮箱压力; 液氧液氢气动、吹除和部件测试; 排气阀门紧急开/关
BA23	S-II 级加注监控	C2PM	液氧液氢自动/手动加注量测量; 入口和排气阀门压力; 低速和高速加注监控; 排气/泄出阀门监控
BA24	S-II 级泄漏检测和吹除	C2LD	入口/出口吹除压力
BA24	S-II 级摄像机氦气保护	C2CP	对级间摄像机进行氦气吹除
BA25	S-II 级推进剂耗尽	C2PU	模拟液氧液氢推进剂耗尽以测试截止传感器
BA25	S-II 级推进剂利用	C2PU	推进剂利用阀门位置; 推进剂加注量测试; 阀门测试; 液氧液氢高速/低速加注量;
BA26	S-II 级网络监控	C2NK	计算机测试程序输入和 S-II 级网络监控
BA27	状态显示	C2EV	S-II 级离散事件状态
BA28	S-II 级网络	C2NP	总线监控; 电源控制; 功率分配; 选择开关; 测试功能
BA29	DC 电源	C2PC	发射辅助电源控制
BA29	DC 电源	C2PC	发射辅助电源控制
BA29	电源开关	C2PC	S-II 级 DC 电源供应
BA30	S-II 级引爆桥丝和火工品	C2DP	气枕、级间分离引爆桥丝和反推火箭充电电压; 脉冲传感器测试; 分离系统模拟; 起飞模拟
BA30	S-II 级安控	C2DP	安控指令接收器和爆炸装置电源; 引爆桥丝电压检测
BB1	DC 电源	CCPR	发射辅助电源控制
BB1	DC 电源	CCPR	发射辅助电源控制
BB1	电源开关	CCPR	仪器舱经纬仪 400 Hz 电源开关

(续)

编号	控制台名称	调度通信代号	主要功能
BB2	60 Hz 发电机	CCPM	发射控制中心动力发电机
BB2	DC 电源	CCPM	发射辅助电源控制
BB2	400 Hz 变压器	CCPM	20T100 和 20T300 电源
BB2	400 Hz 发电机	CCPM	23T200 和 23T300 发电机
BB3	电源开关	CUMC	活动发射平台电源开关
BB4	离散输出控制	CVNP	计算机测试 —— 地址、指令和响应
BB4	火箭网络	CLVN	启动倒计时突发防护系统逻辑程序; 模拟起飞; 活动发射平台计算机禁止; 发射控制中心计算机禁止
BB5	仪器舱地面气源		系统和级入口压力, 歧管压力, 气源和排气
BB6	第二地面支持冷却单元控制		地面支持冷却单元流量控制
BB6	仪器舱冷却/氮气系统	CUCP	射前和飞行时冷却液/氮气系统温度和流速
BB7	科学数据系统记录台	CUDE	数据交换引擎计算机打印机
BB8	状态显示	CUEV	仪器舱网络离散事件
BB9	开关选择器	CUSW	发出开关选择命令; 检测各级开关选择器; 验证开关选择器操作。面板通过脐带塔与仪器舱开关选择器相连
BB10	仪器舱网络	CUNP	电源总线监控; 功率分配; 开关选择器监控; 模拟设置
BB11	DC 电源	CUPP	发射时仪器舱辅助电源控制
BB11	电源开关	CUPP	仪器舱地面冷却电源; 仪器舱 400 Hz 电源; 仪器舱电源
BB12	指令功能台		仪器舱网络计算机测试程序输入和监测
BB13	突发防护系统准备	CUES	紧急检测系统监控 (发动机推力、发动机偏斜和速率检测, 中止请求状态); 模拟 "推力建立" 禁止; 模拟起飞; 测试活动发射平台航天器模拟面板和突发防护系统模拟面板

（续）

编号	控制台名称	调度通信代号	主要功能
BB14	突发防护系统飞行监控	CUEF	S-II 级和 S-IVB 级液氧和燃料压力监控; 发动机推力监控; 截止和中止飞行监测; 俯仰/偏航/滚动速率监测;Q 球向量和; 测试活动发射平台航天器模拟面板和突发防护系统模拟面板
BB15			
BB16	S-IVB 级隔离舱监控	C4VM	隔离舱和控制台压力; 校正控制; 真空泵控制
BB16	S-IVB 级辅助推进系统气控	C4VM	设备管路吹除; 高压开关检测; 供给压力; 泄漏检查与控制; 排气阀控制; 供给控制; 粗调
BB17	S-IVB 级辅助推进系统发射和监控	C4AL	燃料和氧气气枕控制; 辅助推进系统模块 I 和 II 氧化剂、燃料、氦气瓶压力和排气控制; 加载控制
BB18	S-IVB 级氢气/氮气控制	C4HN	氮气吹除阀门控制; 热交换器; 位置传感器; 氢气低温控制
BB19	S-IVB 级氦气控制	C4HC	贮箱阀门控制; 吹除控制; 液氧液氢系统阀门检测
BB20	S-IVB 级加注键盘	C4PK	S-IVB 级加注系统计算机测试程序输入和监测
BB21	S-IVB 级加注监控	C4PR	液氧液氢自动/手动加注量测量; 入口和排气阀门压力; 低速和高速加注监控; 排气/泄出阀门监控
BB22	S-IVB 级压力	C4SP	液氧液氢增压和控制阀; 氦气低温增压监控; 气枕压力监测; 模拟飞行系统测试
BB23	S-IVB 级再循环	C4EP	液氧泵腔压力; 液氧液氢流速; 先导阀和冷却阀控制
BB23	S-IVB 级发动机准备	C4EP	气瓶、贮箱温度和压力控制; 吹除和冷却泵吹除压力和温度
BB24	S-IVB 级发动机测试	C4ET	点火系统状态; 点火系统试验; 喷嘴温度监测; 分离模拟; 模拟发动机启动; "主级好" 模拟; 截止传感器模拟; 液位传感器截止; 元件测试锁定

（续）

编号	控制台名称	调度通信代号	主要功能
BB25	S-IVB 级推进剂利用	C4PU	电源逆变器/变换器监测; 液氧液氢高速/低速加量测量; 自动加注截止测试
BB26	指令功能台	C4NK	S-IVB 级网络计算机测试程序输入和监测
BB27	状态显示	C4EV	S-IVB 级离散事件状态
BB28	S-IVB 级网络	C4NP	级电源网络; 级电源控制; 功率分配; 开关选择器; 测试功能
BB29	DC 电源	C4PP	发射辅助电源控制
BB29	DC 电源	C4PP	发射辅助电源控制
BB29	电源开关	C4PP	级电源开关
BB30	S-IVB 级引爆桥丝和火工品	C4DP	气枕增压火箭点火; 气枕增压火箭分离; 脉冲传感器
BB30	S-IVB 级安控	C4DP	安控指令接收器和爆炸装置电源; 引爆桥丝电压检测
BC1	经纬仪偏差		棱镜反射经纬仪光束偏差; 经纬仪系统和目标工作电视系统监测
BC1	经纬仪控制		经纬仪电源控制; 棱镜电源; 棱镜和经纬仪移动
BC2	射向远程控制		火箭发射射向输入
BC3	记录台		X、Y、Z 陀螺仪监测
BC4	指令功能台		稳定控制系统计算机测试程序输入和监测
BC5	逆变器		电源逆变器
BC5	积分式数字电压表		稳定系统
BC5	扫描仪		稳定系统
BC6	指令舱接收器解码输出		指令舱接收器采样率; 分辨率控制
BC6	指令舱接收器远程控制		指令舱接收器远程输入

(续)

编号	控制台名称	调度通信代号	主要功能
BC7	惯性数据盒控制		模式选择; 制动器; 解调输出零位控制
BC8	记录台		稳定系统
BC9	ST-124M 控制	CUPC	转向指令 (俯仰、偏航、滚动); 中断数据块解调输出; 力矩陀螺控制; 平台伺服控制
BC10	记录台		稳定系统
BC11	导航计算机		数字数据采集系统输入信号选择范围; 箭载计算机/火箭数据采集器状态 (温度、电压), 检测线路
BC12	指令功能台		箭载计算机指令功能; 火箭导航系统计算机测试程序输入和监测
BC13	MARK200 记录台		箭载计算机记录数字数据采集系统模拟信号
BC14	MARK200 记录台		箭载计算机记录数字数据采集系统模拟信号
BC15	2 号模拟记录台		箭载计算机记录数字数据采集系统模拟信号; 导航计算机系统控制、校准和范围选择 (转向指令)
BC16			
BC17			
BC18	S-IC 级贮箱 1 号摆臂	CSA1	1 号摆臂位置, 摆开/摆回
BC19	S-IC 级前段 2 号摆臂	CSA2	2 号摆臂位置、状态和气控
BC20	S-II 级尾段 3 号摆臂	CSA3	3 号摆臂位置和状态
BC21	S-II 级箱间段 4 号摆臂	CSA4	4 号摆臂位置, 摆开/摆回, 气控
BC22	S-II 级前段 5 号摆臂	CSA5	5 号摆臂位置, 摆开/摆回, 气控
BC23	控制台	CSAK	地面支持设备机械系统计算机测试程序输入和监测

(续)

编号	控制台名称	调度通信代号	主要功能
BC24	S-IVB 级尾段 6 号摆臂	CSA6	6 号摆臂位置, 摆开/摆回, 气控
BC25	S-IVB 级前段 7 号摆臂	CSA7	7 号摆臂位置, 摆开/摆回, 气控
BC26	服务舱 8 号摆臂	CSA8	8 号摆臂位置, 摆开/摆回
BC27	指令舱 9 号摆臂	CSA9	9 号摆臂位置, 摆开/摆回, 连接 "白房子", 连接逃逸火箭
BC28	气动分配系统	CPDC	氦气分配系统; 氮气分配系统; 11 和 12 号阀门箱; Q 球系统; 服务舱清洗吹除系统
BC29	液压装置	CHCU	1、2 号装置电源和液压
BC30			
BD1	MARK200 记录台		飞行控制
BD2	MARK200 记录台		飞行控制
BD3	1 号模拟记录台		飞行控制
BD4	MARK200 记录台		飞行控制
BD5	MARK200 记录台		飞行控制
BD6	加速度计控制		偏航、俯仰加速度计控制
BD6	速率陀螺仪控制		陀螺仪力矩监测
BD7	突发防护系统/速率陀螺仪控制	CUGA	力矩电流测量; 滚动、俯仰、偏航指令输出 ((°)/s)
BD8	计算机输入替代控制台	CUSP	冗余校验; 姿态控制; 各级仿真时燃烧试验和故障模式输入
BD9	飞行控制计算机		飞行控制程序集成 —— 在飞行控制设备安装到仪器舱后对各级进行飞行控制和监测。姿态误差测量; 姿态速率测量; 控制衰减计时器
BD10	指令功能台		飞行控制系统计算机测试程序输入和监测
BD11	S-IC 级发动机偏转	C1FC	1 至 4 号发动机伺服阀电流和发动机偏转角 (偏航和俯仰)

(续)

编号	控制台名称	调度通信代号	主要功能
BD12	S-II 级发动机偏转	C2FE	1 至 4 号发动机伺服阀电流和发动机偏转角 (偏航和俯仰)
BD13	S-II 级液压	C2FC	液压流体温度和蓄能器压力; 辅助泵和蓄能器控制
BD14	S-IVB 级液压	C4HY	系统和油箱内油压与温度; 氮气蓄能器压力和温度
BD15	辅助推进系统室压		辅助推进系统发动机室压
BD15	S-IVB 级发动机偏转	C4FC	J-2 发动机伺服阀电流和发动机偏转角 (偏航和俯仰); 辅助推进系统发动机工作; 继电器监测; 阀门监测
BD16	事件显示		地面支持设备机械系统离散事件显示
BD17	1 号环境控制系统控制和监测	CECS	鼓风机控制; 南北加热丝温度; 氮气系统压力; 阀门和鼓风机控制
BD18	2 号环境控制系统控制和监测	CECS	冷却塔水温; 泵控; 冷却罐温度; 泵和氮气系统控制
BD19	1 号环境控制系统箭体控制和监测		管道温度、舱内温度、加热量、管道温差测量; 流量和加热器控制 (S-I 级尾段/前段, S-II 级尾段)
BD20	2 号环境控制系统箭体控制和监测		管道温度、舱内温度、加热量、管道温差测量; 流量和加热器控制 (S-II 级尾段/前段, S-IVB 级尾段)
BD21	3 号环境控制系统箭体控制和监测		管道温度、舱内温度、加热量、管道温差测量; 流量和加热器控制 (仪器舱, 服务舱, 指令舱)
BD22	4 号环境控制系统箭体控制和监测		管道温度、舱内温度、加热量、管道温差测量; 流量和加热器控制 (S-I 级前段上部, 两个备份单元)
BD23	指令功能台		环境控制系统计算机测试程序输入和监测
BD24	1-2 尾端服务杆点火监测和试验	CTS1	发射监测 (服务杆位置、阀门控制压力、液压回流阀压力、蓄能器压力、罩压、收缩压力); 系统准备; 展开监测; 收缩试验

(续)

编号	控制台名称	调度通信代号	主要功能
BD25	3-2 尾端服务杆点火监测和试验	CTS2	发射监测 (服务杆位置、阀门控制压力、液压回流阀压力、蓄能器压力、罩压、收缩压力); 系统准备; 展开监测; 收缩试验
BD26	3-4 尾端服务杆点火监测和试验	CTS3	发射监测 (服务杆位置、阀门控制压力、液压回流阀压力、蓄能器压力、罩压、收缩压力); 系统准备; 展开监测; 收缩试验
BD27	牵制释放臂和放气阀	CHDA	牵制释放臂蓄能器压力; 释放指示器; 放气阀控制
BD27	服务臂控制开关	CSAC	1、2 号电池电压和电量; 控制开关, 压力测试阀门控制, 蓄能器压力, 控制开关工作 (2 号和 4 号牵制释放臂)
BD28	工业用水控制系统	CWCP	工业用水供应电源 (控制台和发射工位终端连接室, 系统总线); 水压和流量; 导流槽阀门控制; 冷却阀门控制; 活动发射平台和发射工位喷淋阀门控制; 发射平台阀门控制 (入口, 供应, 喷雾, 冲洗, 冷却)
BD29	状态显示		服务臂和尾端服务杆系统液气离散事件状态
BD30	电源开关		地面支持设备系统电源总线开关
BD30	DC 电源		地面支持设备系统 DC 电源
BE1	仪器舱测量和跟踪		仪器舱无线电、遥测、计量设备电源; 无线电静默; 测量电压; 遥测校准; 遥测发射、跟踪和磁带记录仪控制
BE2			
BE3	Q-攻角	CQAA	偏航角偏差; Q 球 A、B 向量和; Q 球加热控制; Q 球罩控制
BE4			
BE5	S-IVB 级测量和无线电	C4IP	测量电压; 遥测校准; 磁带记录仪、遥测与测量传输控制; 遥测模式选择; 数字数据采集系统模式选择

(续)

编号	控制台名称	调度通信代号	主要功能
BE6			
BE7			
BE8	指令台		测量和无线电系统计算机测试程序输入与监测
BE9			
BE10	S-II 级摄像机控制	C2CC	照明 (开/关和电流); 摄像机开/关和帧速率
BE11	S-II 级测量和无线电	C2IP	测量电压; 遥测校准; 磁带记录仪、发射机和测试功能控制; 飞行开关控制
BE12			
BE13			
BE14			
BE15	S-IC 级测量和无线电	C1IP	测量电压; 遥测校准; 电源、遥测、测量机柜、测量传输和磁带记录仪控制; 传输模式选择
BE16	S-II 级液氢加注计算机	C2HU	加注量显示 (自动/手动模式); 自动/手动模式选择; 冷却、高速/低速加注、补加、起飞质量等显示; 补加阀门重置和手动控制; 模拟/真实操作控制
BE17	辅助设备	CPH3	点火器电源开关; 冷却、传输、传输管排气、预排气和贮箱排气控制
BE17	S-IVB 级液氢加注计算机	C4HU	加注量显示 (自动/手动模式); 自动/手动模式选择; 冷却、高速/低速加注、补加、起飞质量等显示; 补加阀门重置和手动控制; 模拟/真实操作控制
BE18	液氢设备	CPH2	贮罐液位和压力; 发射平台/脐带塔加注管道压力, 火箭泄出压力, 过滤器压差 (S-II 级和 S-IVB 级); 贮箱压力 (S-II 级和 S-IVB 级); 液氧库房控制 (通风、蒸发器、冷却、传输管道阀门、传输管道排气和预排气)

(续)

编号	控制台名称	调度通信代号	主要功能
BE19	液氢控制	CCLH	S-II 级、S-IVB 级和脐带塔液氢加注系统状态; 加注控制; 泄出状态; 点火器状态; 模拟/真实操作控制; 各级切换器
BE20	液氢设备	CPH1	液氢加注、泄出、补加, 以及热交换器操作排气和阀门控制 (S-II 级和 S-IVB 级)
BE21	S-IC 级航天煤油 RP-1 加注计算机	C1RU	加注量显示 (自动/手动模式); 100% 参考指示器; 泄出阀门调整控制; 模拟/真实操作控制
BE22	辅助设备	CCRP	高速/低速加注控制, 自流泄出控制
BE22	航天煤油 RP-1 控制	CCRP	加注指令和状态; 液位调整和管道控制; 服务杆清洗; 泄出控制: 模拟/真实操作/手动控制
BE23	航天煤油 RP-1 设备	CPRP	贮箱液位和压力; 1 号和 2 号过滤器压差; 发射区传感器和排气状态; 推进剂库房控制 (高速/低速加注、泵电机、过滤泵电机、自流泄出和加压泄出)
BE24	推进剂显示计算机	CPRK	推进剂系统计算机测试程序输入和监测
BE25	S-IC 级液氧加注计算机	C1OU	加注量显示 (自动和手动模式); 高速/低速加注和补加状态; 100% 参考指标; 补加阀重置; 手动/自动控制; 模拟/真实操作控制
BE26	S-II 级液氧加注计算机	C2OU	加注量显示 (自动和手动模式); 高速/低速加注和补加状态; 补加阀重置; 手动/自动控制; 模拟/真实操作控制
BE27	辅助设备	C4OU	贮箱排气、主管道泄出、主泵吸气阀、冷却阀、贮箱管道排气和泵加热控制
BE27	S-IVB 级液氧加注计算机	C4OU	加注量显示 (自动和手动模式); 高速/低速加注和补加状态; 补加阀重置; 手动/自动控制; 模拟/真实操作控制
BE28	液氧设备 (库房、管道)	CPO1	液氧库房贮罐压力和液位; 蒸发器、贮罐排气、管道泄出、泵、吸气阀和支路控制; 主管道流速控制; 补加管道流速和吸入压力; 泄出管道流量; 泵转速

(续)

编号	控制台名称	调度通信代号	主要功能
BE29	液氧控制	CCLO	S-IC、S-II、S-IVB 和库房液氧加注系统状态指示器; 加注/泄出控制; 模拟/真实操作控制; 各级切换器; 手动控制
BE30	液氧设备 (塔 – 箭)	CPO2	贮箱压力和入口压力 (火箭各级); 液体传感器状态; 各级主加注阀、补加阀、贮箱排气、加注/泄出阀门和脐带塔通风控制

附录 F

推荐阅读材料和参考资料

F.1　推荐阅读材料

以下 NASA 发展历史系列丛书可以通过 NASA 官方网站获得 (http://history.nasa.gov/publications.html)：

Benson, Charles D. and Faherty, William Barnaby. "Moonport: A History of Apollo Launch Facilities and Operations." The NASA History Series, NASA SP-4204. Washington, DC: 1978.

Bilstein, Roger E. "Stages to Saturn: A Technological History of the Apollo/Saturn Launch Vehicles." The NASA History Series, NASA SP-4206. Washington, DC: 1996.

Brooks, Courtney et al. "Chariots for Apollo: A History of Manned Lunar Spacecraft." The NASA History Series, NASA SP-4205. Washington, DC: 1979.

Compton, William David. "Where No Man Has Gone Before: A History of Apollo Lunar Exploration Missions." The NASA History Series, NASA SP-4214. Washington, DC: 1989.

Swanson, Glen E., ed. "Before This Decade Is Out... Personal Reflections on the Apollo Program." The NASA History Series, NASA SP-4233. Washington, DC: 1999.

其他推荐阅读书籍如下：

Kennedy, Maurice et al. "From the Trench of Mission Control to the Craters of the Moon." CreateSpace Independent Publishing Platform; 3rd edition. June 3, 2012.

Stoff, Joshua. "Building Moonships: The Grumman Lunar Module." Charleston, SC: Arcadia Publishing, 2004.

Ward, Jonathan H. "Countdown to a Moon Launch: Preparing Apollo for Its Historic Journey." New York, NY: Springer-Praxis, 2015.

Woods, W. David. "How Apollo Flew to the Moon." New and expanded second edition. New York, NY: Springer-Praxis, 2011.

F.2 参考资料

有具体作者姓名的文章或报告如下:

Burtzlaff, I. J. "Apollo Experience Report - Acceptance Checkout Equipment for the Apollo Spacecraft." NASA Report TN D-6736. Washington, DC: March 1972.

Butler, Sue. "Test success enhances chance for July lunar launch." Daytona Beach Morning Journal, June 7, 1969, pg. 2. Accessed online at http://news.google.com/newspapers?nid=1870&dat=19690607&id=XpAoA AAAIBAJ&sjid=mssEAAAAIBAJ&pg=1177, 1493956.

Childers, Frank M. "History of Reliability and Quality Assurance at Kennedy Space Center." KSC Historical Report No. 20. Kennedy Space Center: February 2004.

Coester, Stephen H. "Memories of Space". Accessed at http://www.usna 63.org/tradition/memories/SpaceMemories/SpaceMemories.htm.

Cooper, James S. "Apollo Experience Report - Ground Support Equipment." Washington, DC: April 1975.

Day, Dwayne A. "Saturn's Fury: Effects of a Saturn 5 Launch Pad Explosion." The Space Review, April 3, 2006. Accessed online at http://www. thespacereview.com/article/591/1.

Durrett, W. R. "Lightning - Apollo to Shuttle." Kennedy Space Center, FL: 1976.

Dutton, R. and Jafferis, W. "Utilization of Saturn/Apollo Control and Checkout System for Prelaunch Checkout and Launch Operations." Sponsored by New York University School of Engineering and Science, July 22,

1968.

Eley, C. H. III and Stephens, H. E., Bellcomm, Inc. Technical memorandum TM-66-2032-3, "Apollo/Saturn V Interlock System - Case 330." Washington, DC; November 23, 1966.

Fjeld, Paul. Lunar Module Coatings Page. http://home.earthlink.net/~pfjeld/lmdata/Foster, Galloway B. Jr. "Apollo Experience Report - Data Management for Postflight Engineering Evaluation." Washington, DC: May 1974.

Fricke, Robert W. Jr. "Apollo Experience Report - Engineering and Analysis Mission Support." Washington, DC: July 1975.

Gillen, Richard et al. "Apollo Experience Report - Lunar Module Environmental Control Subsystem." Washington, DC: March 1972.

Johnson, Robert E. "Apollo Experience Report - The Problem of Stress Corrosion Cracking." Washington, DC: March 1973.

Laubach, Charles H. M. "Apollo Experience Report - Environmental Acceptance Testing." NASA Report TN D-8271. Washington, DC: June 1976.

Lowman, Paul D. Jr. "The Apollo Program: Was It Worth It?" World Resources: The Forensic Quarterly, Vol. 49, August 1975, pp. 291–302.

Mackay, Alden C. And Schwartz, Robert D. "Apollo Experience Report - The Development of Design-Loads Criteria, Methods, and Operational Procedures for Prelaunch, Lift-off, and Midboost Conditions." Washington, DC: August 1973.

Mast, L. T., Mayper, V., and Pilnick, C., The Rand Corporation. "Survey of Saturn/Apollo Checkout Automation, Spring 1965: Detailed Description." Memorandum RM-4785-NASA, prepared for NASA under contract NASr-21, January 1966.

McLane, James C. Jr. "Apollo Experience Report - Manned Thermal Vacuum Testing of Spacecraft." Washington, DC: March 1974.

McPherson, G. J. Jr., Bellcomm, Inc. Memorandum for fi le, "AS-503/CSM 103 (Apollo 8) Launch Preparations, Launch Countdown, and Flight Sequence of Events, Case 320." Washington, DC: November 22, 1968.

Miller, John E. and Laats, Ain. "Apollo Guidance and Control System Flight Experience." Publication E-2397. Cambridge, MA: MIT Instrumentation Laboratory, June 1969.

Moore, W. I. and Arnold, R. J. "Failure of Apollo Saturn V Liquid Oxygen Loading System," 1967 Cryogenic Engineering Conference, 21–23 Aug. 1967, Stanford Univ., CA, paper K-1, in Advances in Cryogenic Engineering 13 (1967). Copy provided by W. I. Moore.

Rhodes, Russel. "Fluid management for affordable spaceflight." NASA "ask Magazine," Fall 2011, issue 44, pp. 29–32.

Rhodes, Russel. "Explosive lessons in hydrogen safety." NASA "ask Magazine," Winter 2011, issue 41, pp. 46–50. Accessed online at http://www. nasa.gov/offices/oce/appel/ask/issues/41/41s_explosive.html.

Salvador, G. and Eddy, R. W. "Saturn IB Stage Launch Operations." Chrysler Corporation Space Division. Cape Canaveral, FL: undated, circa 1967.

Slovinac, Patricia. "Cape Canaveral Air Force Station, Launch Complex 39, Altitude Chambers, HAER No. FL-8-11-E." Archaeological Consultants, Inc., for Historical American Engineering Record, National Park Service, Southeast Region, Atlanta, GA, December 2009.

Sullivan, Scott. "Virtual LM." Burlington, Ontario, Canada: 2004.

Tomyako, James E. "Computers in Spaceflight: The NASA Experience." NASA Contractor Report 182505, prepared under contract NASW-3714, March 1988. Accessed online.

Weiss, Stanley P. "Apollo Experience Report - Lunar Module Structural Subsystem." Washington, DC: March 1973.

没有署名的参考资料如下:

"ACE-S/C Systems Orientation" course manual. General Electric, Apollo Support Department. Daytona Beach, FL: 1964.

"Apollo 9 Mission Report: Descent Propulsion System Final Flight Evaluation." MSCPA-R-69-2, Supplement 8. NASA/Manned Spacecraft Center. Houston, TX: August 1970, pp. 22–23.

"Apollo 11 (AS-506) Mission. Prelaunch Mission Operation Report M-932-69-11." Office of Manned Spaceflight, Apollo Program Office. Washington, DC: July 8, 1969.

"Apollo 12 Launch Operations Checklist." Part SKB32100081-306, S/N 1003. Dated October 6, 1969; changed pages October 29, 1969.

"Apollo Cape Checkout Plan." No issuing organization or date, appears to be circa 1963.

"Apollo Launch Complex 39 Facilities Handbook." U. S. Army Corps of Engineers, South Atlantic Division, Canaveral District. Merritt Island, FL: undated.

"Apollo Operations Handbook, Lunar Module, LM 11 and Subsequent, Vol. II, Operational Procedures." Document N71-76738. Bethpage, NY: Sept 26, 1971.

"Apollo Spacecraft Adapter Delivered By Helicopters." Space News Roundup, Vol. 4 No. 6. Houston, TX: January 6, 1965.

"Apollo Spacecraft Pyrotechnics. Presentation to The Franklin Institute Research Laboratories, San Francisco, California, July 7-10, 1969." NASA TM X-58032. Houston, TX: October, 1969.

"Apollo Systems Description, Volume II: Saturn Launch Vehicles." Technical Memorandum X-881. Marshall Space Flight Center. Huntsville, AL: February 1, 1964.

"Apollo/Saturn Data Handbook." Apollo Program Management Office. Kennedy Space Center, FL: October 1964.

"Apollo/Saturn Launch Mission Rules Handbook." Document no. 630-23-0002, Revision 1. Directorate of Launch Operations, Kennedy Space Center. Kennedy Space Center: May 23, 1968.

"Apollo-Saturn V Consolidated Instrumentation Plan for AS-511 (Apollo 16)." KSC document K-V-059/11. Originator: D. E. Clark. John F. Kennedy Space Center: February 25, 1972.

"Apollo/Saturn Launch Complex: A Challenge in Design and Construction." Office of Public Affairs, John F. Kennedy Space Center, 1965.

"Apollo/Saturn V Facility Description, Volume I: KSC Industrial Area and Remote Facilities Description." Document no. K-V-012, October 1, 1966.

"Apollo/Saturn V Facility Description, Volume II: Launch Complex 39 Facility Description." Document no. K-V-012, October 1, 1966.

"Apollo/Saturn V Facility Description, Volume III: KSC Provided Saturn V GSE System Description." Document no. K-V-012, October 1, 1966.

"Apollo/Saturn V Facility Description, Volume IV: KSC Apollo Spacecraft Facilities and GSE System Description." Document no. K-V-012, October 1, 1966.

"Apollo/Saturn V, Launch Complex 39, Mobile Launcher Service Arms Operations and Maintenance Technical Manual, Command Module Access Arm System, Environmental Chamber." Document no. TM-509A. Kennedy Space Center: May 16, 1969.

"Apollo/Saturn V Propellants and Gases Electrical Control System Description." Document no. 66-832-001. Kennedy Space Center: October 1, 1966.

"Flight Mission Rules, Apollo 11 (AS-506/107/LM-5)." Flight Control Division, Manned Spacecraft Center. Houston, TX: April 16, 1969.

"Ground Support Equipment for Project Apollo: Press Information Handbook." General Electric, Apollo Systems Department. Daytona Beach, FL: undated.

"Grumman at Kennedy Space Center, 1963-1970." Commemorative book given to Grumman employees who worked at KSC through Apollo 13. Kennedy Space Center, FL: 1970.

"Kennedy Space Center Story." Public Affairs Offi ce, Kennedy Space Center, FL: December, 1972.

"Launch Control Center's Firing Rooms - Where the Action Is." Spaceport News, July 6, 1967, pp. 4–5.

"Launch Vehicle Operations for Support of Space Vehicle Countdown Demonstration Test and Launch Countdown, Released for AS-501." Test No. V-20018, Rev. 001. Kennedy Space Center, FL: October 28, 1967.

"Launch Vehicle Operations for Support of Space Vehicle Countdown Demonstration Test and Launch Countdown, Released for AS-506." Test No. V-20060, Rev. 010. Kennedy Space Center, FL: June 30, 1969.

"Launch Vehicle Operations for Support of Space Vehicle Countdown Demonstration Test and Launch Countdown, Released for AS-512." TCP No. V-20060, Rev. 041. Kennedy Space Center, FL: November 21, 1972.

"Lunar Excursion Module Familiarization Manual." LMA790-1. Grumman Aircraft Engineering Company. Bethpage, NY: October 15, 1965.

"Lunar Module Structures Handout, LM-5, in Support of LM-5 Structures Course." Flight Control Division, Manned Spacecraft Center. Houston, TX: undated.

"Manned Space Flight Weekly Report." NASA Office of Manned Space Flight. Houston, TX: April 28, 1969.

"Manned Space Flight Weekly Report." NASA Office of Manned Space Flight. Houston, TX: May 5, 1969.

"MSC-Florida Operations Transferred to KSC." Space News Roundup, Vol. 4 No. 6. Houston, TX: January 6, 1965.

"Organization chart, Kennedy Space Center." October 2, 1967. Attachment A to KN1142.3B, Ch. 1.

"Organization chart, Launch Vehicle Operations, Electrical, Guidance & Control Systems Division." July 5, 1967.

"Organization chart, Launch Vehicle Operations, Launch Instrumentation Systems Division." June 15, 1967.

"Organization chart, Launch Vehicle Operations, Mechanical & Propulsion Systems Division." July 5, 1967.

"Organization chart, Launch Vehicle Operations, Quality Surveillance Division." July 5, 1967.

"Organization chart, Launch Vehicle Operations." July 5, 1967.

"Rendezvous Procedures - Apollo 7." Final, Revision A. MSC-CF-P-68-19. Houston, TX: September 27, 1968.

"Report of Apollo 204 Review Board." NASA Headquarters, Washington, DC: April 5, 1967.

"Report of the Apollo 13 Review Board." NASA Headquarters, Washington, DC: June 15, 1970.

"Saturn IB Electrical Ground Support Equipment for Launch Complex 34." Document no. SP-169-D. Launch Support Equipment Engineering Division, December 21, 1964.

"Saturn IB/V Astrionics System." Report MTP-ASTR-63-15. Prepared by S. M. Seltzer, Systems Engineering Office, Astrionics Laboratory, Marshall Spaceflight Center. Huntsville, AL: Nov. 14, 1963.

"Saturn V Electrical Ground Support Equipment for Launch Complex 39." Document no. SP-96-D. Launch Support Equipment Engineering Division, December 21, 1964.

"Saturn V Flight Manual: SA-503." MSFC-MAN-503. NASA/George

C. Marshall Space Flight Center. November 1, 1968.

"Saturn V Ground Equipment." IBM Federal Systems Division, Cape Kennedy Facility. Cape Canaveral, FL: May, 1968.

"Saturn V Launch Vehicle Flight Evaluation Report AS-506, Apollo 11 Mission." Saturn Flight Evaluation Working Group, George C. Marshall Spaceflight Center. Huntsville, AL: September 20, 1969.

"Saturn V Launch Vehicle Ground Support Equipment Fact Booklet." MSFC-MAN-100. Prepared by The Boeing Company under NASA contract. Huntsville, AL: June 6, 1966; revised August 25, 1967.

"Saturn." NASA Launch Operations Center, OI-624-51, 1961.

"Skylab IB Launch Vehicle Flight Evaluation Report SA-206 Skylab 2." Report MPRSAT-FE-73-3. Prepared by Saturn Flight Evaluation Working Group. Huntsville, AL: July 23, 1973.

"Skylab Saturn IB Flight Manual." MSFC-MAN-206. Marshall Space Flight Center, AL: Sep. 30, 1972.

"Telephone directory." Kennedy Space Center, FL: January 1973.

"Test Success Enhances Chance for July Lunar Launch." Daytona Beach Morning Journal, Vol. 44 No. 136, June 7, 1969, p. 2.

"The Apollo Program Management System at KSC." Accession no. N70-11267. Program Control Offi ce, Apollo Program Office. Kennedy Space Center, FL: January 15, 1968.

"Welcome to Launch Vehicle Operations, Kennedy Space Center (New employee orientation handbook)." Kennedy Space Center, 1971.

"Wernher von Braun 1912-1977." The National Space Institute. Arlington, VA: 1977.